U0190289

长江经济带生态保护与绿色发展研究丛书

熊文　总主编

湖南篇

交出『生态强省』新答卷

主编　黎明

副主编　熊芙蓉　吴比

长江出版社
CHANGJIANG PRESS

图书在版编目（CIP）数据

长江经济带生态保护与绿色发展研究丛书. 湖南篇： 交出"生态强省"新答卷 /
熊文总主编 ； 黎明主编 ； 熊芙蓉，吴比副主编 .
— 武汉 ： 长江出版社，2022.10
ISBN 978-7-5492-8524-2

Ⅰ．①长… Ⅱ．①熊… ②黎… ③熊… ④吴… Ⅲ．①长江经济带 – 生态环境保护 – 研究
②长江经济带 – 绿色经济 – 经济发展 – 研究③生态环境建设 – 研究 – 湖南
④绿色经济 – 区域经济发展 – 研究 – 湖南 Ⅳ．① X321.25 ② F127.5

中国版本图书馆 CIP 数据核字（2022）第 176292 号

长江经济带生态保护与绿色发展研究丛书. 湖南篇： 交出"生态强省"新答卷
CHANGJIANGJINGJIDAISHENGTAIBAOHUYULÜSEFAZHANYANJIUCONGSHU
HUNANPIAN ： JIAOCHU "SHENGTAIQIANGSHENG" XINDAJUAN

总主编 熊文   本书主编 黎明   副主编 熊芙蓉 吴比

责任编辑： 冯曼曼
装帧设计： 刘斯佳
出版发行： 长江出版社
地   址： 武汉市江岸区解放大道 1863 号
邮   编： 430010
网   址： http://www.cjpress.com.cn
电   话： 027-82926557（总编室）
                    027-82926806（市场营销部）
经   销： 各地新华书店
印   刷： 武汉市首壹印务有限公司
规   格： 787mm×1092mm
开   本： 16
印   张： 16.75
彩   页： 8
字   数： 260 千字
版   次： 2022 年 10 月第 1 版
印   次： 2022 年 10 月第 1 次
书   号： ISBN 978-7-5492-8524-2
定   价： 86.00 元

前　言

在中国版图上，有这样一片区域，形似巨龙，日夜奔腾，浩浩荡荡，这就是中国第一大河，也是世界第三长河——长江。

长江全长6300余km，滋养了古老的中华文明；流域面积达180万km²，哺育着超1/3的中国人口；两岸风光旖旎，江山如画；历史遗迹绵延千年，熠熠生辉。长江是中华民族的自豪，更是中华民族生生不息的象征。

不仅如此，长江以水为纽带，承东启西、接南济北、通江达海，一条黄金水道，串联起沿江11个省（直辖市），支撑起全国超40%的经济总量，是中国经济社会发展的大动脉。

一直以来，习近平总书记深深牵挂着长江，竭力谋划着让长江永葆生机活力的发展之道。

2016年1月5日，重庆，在推动长江经济带发展座谈会上，习近平总书记发出长江大保护的最强音："当前和今后相当长一个时期，要把修复长江生态环境摆在压倒性位置，共抓大保护、不搞大开发。"从巴山蜀水到江南水乡，生态优先、绿色发展的理念生根发芽。

2018年4月26日，武汉，在深入推动长江经济带发展座谈会上，习近平总书记强调正确把握"五大关系"，以"钉钉子"精神做好生态修复、环境保护、绿色发展"三篇文章"，推动长江经济带科学发展、有序发展、高质量发展，引领全国高质量发展，擘画出新时代中国发展新坐标。

2020年11月14日，南京，在全面推动长江经济带发展座谈会上，习近平总书记指出，要坚定不移地贯彻新发展理念，推动长江经济带高质量发展，谱写生态优先绿色发展新篇章，打造区域协调发展新样板，构筑高水平对外开放新高地，塑造创新驱动发展新优势，绘就山水人城和谐相融新画卷，使长江经济带成为我国生态优先绿色发展主战场、畅通国内国际双循环主动脉、引领经济高质量发展主力军。

伴随着党中央的强力号召，长江经济带的发展从"推动""深入推动"走向"全面推动"，沿长江11省（直辖市）密集出台了一系列推动经济发展的新政策、新举措。短短几年，一个引领中国经济高质量发展的生力军正在崛起。

可是，与长江经济带蓬勃发展形成鲜明反差的是，全面系统研究长江经济带生态保护与绿色发展的专著却鲜见。为推动长江经济带绿色崛起，我们萌生了编纂"长江经济带生态保护与绿色发展研究"系列丛书的想法。通过该系列丛书的梳理，我们希望完成三个"任务"：

第一，系统梳理、深度展现在长江经济带发展大战略中，沿江11省（直辖市）在新时代绿色崛起中发挥的作用和取得的成绩，总结各省（直辖市）经济发展中的经验和启示，充分发挥领先城市经济发展的示范引领作用，为整个经济带的全面发展提供借鉴。

第二，认真总结、深刻剖析在长江经济带发展过程中，沿江11省（直辖市）经济发展存在的问题，系统梳理长江经济带绿色绩效评价体系，期待为破解长江经济带经济发展的资源环境约束难题、探寻长江经济带绿色经济绩效的提升路径、增强长江经济带发展统筹度和整体性、协调性、可持续性提供全新视角。

第三，有针对性地提出长江经济带未来发展的政策建议和战略对策，助力长江经济带形成生态更优美、交通更顺畅、经济更协调、市场更统一、机制更科学的黄金经济带，为中国经济统筹发展提供新的支撑。

这是我们第一次系统梳理长江经济带的发展，也是我们第一次完整地总结长江沿江11省（直辖市）的发展脉络。

我们欣喜地看到，伴随着三次推动长江经济带发展座谈会的召开，长江沿线11省（直辖市）均有针对性地出台了各省（直辖市）长江经济带发展的具体措施和规划。上海提出，要举全市之力坚定不移推进崇明世界级生态岛建设，努力把崇明岛打造成长三角城市群和长江经济带生态环境大保护的重要标志。湖北强调，要正确把握"五大关系"，用好长江经济带发展"辩证法"，做好生态修复、环境保护、绿色发展"三篇大文章"。地处长江上游的重庆表示，要强化"上游意识"，担起"上游责任"，体现"上游水平"，将重庆打造成内陆开放高地和山清水秀美丽之地。诸如此类，沿江各省都努力争当推动长江经济带高质量发展的排头兵。

我们也欣喜地看到，《长江上游地区省际协商合作机制实施细则》《长三角地区一体化发展三年行动计划（2018—2020年）》等覆盖全域的长江经济带省际协商合作机制逐步建立，共抓大保护的合力正在形成。

我们更欣喜地看到，在以城市群为依托的区域发展战略指引下，在长江三角洲城市群、长江中游城市群、成渝城市群、黔中城市群、滇中城市群等区域城市群的强力带动辐射影响之下，一批城市正迅速崛起。在党中央和沿江各省（直辖市）共同努力下，长江经济带正释放出前所未有的巨大经济活力。虽成效显著，但挑战犹存。在该系列丛书的梳理中，我们也发现了长江经济带发展过程中存在的问题：生态环境保护的形势依然严峻、生态环境压力正持续加大、绿色产业转型压力依旧巨大。为此，我们寻找了德国莱茵河治理、澳大利亚猎人河排污权交易、美国饮用水水源保护区生态补偿、美国"双岸"经济带的产业合作等多个国外绿色发展案例，希望为国内长江经济带城市绿色发展提供借鉴。

编　者

长江黄金水道

　　本书为《长江经济带生态保护与绿色发展研究丛书》之湖南篇分册，由湖北工业大学黎明副教授担任主编，湖北工业大学熊芙蓉、长江水资源保护科学研究所吴比担任副主编。本册共分七章，第一章梳理了湖南省绿色发展历史、战略意义、发展优势以及绿色发展的政策体系，明确了湖南省在长江经济带绿色发展中的战略定位。第二章全面分析了湖南省经济社会发展概况、生态环境保护现状、绿色发展状况和发展成果，展示了湖南省在绿色发展中取得的成果。第三章从主体功能区划空间管控、生态红线限制条件、"三线一单"管控要求三个方面剖析了湖南省绿色发展存在的生态环境约束。第四章系统分析了湖南省在绿色发展中的战略举措，从绿色产业主导、宜居环境构建、资源持续发展和绿色金融创新四个方面展现了湖南作为。第五章针对湖南省典型区域绿色规划、工业园区绿色发展及重点流域绿色发展进行了分析研究。第六章对湖南省绿色发展评价体系与指标进行了解读，对湖南省典型区域绿色发展绩效进行了评价。第七章为湖南省绿色发展提出了对策和实施途径。

　　本书在撰写过程中，湖北工业大学长江经济带大保护研究中心、经济与管理学院、流域生态文明研究中心等单位领导精心组织编撰，同时长江经济带高质量发展智库联盟、湖北省长江水生态保护研究院、水环境污染监测先进技术与装备国家工程研究中心、河湖生态修复及藻类利用湖北省重点实验室、长江水资源保护科学研究所、江苏河海环境科学研究院有限公司、无锡德林海环保科技股份有限公司等单位相关专家大力指导与帮助，长江出版社高水平编辑团队为本书出版付出了辛勤劳动，在此一并致谢。

由于水平有限和时间仓促，书中缺点、错误在所难免，敬请专家和读者批评指正。

编　者

目 录

第一章 湖南省在长江经济带绿色发展中的战略定位

第一节 湖南省在长江经济带绿色发展中的地位

一、湖南省在长江经济带中的重要地位

《长江经济带发展规划纲要》（以下简称《规划纲要》）由中共中央政治局于 2016 年 3 月 25 日审议通过，确立了长江经济带"一轴、两翼、三极、多点"的发展新格局。"一轴"是以长江黄金水道为依托，发挥上海、武汉、重庆的核心作用，"两翼"分别指沪瑞和沪蓉南北两大运输通道，"三极"指的是长江三角洲、长江中游和成渝三个城市群（图 1-1），"多点"是指发挥三大城市群以外地级城市的支撑作用。

图 1-1 长江经济带三大城市群

作为"三极"中长江中游城市群的一个重要组成部分，湖南省全省96%的区域都在长江经济带范围内，具有独特的地理优势和丰富的水资源。在推进长江经济带建设的过程中，应充分发挥其中心支点的作用，采取有效措施，加快水运发展、交通联合、产业融合和对外开放，打造湖南长江经济带增长极，加强湖泊、湿地和耕地保护，成为长江生态保护、流域绿色发展的推动者和贡献者。

（一）"一带一部"深刻改变着湖南的"经济坐标"

2013年11月初，习近平总书记在湖南省考察时指出，希望湖南发挥作为东部沿海地区和中西部地区过渡带、长江开放经济带和沿海开放经济带结合部（以下简称"一带一部"）的区位优势，抓住产业梯度转移和国家支持中西部地区发展的重大机遇，提高经济整体素质和竞争力。

武汉城市圈、长株潭城市群、环鄱阳湖经济圈、江淮城市群，涵盖了长江中游四省四大经济圈的40座城市，形成蓬勃发力的长江中游城市群。风云际会中，这个沿江城市群作为长江开放经济带的"龙腰"，承东启西，连南接北，正成为中国经济主轴的新亮点。

湖南扼长江以南交通之要津，融汇"过渡带"与"结合部"特色，立体交通网初具规模，优越的区位和发达的交通有机结合，其区位的战略意义日显重要。发挥好"一带一部"区位优势，与沿江开放经济带共舞，能够为湖南寻求更加广阔的空间和市场。

从经济主体功能区划来看，中部地区承担着建设"三基地一枢纽"（粮食生产基地、能源原材料基地、现代装备制造及高新技术产业基地、综合交通枢纽）的战略责任；从经济增长动力更新来看，中部地区和长江开放经济带承担着中国新一轮经济增长"第四极"的历史使命。地处"一带一部"的湖南，使命光荣，责任重大。

（二）优越的地理位置

湖南省地处中国南部，北邻湖北省，东与江西省接壤，南和广东省相邻，西接贵州省，西南靠近广西壮族自治区，西北一小角连接重庆市。湖南省位于长江中下游平原、东南丘陵、云贵高原连接处，东北通向长江，南通珠江，有京广高铁、沪昆高铁经过，水陆交通都很便利。湖南处于中国东南地区向西南地区过渡地带，位于两大区域的结合部，能够向东辐射江西，向西辐射贵州。湖南虽然是一个内陆省份，但是南部同广东省接壤，靠近出海大通道，便于同沿海地区（主要是珠三角）合作和发展外向型经济。

（三）丰富的自然资源

湖南省既有平原又有山地丘陵，地形地貌具有多样性，旅游资源丰富，适宜发展生态农业旅游、江河湖泊旅游、湿地旅游、山地旅游和喀斯特地貌区旅游。湖南省地处中国地形第二级阶梯向第三级阶梯过渡地区，主要气候类型是亚热带季风气候。湖南水系发达，河网密布，拥有湘、资、沅、澧"四水"和我国第二大淡水湖洞庭湖，淡水资源丰富；且湖南境内主要河流的上游均属于山地，水流湍急，河水的势能很大，适宜建水电站，有潜在的丰富电力资源。湖南自然带属于亚热带常绿阔叶林带，近几年随着退耕还林、封山育林工作的开展，森林植被逐渐得到恢复，森林资源在中国各省中是比较丰富的。湖南省矿产资源比较丰富。现已发现各类矿产 120 种，探明储量的 83 种；探明矿产地 1196 处，发现各类矿床、矿点 6000 余处。湖南省的矿产资源如果合理开发可以极大促进当地经济发展，加快融入珠三角和长三角经济圈的步伐（成为珠三角、长三角地区主要能源供应地）。

二、长江经济带绿色发展中的湖南蓝图

为促进长江经济带创新发展、协调发展、绿色发展、开放发展、共享发展，根据长江经济带的区位特征、发展共性，国家提出将长江经济带打造为具有全球影响力的内河经济带、东中西互动合作的协调发展带、沿海沿江沿边全面推进的对内对外开放带、生态文明建设的先行示范带。长江经济带各省市区要在符合国家总体战略定位的前提下，结合自身的地理位置、自然资源、基础条件、发展阶段，选取更加有效、更加可行的战略定位，更好地融入长江经济带建设。

根据国务院发布的《关于依托黄金水道推动长江经济带发展的指导意见》，结合沿江流域的总体情况和自身的特色优势，湖南要着力打造"五区"：现代农业示范区、传统产业转型升级的先行区、中部地区重要的物流聚散区、长江中游重要的新型城镇集群区、沿江流域绿色生态区。

一是打造现代农业示范区。以洞庭湖生态区建设为重点，完善农产品生产、加工、包装、储运标准和技术规范，大力发展优质农业、高效农业、生态农业、现代农业，积极支持本地农产品申报地理标志和注册商标，加大绿色食品、有机农产品等出口基地建设支持力度，提升农业现代化水平，做强、做大农业规模。以湘西地区为基地，加大无公害、绿色、有机农产品生产扶持力度，合作构建一批优势农产品产业示范带。

二是打造传统产业转型升级的先行区。以环长株潭城市群、湘南地区为重点，加快传统产业改造升级，加大沿海产业向内陆转移的承接与对接力度，加速发展战略性新兴产业，打造全国先进制造业中心，培育万亿级装备制造业集群。

三是打造中部地区重要的物流聚散区。以岳阳、长沙为中心，以农产品、建材、机械设备、有色、化工、汽车等为重点，以水运、公路、铁路互连为突破，以发展现代物流为目标，着力打造成为中部地区乃至全国的重要物流聚散区。加快建设综合物流枢纽，推进多式联运，率先建立"大开放、大市场、大通关、大流通"的现代流通格局。充分发挥湘潭保税区作用，尽快建成岳阳城陵矶、长沙临空产业园综合保税区，促进保税物流发展。

四是打造长江中游重要的新型城镇集群区。以长江经济带为依托，加大对岳阳市的建设支持，将岳阳市建设成为湖南对接长江经济带的"桥头堡"，成为长江经济带的"中心站"。加大常德、益阳等环洞庭湖区域建设力度，加快长株潭城市群一体化建设进程，着力推动长沙向北扩展，与岳阳融合发展。以岳阳为端点，在全省构建通江"1小时"的新型城市群。

五是打造沿江流域绿色生态区。以"两型"社会建设为重点，加强沿江沿河环境污染治理，加大湖南"四水"现有洲岛、滨水区、幽密森林植被等保护与利用，重点发展文化湘江游、洲岛休闲游、城镇滨水风貌游和郊野山水生态游等四大特色旅游产品，实现旅游与水运的融合、体验与自然的交融，加速形成集旅游观光、生态绿化、道路防洪于一体的沿岸绿色经济长廊。

第二节　湖南省绿色发展的概念框架及发展历史

一、湖南省绿色发展的概念框架

建设长江经济带，适逢中国全面深化改革之际。建设长江经济带，是国家提出的一个重大发展命题。湖南，作为长江经济带的成员之一，当务之急是主动融入长江经济带建设大潮，让这一经济地理概念尽早在湖南变为一种经济地理现象，形成湖南改革发展的新优势。

（一）绿色发展是湖南高质量发展的主色

绿色发展是高质量发展的生命力，也是衡量高质量发展成效的度量衡。湖南如何实现高质量发展，驶入中国经济的快车道，还需要将绿色发展作为湖南高质量发展的主色。一是树立绿色发展的价值观。将绿色发展纳入社会主义核心价值体系，弘扬绿色发展主流价值观。这就要求我们必须在价值观层面加强宣导，凝聚社会共识。我们必须将绿色发展、生态文明的理念和意识通过各种方式大力弘扬，使之进一步根植于全省人民心中。不断提高绿色发展、环境保护的积极性、主动性和自觉性，让绿色发展成为经济建设和社会发展的不二选择。二是政府应减少环境保护部门职责的交叉，建立权责一致、运转高效的机构职能体系。三是不断完善环境经济政策，提升政府职能实现的效果。可以积极推行激励与约束并举的节能减排新机制，以鼓励排污效果达到更高标准的企业；通过财政补贴或者减低税费等方式推广新能源汽车、高效节能空调、新能源电器等节能产品，倡导绿色生活方式，使绿色消费、绿色出行、绿色居住等观念逐渐落实成为人们的自觉行动。四是加快生态文明体制改革，以促进制度体系内容系统化。生态文明制度体系建设的目的是促进资源节约、保护生态环境，通过协调个体行为，以实现经济社会整体高质量发展。因此，要建立反映市场需求、资源稀缺有偿使用制度及体现生态价值、代际补偿的生态补偿制度，即"受益者付费与破坏者付费"原则的环境经济政策；再则有必要深化税费改革，通过对占用各种自然生态空间的经济行为征收生态税、环境税、资源税，抑制对资源环境的不合理开发需求，从根本上解决生态环境问题。同时，更好地发挥生态环境保护的倒逼作用，促进经济结构转型升级，在绿色发展中实现湖南高质量发展。

（二）绿色发展是湖南推动长江经济带高质量发展的亮色

2018 年 4 月 26 日，习近平总书记在武汉召开的深入推动长江经济带发展座谈会上指出，"长江经济带应该走出一条生态优先、绿色发展的新路子。"一方面，湖南位于长江经济带中游，是长江经济带的"龙腰"，具有东部沿海地区和中西部地区过渡带、长江开放经济带和沿海开放经济带结合部的区位优势；另一方面，湖南先天条件好、绿色资源多，洞庭湖生态经济区是长江经济带的重要组成部分。因此，湖南应该充分利用其"一带一路"的区位优势和国家中西部开放的政策优势，通过"绿色湖南"这道亮色推动长江经济带高质量发展。一是坚持党的领导。全省上下需要正确定位，主动担责。充分发挥各级党委领导核心作用，科学制定规划，积极稳妥推进长江经济带发展战略实施。加强省内协调，发挥省推动长江经济带发展领导小组的统领作用，协调解决跨部门事项，实现多方联动，精准发力。各有关部门要主动加强协调配合，积极解决长江经济带发展战略在本地本部门落实中的新情况新问题，形成统分结合、整体联动的工作合力。二是坚持问题导向。全力配合中央环保督察，借势借力推动生态优先、绿色发展理念落地落实。全力抓好污染防控，深入开展环境安全隐患排查治理，重点解决水污染治理、废气排放治理、重金属污染整治、固体废物治理、非法采砂整治、湿地修复等问题。参与长江经济带规划环评，对全省工业园区进行排查清理，推动园区专业化功能布局和新建工业项目入园管理。三是坚持机制创新。长江经济带上、中、下游有着生物多样性、物种丰富的生态系统，长江经济带上的 11 个省份又有着显著的产业梯度，湖南应以转型升级为主攻方向，立足自身独特的绿色资源禀赋，通过错位发展和合理布局推动产业绿色转型。四是坚持共建共享。湖南要主动加强与长江经济带沿线城市的联动，共同推进环境治理、基础设施对接、技术共享、市场统一等方面的工作。以园区与绿色产业合作为切入点，探索在合作内容和机制上的新突破，共同推进长江流域协调发展。着力于缩小东中西地区发展差距，实现同"一带一路"建设有机融合，为建设陆海双向对外开放的绿色走廊作出"湖南贡献"。

（三）绿色发展是湖南实现人民对美好生活向往需求的底色

推动经济社会发展，归根到底是为了不断满足人民群众对美好生活的需要。实践表明，生态环境保护与经济社会发展可以并进，生态效益与经济效益可以同享。习近平总书记在全国生态环境保护大会上指出，"良好生态环境是最普惠的民生福祉，坚持生态惠民、生态利民、生态为民，重点解决损害群众健康的突出环境问题，不断满足人民日益增长的优美生态环境需要"。当前，我国社会主要矛盾已经转化为人民日益增长的美好生活需要和不平衡不充分的发展之间的矛盾。人民群众对美好生活的向往是多方面的，不再仅仅是求温饱，更多地注重生活品质，这里的品质则侧重于健康生活、绿色生活、美丽生活。湖南要实现人民对美好生活的向往，以习近平生态文明思想为指导，建设美丽湖南，就是要把解决突出生态环境问题作为民生优先领域，以代表着富有朝气和生命力的绿色为发展的底色，不断满足人民群众日益增长的优美生态环境需要，增强人民的幸福感和安全感。

一是用绿色发展带动脱贫攻坚。绿水青山就是金山银山，湖南的武陵山、罗霄山连片特困地区具备生态资源禀赋优势，可选择与生态保护紧密结合、市场相对稳定的特色产业，重点发展生态旅游业、特色林产业和特色种养业，做到宜种则种、宜养则养、种养结合、林牧结合，产业升级与精准扶贫协同推进。注重打造"湘字号"绿色品牌，加大贫困地区区域特色产业集群，以绿色发展为底色，带动贫困地区人民自力更生、艰苦创业，依靠勤劳双手走上致富道路。二是以绿色发展引领乡村振兴。留得住青山绿水，记得住乡愁——这是中国城镇化理想，自然也是每一位国民的人居梦想。乡村振兴战略是习近平同志 2017 年 10 月 18 日在党的十九大报告中提出的战略，也是每位国民留住乡愁的愿景得以实现的保障。湖南实现乡村振兴，还得以绿色发展为底色。首先加强生活空间建设，积极开展绿色建筑和基础设施建设活动，尽可能节能、节水、节材，实现乡村生态环境保护的智能化管理；其次促进产业与生态有机结合，加强对乡村特色产业和传统文化的保护，强化乡村分区功能，在发展产业的同时打造美丽景观；最后改进乡村生活环境，推进农村生活垃圾、污水等废弃物的绿色回收及再利用制度，实施农村村容整治和清洁河道行动，有效改善农村人居环境。将宋代王安石的"一水护田将绿绕，两山排闼送青来"的历史刻画，重新搬进现实，着重打造"生态化、微田园"的新型乡村建设模式。三是推进绿色发展。绿色发展本身就是一项独特的工程，它不像一条路修好了，就可以通车了，也不像一座房子建好了，就可以入住了，它是一个只有起点没有终点的工程。人民对美好环境的需求是不断递增的，这就要求我们热爱绿色、呵护绿色以及用绿色点缀生活，让充满绿色的生活实现"人诗意地栖居"的目的，因为只有这样，才能为湖南人民的幸福美好生活提供不竭的源泉。

二、湖南省绿色发展的历史回溯

保护母亲河，保护生态环境，坚持绿色发展，是湖湘人民饮水思源的责任使命，也是深入贯彻落实习近平总书记"共抓大保护、不搞大开发"重要指示的体现。湖南在实现绿色发展之路上不断摸索，稳步前进，矢志不渝推进生态保护和污染防治，筑牢"一湖三山四水"生态屏障，使"一湖四水"的清流银波生生不息地汇入长江，助力打造长江经济带"绿色长廊"。湖南省绿色发展的历史可分为如下三个阶段。

（一）第一阶段

以 2007 年长株潭城市群获批"两型"社会综合改革试验区为标志，湖南拉开了绿色发展大幕。根据国家发改委下发的《关于批准武汉城市圈和长株潭城市群为全国资源节约型和环境友好型社会建设综合配套改革试验区的通知》，武汉城市圈、长株潭城市群成为继上海浦东新区、天津滨海新区、成都、重庆之后的综合配套改革试验区。资源节约是要在城市群里，突出科学发展观，通过探索、改革、发展，走出一条低投入、低消耗、少排放、能循环、可持续的新型工业化道路；环境友好是从以人为本的角度来讲，是要创造更宜居的生活环境，使城市环境布局更为合理，城市功能更健全，城乡发展更协调，人与自然相处更加和谐。资源节约和环境友好是渐进、动态的概念，二者相辅相成。资源节约是实现环境友好的基本途径，环境友好是资源节约的主要目的，对环境是否友好是决定资源开发利用决策的关键因素。

1. 长株潭城市群

长株潭城市群位于湖南省中东部，包括长沙、株洲、湘潭三市，是湖南省经济发展的核心增长极。长沙、株洲、湘潭三市沿湘江呈"品"字形分布，两两相距不足40千米，结构紧凑。2007年，长株潭城市群获批为全国"两型"社会建设综合配套改革试验区，见图1-2。长株潭城市群一体化是中部六省城市中全国城市群建设的先行者，被《南方周末》评价为"中国第一个自觉进行区域经济一体化实验的案例"。在行政区划与经济区域不协调之下，通过项目推动经济一体化，长株潭为其他城市群做了榜样。不与中部六省争龙头，致力打造成为中部崛起的"引擎"。

图1-2 长株潭城市群

2. 长株潭城市群发展目标

（1）形成长株潭三市空间布局合理、功能健全、基础设施完备和共建共享、生态环境共存共生、要素市场一体化、产业发展一体化的高效率、高品质的多中心型城市群地区。

（2）形成以长株潭三市城区为增长核、以三市间的快速交通设施（高速公路、快速路、轨道交通）为纽带的核心区组团，以铁路和高速公路为发展轴向周边地区放射的城镇网络群体。

（3）发展成为经济繁荣、能提高吸纳就业能力和有良好的人居环境，污染得到综合治理、人地关系协调的体现科学发展观的示范型城市地区。

（4）发展成为在华中经济圈中具有举足轻重地位、在国内具有很强竞争力的组群式的特大型城市化地域之一。

3. 长株潭城市群演进态势

（1）2002—2010年：以长沙中心城区、湘潭城区、株洲城区为核心，采取局部内涵式的紧凑集中发展，引导有序外延，重点建设三市各自环线、三市间公路外环、潭望高速公路等基础设施建设项目。推动湘潭—株洲联合发展，搞好湘潭和株洲的路网衔接和空间隔离，预留三核中间地带的发展空间，为未来多种发展模式提供可能性。

（2）2011—2020年：长沙主要向东发展，并加快向南发展；湘潭主要向北发展，兼顾向东；株洲主要向河西发展，搞好与湘潭的路网和绿色空间的衔接，适度向北，考虑与长沙市东部开发区功能和道路上的衔接。营造三核相向发展的演进态势和空间框架，在三核中间地带开辟文化娱乐、旅游度假和生态保护区域，并保留三核中间地带与三市原中心城区的隔离空间。

（3）2021—2050年：长沙、湘潭、株洲城区形成三核，并继续相向发展，逐步形成具有良好生态环境为背景的绿心，并在中间镶嵌若干高品质的新型城市功能区。

（二）第二阶段

2010年，《中共湖南省委、湖南省人民政府关于加快经济发展方式转变推进"两型"社会建设的决定》提出，"加强生态建设，在全社会培育弘扬生态文明理念，发展绿色产业，倡导绿色消费，推动绿色发展，建设绿色湖南"。这是湖南省认真贯彻落实科学发展观，加快发展和转变发展方式重大战略的选择，奠定了湖南科学发展、富民强省的基本路径，描绘出一幅人与自然和谐发展、良性互动的生态湖南蓝图。

2011年，省委、省政府明确提出建设绿色湖南。创新湖南是发展的动力保障，只有以改革创新精神才能持续推动湖南绿色发展。数字湖南是发展方向，湖南要大力调整产业结构，发展高、精、尖技术产业，以信息化建设为龙头，构筑生态产业体系。法治湖南是发展的制度保障，以制度建设为抓手，完善相关法律体系，为建设"绿色湖南"营造出公平、公正的发展环境。四个湖南的根本立足点在于通过绿色发展，以"两型"社会建设为支撑，以改善民生为着力点，在中部地区率先实现绿色崛起。"绿色湖南"更强调生态保护、自然资源的高效利用，更加注重经济增长低碳化、注重质量的提高，更加关注生态文明建设。

2012 年，为了加快绿色湖南建设，湖南省颁布《绿色湖南建设纲要》。首次系统地勾绘出生态系统的保护与建设轮廓，充分体现了保护生物多样性，保护与利用并举，强调巩固"一湖三山四水"生态安全屏障，完善防灾减灾体系，提升生态系统的整体功能；始终聚焦民生问题是绿色湖南建设的发力重点，通过建设绿色国土，打造生态宜居的城市、乡村家园，生产绿色食品、产品；突出城乡环境同治，推进节能减排和提高负氧离子的含量，推进水污染物的治理和垃圾清洁处理，让老百姓共同享受生态治理的成果；科学确定建立多领域生态补偿和共建共享机制。按照"谁保护谁受益，谁受益谁补偿"的原则，提出建立和完善区域、流域、要素生态效益补偿机制，并逐步提高生态补偿标准，最终建立起全社会共建共享的生态补偿机制；合理明确了绿色湖南建设的组织和保障体系。在组织领导上，成立专门的建设领导小组。

（三）第三阶段

2016 年，湖南更是明确提出推进"五化同步"，"到 2020 年"两型"建设和生态文明建设走在全国前列"，并颁布《湖南省"十三五"环境保护规划》。根据规划，湖南省"十三五"期间将大力发展节能和环保服务。重点支持合同能源管理、能源审计、节能工程咨询、节能产品认证等节能服务业务发展；以湘江流域重金属污染治理和开展环境污染第三方治理试点为契机，创新环境污染第三方治理和研发、设计、制造、治理综合环境服务等模式；开展城市及产业废弃物的资源化处理。到 2020 年，省内环境公用设施、区域性环境整治项目和工业企业环保设施基本实现专业化、市场化运营，再生资源回收和废旧资源循环利用基本形成规范化、制度化体系，全省节能和环保服务产业增加值年均增长 15% 以上。未来几年，湖南省将持续激发每个社会主体参与绿色建设的积极性，形成全民共建的大环境。深入开展机关、园区、景区、企业、学校、社区、家庭绿色示范创建；挖掘整合湖湘文化、山水文化、森林文化、民俗文化中的生态元素，打造各类公共文化平台、文化活动品牌;将生态文明教育纳入国民教育体系和各级教育计划,展开多媒体宣传,提高绿色文化普及程度;发展绿色环保社会组织,广泛开展环保组织进学校、进社区和志愿者行动等公益活动,营造全社会关注和参与绿色发展大氛围。在湖南省推动环保工作的同时,加强法律制度建设同样是重中之重。首先,加强政府的立法工作,健全环保产业在研究开发、生产经营、标准认证和监督惩处等各方面的立法。例如建立污染惩罚付费及有偿使用资源的制度,利用"谁污染,谁治理"的原则监督企业对环境资源的合理使用;建立科学合理的资源定价制度,形成资源价格与市场供求关系、环境损害成本与资源稀缺程度的正确协调;建立健全环保设备、环保服务和资源循环利用产业等领域的市场准入、退出制度,以规范招投标行为,防止市场垄断、恶性竞争和行政干预等。其次,政府将加大环保执法力度。建立资源节约和保护环境监督评价体系,通过目标责任管理,落实各级政府、各职能部门的责任,并且各级部门之间建立良好的协调机制,建立和完善联合执法制度和整体执法体制;同时,各级地方政府将认真贯彻《湖南省加快环保产业发展实施细则》和《湖南省人民政府关于加快环保产业发展的意见》,抓好重点工作。

2018年,湖南空气环境质量明显改善。全省14个市州所在城市环境空气质量平均优良天数比例为85.4%,与2017年相比上升了3.8个百分点。张家界、郴州、益阳、吉首、娄底城市空气环境质量首次达到国家二级标准,实现零的突破;水环境方面,质量持续向好。全省地表水345个监测评价断面水质总体为优,Ⅰ~Ⅲ类水质断面占94.5%,同比增加0.9个百分点,全省14个地级城市29个集中式饮用水水源地全年水质达标率为89.7%。土壤环境方面,质量仍不乐观。通过农用地土壤污染状况详查,全省128个县(市、区、管理区)建立疑似污染地块名单1515块,14个市州建立污染地块名单164块。工矿企业遗留污染场地,部分重有色金属矿区周边耕地土壤重金属问题突出。生态环境状况总体稳定。全省共建有国家级自然保护区23个、省级自然保护区30个;全省森林覆盖率59.82%、森林蓄积量5.72亿立方米,湿地面积1530万亩,湿地保护率达75.44%。54个国家重点生态功能区县域生态环境总体保持稳定。2018年,生态环境保护主要指标年度目标基本完成,达到"十三五"规划序时进度要求。

第三节　湖南省绿色发展的战略意义

坐拥"地利"，这是湖南作为长江经济带"龙腰"的责任担当。任何事物都是有联系的，党中央、国务院提出的依托黄金水道推动长江经济带发展的重大战略，需要区域内各省市心往一处想、劲往一处使。其中，"生态优先、绿色发展"应是推动长江经济带发展的总体要求。湖南地处长江中游，有洞庭湖及 163 千米长江岸线，并以洞庭湖连接"湘、资、沅、澧"四水通江达海，是长江流域经济集聚发展的重要阵地。所以，长江经济带建设打破了内陆封闭屏障，对重组优化湖南经济地理，发挥大交通、大通道、大枢纽优势，培育经济活动的畅通便利性空间和持续性盈利空间，打造湖南绿色化高密度经济的"长江脊梁"，推动湖南经济实现多层级一体化集聚式高效发展，具有全局性的重大意义。

一、长江中游中心城市群建设的必然选择

依据区域竞合理论，即使是处于竞争状态的不同区域，只要存在"部分利益一致性"，也可通过协调、合作与分工产生溢出收益，实现正和博弈。具体到长江中游城市群的几大中心城市，如武汉、长沙、南昌等，虽然在一定程度上存在竞争，但为了能够共同融入长江经济带，它们也存在诸多"一致性"利益，一方面需要强化武汉、长沙、南昌等各自作为区域性中心城市的功能，另一方面也需要以城镇群为主要形态促进各中心城市相向发展，最终形成多中心、网络化发展格局。岳阳作为"中部双核"——武汉与长沙之间的过渡带，是沿江发展轴与京广发展轴的地理集聚处和岳阳—九江—咸宁、荆州—岳阳—益阳—常德等毗邻城市组团发展的几何交会点，有助于促进长江中游城市群南翼中心城市间相向发展。

二、构建长江流域枢纽型经济体系的核心

世界区域经济发展规律表明，流域枢纽型经济体系能够放大区域资源禀赋效应。欧洲的莱茵河经济带和北美的五大湖区经济区均属于典型的流域枢

纽型经济体系。目前，上海、武汉、重庆三市已经基本发展成为长江流域枢纽型城市；而江苏南京正加快建设江北新区、安徽合肥正致力于推动巢湖与芜湖相向发展、江西正以昌九经济走廊为依托打造赣江新区等等，上述举措的出发点均是打造长江经济带流域枢纽型经济体系。湖南要深度融入长江经济带发展，必须以"长—岳"经济协同为抓手，推动长沙从内河城市向沿江城市转变、由大城市向大都市转变，从而构建以长沙为龙头的流域枢纽型经济体系。

三、承接珠三角产业转移的重要基地

湖南省所处的地理位置是长江经济带中的重要交通要道，是承接珠三角产业转移的重要基地，在"一带一部"政策的机遇下，湖南省区域交通系统变得更加完善，形成了"通江达海""互动互通"的战略交通发展格局，而且在珠三角产业转移的过程中，湖南省区域航空系统、高速铁路系统以及高速公路系统基础设施建设变得更加完善，创建了湖南省对接长江经济带区域发展下特有的发展模式，打开了"水路联运"和"水铁联运"等多元化航运渠道，实现了区域经济带开发项目的无缝对接，加强了湖南省的水路运输能力，具有维持航道畅通的功能，将经济比较发达的湘南地区和湘中地区融入"黄金水道"范围之内。

四、发挥绿色生态产业优势的重要组成

湖南对接长江经济带区域开发时具备的三大产业发展要求，大力开发绿色农业项目和绿色农产品加工项目，在工业项目开发过程中，将食物产品加工、生物制药科技以及新材料、新能源技术的发展作为主要任务，通过产业结构调整的方式，主动和长江经济带进行对接，在服务类项目开发时，以市场化、大众化为产业发展目标，促进现代化物流领域、网络金融项目、社会养老业务的快速发展，发挥出区域绿色生态产业的优势特色，注重沿江城市建设，使得湖南对接长江经济带区域发展项目和洞庭湖发展项目，完善城市的聚集性工程，利用绿色生态产业发展优势，大力开展沿江娱乐、休闲及健身为一体的生态产业项目。

五、促进区域内外协调发展的桥梁

湖南省在融入"长江经济带"和"一带一部"区域开发战略时，在区域内部实行统筹规划战略，避免政策互撞，在协调区域内外部资源融合过程中，注重突出长沙市的中心地位，同时又进一步提高了区域城市化发展的集聚性优势，提升现代化产业项目的创新水平和服务能力，利用长沙市中心城的区域开发优势，调动长株潭城市的互动融合发展，使长株潭城市成为湖南省中部地区的战略发展基地，全面建成"两型"城市，加强区域经济的战略转移，形成区域共赢的发展优势，同时强化湖南省西部地区和四川省、贵州省之间的经济对接，使我国的西部大开发战略和湖南对接长江经济带开发战略结合在一起，在区域经济开发项目中，实现各区域之间的产业融合，确保各区域开发项目都能够得到有效实施。

第四节　湖南省绿色发展政策体系

顺应世界和我国大力推进绿色发展的潮流和趋势，进入 21 世纪尤其是近些年来，国家和各省（市）出台了一系列相关政策和文件，主要集中在低碳经济发展、循环经济发展、生态文明建设、资源节约与环境保护、绿色工业与建筑、绿色生活与消费等方面。湖南省出台的主要相关政策文件有：

（1）2012 年《绿色湖南建设纲要》（湘发〔2012〕9 号）；

（2）2016 年《湖南省实施低碳发展五年行动方案（2016—2020 年）》（湘政办发〔2016〕32 号）；

（3）2016 年《湖南省大气污染防治专项行动方案（2016—2017 年）》（湘政办发〔2016〕33 号）；

（4）2017 年《长株潭"两型"试验区清洁低碳技术推广实施方案（2017—2020 年）》（湘政办发〔2017〕53 号）；

（5）2017 年《洞庭湖生态环境专项整治三年行动计划（2018—2020 年）》（湘政办发〔2017〕83 号）；

（6）2018 年《关于创新体制机制推进农业绿色发展的实施意见》（湘

政办发〔2018〕84号）；

（7）2018年《关于印发〈湖南省生态保护红线〉的通知》（湘政发〔2018〕20号）；

（8）2018年《统筹推进"一湖四水"生态环境综合整治总体方案（2018—2020年）》（湘政办发〔2018〕14号）；

（9）2018年《湖南省湘江保护条例》（修订版），2019年《湖南省湘江保护条例》（修订版）。

一、绿色湖南建设纲要

建设绿色湖南，是省委、省人民政府全面深入践行科学发展观，加快推进"四化两型"战略，抢占新一轮发展制高点，提升长远竞争力的重大举措，体现了全省人民的共同意志。为加快绿色湖南建设，中共湖南省委、湖南省人民政府于2012年4月20日印发《绿色湖南建设纲要》（以下简称《纲要》）。

《纲要》围绕贯彻落实省委、省政府"四化两型"的总战略和实现"两个加快""两个率先"的总任务，以"跳起来摘桃子"的精神，科学规划湖南绿色发展蓝图。首次系统提出生物多样性保护理念。立足可持续发展，对保护生物多样性进行了系统部署，明确提出了保护生态系统、物种、遗传基因的战略任务。首次把生态提到民生高度并贯穿《纲要》始终，把"共建共享"确立为绿色湖南建设的基本原则，把"绿色环境"列为绿色湖南建设四项发展指标之首，把"综合治理城乡环境"列为突出任务，对"保障消费安全"进行单列，目的就是要通过建设绿色湖南，让人民群众生活得更好、幸福指数更高。首次系统规划生态补偿和共建共享机制，按照"谁保护谁受益、谁受益谁补偿"原则，系统部署了区域生态效益补偿、流域生态效益补偿和要素生态效益补偿，逐步建立起覆盖全省的多形式、多渠道的生态效益补偿制度。首次系统阐述绿色文化，提出要深入研究生态价值观、生态道德观、绿色发展观、绿色消费观、绿色政绩观，注重挖掘山水文化、森林文化、湿地文化、传统农耕文化、摩崖石刻文化、宗教文化、民族民俗文化以及茶文化、花文化、竹文化中的生态思想，形成绿色湖南建设的持久动力。首次全面阐述城市生态系统，提出加强城市生态系统建设。以增强城市生态承载力为目标，按生态功能规划城市建设，控制城市规模无序扩张，禁止推山填池，减少工业化和城镇化对生态环境的影响。

《纲要》凝练、提升出 8 项建设任务：一是加强生态建设保护。巩固生态安全屏障，提升生态系统整体功能，保护生物多样性，完善防灾减灾体系。二是节约能源资源。节约能源、土地资源、矿产和原材料资源、水资源。三是综合治理城乡环境。减少主要污染物排放，推进间接减排，改善城市环境，清洁农村环境，加强湘江流域治理。四是发展绿色生产。优化产业结构和空间布局，推行循环经济和清洁生产，培育绿色支柱产业。五是建立生态补偿和共建共享机制。建立完善生态效益补偿机制，实施区域生态效益补偿、流域生态效益补偿、要素生态效益补偿。六是引导绿色消费。推行绿色消费方式，推广绿色建筑，推进绿色出行，保障消费安全。七是弘扬绿色文化。树立全民生态文明意识，加强绿色文化载体建设，丰富绿色文化作品，开展绿色创建活动。八是发挥长株潭"两型"引领作用。探索"两型"发展模式，建设生态宜居型城市群。

二、湖南省绿色发展方向

（一）低碳经济发展

2012 年 12 月，省人民政府批转《关于在长株潭"两型"社会建设综合配套改革试验区推广清洁低碳技术的实施方案》，提出了推广新能源发电技术、"城市矿产"再利用技术、重金属污染治理技术、脱硫脱硝技术、工业锅炉窑节能技术等在内的 10 项重点任务，并就每项任务明确了具体的发展目标。2016 年 4 月，出台了《湖南省实施低碳发展五年行动方案（2016—2020 年）》，提出要构建并完善低碳发展的制度框架体系，创新与推广适用的低碳技术，探索低碳发展模式，实现低碳发展理念宣传的常态化，同时提出了到 2020 年低碳发展的减排目标。为进一步发挥清洁低碳技术在加强环境保护、落实生态强省战略中的重要作用，根据国家有关政策和湖南省实际，湖南省人民政府于 2017 年 9 月印发就"十三五"期间在长株潭城市群"两型"社会建设综合配套改革试验区（包括长沙市、株洲市、湘潭市、衡阳市、益阳市、常德市、岳阳市、娄底市及郴州市，以下将上述 9 市统称为"长株潭试验区"）推广清洁低碳技术的实施方案《长株潭"两型"试验区清洁低碳技术推广实施方案（2017—2020 年）》。方案总体目标是研发、孵化、转化并推广一批细分领域清洁低碳技术，实施一批先进成熟清洁低碳技术推广示范项目，培育壮大一批技术领先、管理精细、综合服务能力强、品牌影响力大的"两型"标杆企业，推动形成更多原创性改革创新成果，有效释放清洁低碳市场空间，到 2020 年，节能环保产业产值年均增长 20% 以上，努力打造绿色产业聚集区和具有国际影响的清洁低碳技术孵化地。

（二）发展循环经济

发展循环经济是贯彻落实党的十八大和十八届三中全会精神，建设生态文明、实现可持续发展的必然选择，是加快经济发展方式转变的重要途径，对于推进湖南"四化两型"建设具有重要的战略意义。根据《中华人民共和国循环经济促进法》、《国务院关于加快发展循环经济的若干意见》（国发〔2005〕22 号）、《国务院关于印发循环经济发展战略及近期行动计划的通知》（国发〔2013〕5 号），2014 年 5 月，湖南省人民政府颁布了《湖南省循环经济发展战略及近期行动计划》（以下简称《行动计划》），明确了加快建设循环型工业、农业和服务业体系以及推动社会层面循环化发展四项任务，提出了到2020 年循环经济发展的各项目标，《行动计划》既表明了湖南循环经济开始从试点示范走向全面推进，同时又紧抓了发展的重点、难点与热点问题。

（三）资源节约和环境保护

1999 年 4 月，湖南省人民政府出台了《关于加强环境保护工作的决定》，提出了实行环境保护目标责任制、强化宣传教育、加强法治建设、抓好工业污染治理等八个方面的任务。长株潭城市群"两型"社会建设综合配套改革试验区获批以后，湖南出台了一系列政策文件推动"两型"试验区的加快发展。2009 年 11 月，出台了《关于全面推进长株潭城市群"两型"社会建设改革试验区改革建设的实施意见》，明确要以国务院批复精神和省委、省政府战略部署为指导，加快构建"两型"政策支撑体系与工作推进机制，争取在重点领域、关键环节加快突破。2011 年 11 月和 2012 年 4 月，省委、省政府分别出台了《关于加快长株潭试验区改革建设全面推进全省"两型"社会建设的实施意见》和《关于支持长株潭"两型"社会示范区改革建设的若干意见》，提出了要构建"两型"产业体系、推进体制机制创新、突出示范引领和强化各类政策支持等任务。其他方面，2014年12月，省人民政府出台了《湖南省湘江流域生态补偿（水质水量奖罚）暂行办法》，明确了湘江流域各级政府部门的生态保护责任。2015年2月和3月，分别颁布了《湖南省环境保护工作责任规定（试行）》和《湖南省重大环境问题（事件）责任追究办法（暂行）》，对环境污染防控、治理以及重大环境问题的责任主体和奖惩办法进行了明确规定。

（四）生态文明建设

（1）2014年10月，印发了《关于加快推进洞庭湖生态经济区建设的实施意见》。该意见要求到2020年，区域生态安全保障体系基本建成，社会、经济、环境可持续发展局面进一步优化，防洪减灾综合体系、综合交通网络和能源保障体系基本建立。主要任务方面，一是推进生态文明建设，二是推进重大基础设施建设，三是建设现代产业体系，四是推进城乡一体化，五是推进社会民生事业发展，同时提出了六项扶持政策。

（2）2017年9月，省委办公厅、省政府办公厅印发了《湖南省生态文明建设目标评价考核办法》。办法指出生态文明建设目标评价考核在资源环境生态领域有关专项考核的基础上综合开展，采取评价和考核相结合的方式，实行年度评价、五年考核。各市州生态文明建设年度评价按照《湖南绿色发展指标体系》实施，主要评估各市州资源利用、环境治理、环境质量、生态保护、增长质量、绿色生活、公众满意程度等方面的变化趋势和动态进程。在对各市州上一年度生态文明建设进展总体情况评估的基础上，引导各市州落实生态文明建设相关工作，强化市州党委和政府生态文明建设的主体责任，督促各市州自觉推进生态文明建设。

（五）绿色工业与建筑

为落实《湖南省贯彻〈中国制造2025〉建设制造强省五年行动计划（2016—2020年）》（湘政发〔2015〕43号）和《湖南省绿色制造工程专项行动方案（2016—2020年）》，湖南省经济和信息化委员会积极开展绿色制造体系建设，从2017年开始组织开展绿色工厂、绿色产品、绿色园区、绿色供应链创建和评价，制定了《湖南省绿色制造体系建设实施方案》并印发。

该实施方案指出牢固树立创新、协调、绿色、开放、共享的发展理念，全面贯彻落实制造强省建设战略，紧紧围绕制造业资源能源利用效率和清洁生产水平提升，以促进全产业链和产品全生命周期绿色发展为目标，以创建绿色工厂、绿色产品、绿色园区和绿色供应链为抓手，加强政府引导，加大政策支持，力争到2020年，全省建设100家绿色工厂和10家绿色园区，开发一批绿色产品，创建一批绿色供应链管理企业，培育一批具有特色的专业化绿色制造服务机构，初步建立高效、清洁、低碳、循环的绿色制造体系。实施内容主要包括：推进绿色制造体系建设，制定地方节能与绿色制造标准，加强公共服务能力建设。

近几年年度计划如下：

2017年，制定、发布并启动实施《湖南省绿色制造体系建设实施方案》，先期启动绿色工厂和绿色园区创建评估工作，探索绿色产品和绿色供应链管理企业创建评估工作。评估确认25家绿色工厂、2家绿色园区，制定2个地方性绿色制造标准。

2018年，评估确认25家绿色工厂、2家绿色园区，制定2个地方性绿色制造标准。

2019年，评估确认25家绿色工厂、3家绿色园区，制定2个地方性绿色制造标准。

2020年，评估确认25家绿色工厂、3家绿色园区，制定2个地方性绿色制造标准。

（六）绿色财税支持及价格发展政策

2017年湖南省人民政府印发《湖南省"十三五"节能减排综合工作方案》（湘政发〔2017〕32号），该方案中指出要完善节能减排支持政策。

（1）完善价格收费政策。加快资源环境价格改革，健全价格形成机制。清理取消各地违规出台的高耗能企业优惠电价政策，督察各市州落实差别电价和惩罚性电价政策，逐步推进建立非居民用水超定额水累进加价制度，严格落实水泥、电解铝等行业阶梯电价政策，促进节能降耗。

（2）完善财政税收激励政策。加大对节能减排工作的资金支持力度，统筹安排相关专项资金，支持节能减排重点工程、能力建设和工艺宣传。创新财政资金支持节能减排重点工程和项目方式，发挥财政资金的杠杆作用。推广节能环保服务政府采购，推行政府绿色采购，完善节能环保产品政府强制采购和优先采购制度。清理取消不合理能源补贴，对节能减排工作任务完成较好的地区和企业予以奖励。

（3）健全绿色金融体系。强化绿色金融政策的有效落实，推进绿色金融业务创新。鼓励银行业金融机构对节能减排重点工程给予多元化融资支持，在电力、钢铁等重点行业以及开发区（工业园区）节能降耗、污染治理等领域，推行合同能源管理、环境污染第三方治理，稳妥推进政府向社会购买节能监测、环境监测服务。健全市场化绿色信贷担保机制，推动银行机构实施绿色评价等。

2018年，湖南省制定的《关于创新和完善促进绿色发展价格机制的意见》（湘发改价费〔2018〕1080号）全面贯彻落实党的十九大和十九届二中、三中全会精神，以习近平新时代中国特色社会主义思想为指导，牢固树立和落实新发展理念，按照高质量发展要求，坚持节约资源和保护环境的基本国策，加快建立健全能够充分反映市场供求和资源稀缺程度、体现生态价值和环境损害成本的资源环境价格机制，完善有利于绿色发展的价格政策，将生态环境成本纳入经济运行成本，撬动更多社会资本进入生态环境保护领域，促进资源节约、生态环境保护和污染防治，为加快推动湖南省形成绿色发展空间格局、产业结构、生产方式和生活方式，为建设"绿色湖南"提供坚实支撑。

（1）完善污水处理收费政策。加快构建覆盖污水处理和污泥处置成本并合理盈利的价格机制，推进污水处理服务费形成市场化，逐步实现城镇污水处理费基本覆盖服务费用。

（2）健全固定废物处理收费机制。全力建立覆盖成本并合理盈利的固体废物处理收费机制，加快建立有利于促进垃圾分类和减量化、资源化、无害化处理的激励约束机制。

（3）建立有利于节约用水的价格机制。建立健全补偿成本、合理盈利、激励提升供水质量、促进节约用水的价格形成和动态调整机制，保障供水工程和设施良性运行，促进节水减排和水资源可持续利用。

（4）健全促进节能环保的电价机制。充分发挥电力价格的杠杆作用，推动高耗能行业节能减排、淘汰落后，引导电力资源优化配置，促进产业结构、能源结构优化升级。

（七）绿色发展生态补偿政策

在绿色发展过程中，湖南省出台了一系列的生态补偿方案和管理办法。如 2014 年发布的《湖南省湘江流域生态补偿（水质水量奖罚）暂行办法》（湘财建〔2014〕133 号）和《湖南省森林生态效益补偿基金管理办法》（湘财农〔2014〕1 号）。

1. 湖南省湘江流域生态补偿机制

早在 2013 年，湖南就启动了湘江保护和治理"一号重点工程"，制定了 3 个"三年行动计划"，明确了湘江干流和全流域水质稳定在Ⅲ类以上，大部分饮用水源断面达到Ⅱ类水质的工作目标。目前，正在实施第二个"三年行动计划"（2016—2018 年），出台了《湘江保护和治理第二个"三年行动计划"重点工作财政奖补方案（2017—2018 年）》，已累计投入各类资金 468 亿元。

（1）考核范围：湘江流域生态补偿（水质水量奖罚）范围为湘江干流及舂陵水、渌水、耒水、洣水、蒸水、涟水、潇水等流域面积超过 5000 平方千米及流域长度超过 150 千米的一级支流流经的市和县市区，其中，县级行政单位需满足以下条件之一：

①湘江干流沿岸；

②境内一级支流长度 20 千米以上；

③境内一级支流流域面积 500 平方千米以上；

④跨界水质经常出现超标的上游县。

（2）奖励办法

①水质目标考核奖励。某地所有出境考核断面全部考核因子达到Ⅱ类标准的，给予适当奖励；全部考核因子达到Ⅰ类标准的，给予重点奖励。

②水质动态考核奖励。某地所有出境断面平均水质比所有入境断面平均水质每提高一个类别，给予适当奖励。

上述奖励每月计算一次，逐月累加。

（3）处罚办法

①水质目标考核处罚。某地出境断面主要考核因子低于Ⅲ类标准的，实

施目标考核处罚。具体分为以下三种情况：

当某地出境断面主要考核因子为Ⅳ类时，超标不到 0.2 倍的，扣缴基本处罚额；超标超过 0.2 倍的，每增加 0.2 倍，扣缴金额翻倍递增。

当某地出境断面主要考核因子为Ⅴ类时，超标不到 0.2 倍的，扣缴金额为基本处罚额 ×2；超标超过 0.2 倍的，每增加 0.2 倍，扣缴金额翻倍递增。

当某地出境断面主要考核因子劣于Ⅴ类时，超标不到 0.2 倍的，扣缴金额为基本处罚额 ×3；超标超过 0.2 倍的，每增加 0.2 倍，扣缴金额翻倍递增。

②水质动态考核处罚。某地出境断面水质比入境断面水质每下降一个类别，给予适当处罚。

各主要考核因子单独计算超标扣缴金额，各断面的超标扣缴资金为五项主要考核因子超标处罚资金之和。

上述处罚每月计算一次，逐月累加。

2. 湖南省森林生态效益补偿机制

补偿基金依据中央财政和省级财政确定的补偿标准进行补偿。补偿基金分为管护补助支出和公共管护支出。

国有公益林的管护补助支出，用于国有林场、苗圃、自然保护区、森工企业等国有单位公益林管护人员劳务补助费。

集体和个人所有的公益林管护补助支出分为经济补偿和管护费，经济补偿费用于公益林林权所有者或经营者管护公益林的补偿，管护费用于县级林业部门统一护林以及森林防火、林业有害生物防治、监测预报、公益林保险、公益林宣传牌设立等。

管护费每亩提取 2.25 元，用于统一护林补助每亩不低于 1.5 元，用于公益林资源监测、森林防火、林业有害生物防治、监测预报、公益林保险、公益林宣传牌设立等项目建设的每亩不高于 0.75 元，其余部分全部用于经济补偿。

公共管护支出每亩提取 0.25 元，用于省级林业主管部门统筹开展全省和重点地区的公益林监测、管护情况检查验收、森林火灾预防与扑救、林业有害生物防治和监测等项目支出，依照项目进行管理。

各市州、县市区林业和财政主管部门发生的相关管理经费由同级财政预算安排，不得在补偿基金中列支。

第二章　湖南省生态环境保护与绿色发展现状

第一节　湖南省经济社会发展概况

　　湖南省委、省政府带领全省人民，坚持以习近平新时代中国特色社会主义思想为指导，认真贯彻党的十九大、十九届二中、三中全会精神和党中央国务院各项决策部署，坚持稳中求进工作总基调，对标高质量发展要求，全力打好三大攻坚战，大力实施创新引领开放崛起战略，全省经济保持总体平稳、稳中有进、稳中向好的发展态势，高质量发展迈出坚实步伐。

一、经济增长情况

　　湖南省 2018 年国民经济和社会发展统计数据显示，全年湖南省地区生产总值 36425.8 亿元，比上年增长 7.8%。按常住人口计算，人均地区生产总值 52949 元，比上年增长 7.2%。图 2-1 对湖南省 2005—2018 年的地区生产总值及同比增长情况进行了统计。

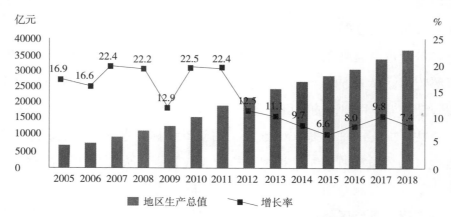

图 2-1　2005—2018 年湖南省地区生产总值及增长率（亿元）

数据来源：《湖南统计年鉴》。

从图 2-1 可以看出，湖南省 2005—2018 年地区生产总值总体上呈递增趋势，但是地区生产总值的增速在 2009 年前后出现较大波动，2012 年后增速相对缓慢，并趋于平缓。

二、产业发展水平

2018 年湖南省第一产业增加值 3083.6 亿元，增长 3.5%；第二产业增加值 14453.5 亿元，增长 7.2%；第三产业增加值 18888.7 亿元，增长 9.2%。全省三次产业结构之比为 8.5 ∶ 39.7 ∶ 51.8。第三产业增加值占地区生产总值的比重比上年提高 2.3 个百分点；工业增加值占地区生产总值的比重为 32.7%，比上年下降 1.6 个百分点；高新技术产业增加值占地区生产总值的比重为 23.2%；非公有制经济增加值增长 7.6%，占地区生产总值的比重为 58.3%；战略性新兴产业增加值增长 10.1%，占地区生产总值的比重为 9.3%。第一、二、三产业对经济增长的贡献率分别为 4.0%、40.9% 和 55.1%。其中，工业增加值对经济增长的贡献率为 36.3%，生产性服务业增加值对经济增长的贡献率为 19.4%。资本形成总额、最终消费支出、货物和服务净流出对经济增长的贡献率分别为 45.0%、56.9% 和 −1.9%。

图 2-2 对 2005—2018 年湖南省生产总值三次产业比例关系进行了展示。

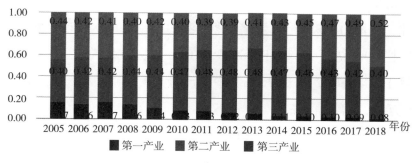

图 2-2　2005—2018 年湖南省生产总值三次产业比例关系

数据来源：《湖南统计年鉴》。

从图 2-2 中可以看出，湖南省产业结构不断优化，尤其是在 2013 年之后第一产业占比逐年下降，第三产业占比逐年增加。截至 2018 年，第一产业占比由 2005 年的 17% 减少到 8%；第三产业占比由 2005 年的 44% 增加到 52%。

三、农业

2018 年湖南省农林牧渔业实现增加值 3265.9 亿元，比上年增长 3.7%。其中，农业增加值 1856.6 亿元，比上年增长 3.0%；林业增加值 287.4 亿元，增长 9.5%；牧业增加值 668.1 亿元，增长 0.9%；渔业增加值 271.5 亿元，增长 7.6%。

全年粮食种植面积 4747.9 千公顷，比上年减少 231.1 千公顷。其中，早稻面积 1238.2 千公顷，减少 210 千公顷；中稻面积 1472.5 千公顷，增加 181.2 千公顷；晚稻面积 1298.3 千公顷，减少 200.9 千公顷。粮食产量 3022.9 万吨，比上年减产 1.6%。其中，夏粮 51.4 万吨，增产 5.8%；早稻 755.5 万吨，减产 10.8%；秋粮 2216.0 万吨，增产 1.7%。

全年棉花种植面积 63.9 千公顷，比上年减少 31.8 千公顷；糖料种植面积 7.4 千公顷，增加 0.2 千公顷；油料种植面积 1344.7 千公顷，增加 33.1 千公顷；蔬菜种植面积 1264.9 千公顷，增加 45.6 千公顷。棉花产量 8.6 万吨，比上年减产 21.7%；油料 234.4 万吨，增产 3.7%；烤烟 18.8 万吨，减产 8.0%；茶叶 21.5 万吨，增产 8.9%；蔬菜 3822.0 万吨，增产 4.1%。

全年猪、牛、羊肉类总产量 479.6 万吨，比上年下降 0.4%。其中，猪肉产量 446.8 万吨，下降 0.6%；牛肉产量 17.9 万吨，增长 5.3%；羊肉产量 14.9 万吨，下降 0.3%。年末生猪存栏 3822.0 万头，比上年末减少 3.7%；全年生猪出栏 5993.7 万头，比上年减少 2.0%。禽肉产量 59.7 万吨，增长 0.8%。禽蛋产量 105.4 万吨，增长 2.1%。牛奶产量 6.2 万吨，增长 2.5%。水产品产量 252.5 万吨，增长 4.2%。

全年新增农田有效灌溉面积 17.1 千公顷，新增节水灌溉面积 12.7 千公顷；开工各类水利工程 7.2 万处，投入资金 265.0 亿元，完成水利工程土石方 9.0 亿立方米；提质改造农村公路 8086 千米。

四、工业和建筑业

2018 年湖南省全部工业增加值 11916.4 亿元，比上年增长 7.4%。其中，规模以上工业增加值增长 7.4%。在规模以上工业中，非公有制企业增加值增长 7.8%，占规模以上工业的比重为 72.1%。高加工度工业和高技术制造业增加值分别增长 10.1% 和 18.3%；占规模以上工业的比重分别为 36.3% 和 10.6%。装备制造业增加值增长 11.9%，占规模以上工业的比重为 29.4%。省级及以上产业园区工业增加值增长 8.9%，占规模以上工业的比重为 69.7%。六大高耗能行业增加值增长 5.5%，占规模以上工业的比重为 29.9%，比上年下降 0.4 个百分点。分区域看，长株潭地区规模工业增加值增长 7.9%，湘南地区规模工业增加值增长 7.5%，大湘西地区规模工业增加值增长 7.3%，洞庭湖地区规模工业增加值增长 7.5%。

全年规模以上工业统计的产品中，54.2% 的产品产量比上年增长。主要产品中，大米 1415.6 万吨，增长 4.8%；饲料 1577.2 万吨，增长 3.3%；原油加工量 948.7 万吨，增长 23.3%；水泥 10920.6 万吨，下降 1.3%；钢材 2374.7 万吨，增长 7.3%；十种有色金属 166.8 万吨，下降 12.5%；混凝土机械 3.9 万台，增长 19.3%；汽车 69.1 万辆，增长 1.7%；发电量 1418.8 亿千瓦时，增长 6.0%。

规模以上工业企业实现利润总额 1727.0 亿元，比上年增长 9.3%。分经济类型看，国有企业 79.9 亿元，下降 26.8%；集体企业 3.0 亿元，下降 15.4%；股份合作制企业 1.2 亿元，下降 7.9%；股份制企业 1427.3 亿元，增长 13.7%；外商及港澳台商投资企业 158.4 亿元，增长 1.0%；其他内资企业 57.2 亿元，增长 4.1%。利润总额居前五位的大类行业中，专用设备制造业 172.9 亿元，增长 49.4%；非金属矿物制品业 169.7 亿元，增长 37.5%；化学原料和化学制品制造业 152.0 亿元，增长 15.8%；农副食品加工业 134.8 亿元，增长 5.1%；黑色金属冶炼和压延加工业 94.9 亿元，增长 42.8%。规模以上工业企业每百元主营业务收入中的成本为 83.2 元。年末规模以上工业企业资产负债率为 51.5%。

全年全社会建筑业增加值 2549.8 亿元，比上年增长 5.8%。具有资质等级的总承包和专业承包建筑企业实现利润总额 274.3 亿元，增长 8.8%。房屋建筑施工面积 59253.3 万平方米，增长 8.5%。房屋建筑竣工面积 19929.4 万平方米，增长 0.2%。

五、投资与财政

2018年湖南省全年固定资产投资（不含农户）比上年增长10.0%。其中，民间投资增长25.2%。分经济类型看，国有投资下降8.0%，非国有投资增长20.9%。分投资方向看，民生投资增长7.8%，生态投资增长12.0%，基础设施投资下降10.1%，高新技术产业投资增长51.1%，工业技改投资增长38.1%。分区域看，长株潭地区投资增长9.7%，湘南地区投资增长10.3%，大湘西地区投资增长10.0%，洞庭湖地区投资增长10.6%。具体增长情况见表2-1。

表2-1 　　　　　　　　2018年湖南省固定资产投资增长情况

指标	比上年增长（%）
固定资产投资（不含农户）	10.0
第一产业	22.7
第二产业	28.2
其中：采矿业	31.2
制造业	35.0
电力、热力、燃气及水生产和供应业	14.4
建筑业	−32.8
第三产业	1.7
其中：交通运输、仓储和邮政业	9.3
信息传输、软件和信息技术服务业	0.3
批发和零售业	−33.9
住宿和餐饮业	−2.6
金融业	33.0
房地产业	8.6
租赁和商务服务业	43.6
科学研究和技术服务业	99.7
水利、环境和公共设施管理	−14.1
居民服务、修理和其他服务业	22.9
教育	19.9
卫生和社会工作	16.7
文化、体育和娱乐业	29.0
公共管理、社会保障和社会组织	−44.3

数据来源：《湖南省2018年国民经济和社会发展统计公报》。

由表 2-1 可以看出,湖南省第一产业、第二产业、第三产业的固定资产投资额都呈上升趋势。从具体行业来看,增速明显的是制造业、采矿业、金融业、租赁和商务服务业以及科学研究和技术服务业,其中科学研究和技术服务业的增长速度最显著,达到了 99.7%。

湖南省 2018 年全年地方一般公共预算收入 2860.84 亿元,比上年增长 3.74%。其中,税收收入 1959.67 亿元,增长 11.40%;非税收入 901.18 亿元,下降 9.76%。一般公共预算支出 7479.61 亿元,增长 8.88%。其中,社会保障和就业支出 1095.57 亿元,增长 7.63%。表 2-2 对 2005—2018 年湖南省财政收支基本情况进行了统计。

表 2-2　　　　　　　2005—2018 年湖南省财政收支基本情况　　　　（单位：亿元）

年份	地方一般公共预算收入	税收收入	非税收入	一般公共预算支出	一般公共服务	社会保障和就业
2005	395.27	267.87	32.67	873.42	74.98	71.91
2006	477.93	322.74	155.19	1064.52	72.67	84.32
2007	606.55	410.66	195.89	1357.03	256.59	220.98
2008	722.71	486.31	236.40	1765.22	295.56	310.31
2009	847.62	568.27	279.34	2210.44	336.07	360.75
2010	1081.69	730.84	350.85	2702.48	367.20	396.40
2011	1517.07	915.40	601.67	3520.76	466.74	484.44
2012	1782.16	1110.74	671.42	4119.00	550.26	525.71
2013	2030.88	1299.15	731.73	4690.89	628.45	625.94
2014	2262.79	1438.52	824.27	5017.38	627.24	661.97
2015	2515.43	1527.52	987.91	5728.72	634.17	779.84
2016	2697.88	1551.33	1146.56	6339.16	675.95	874.41
2017	2757.82	1759.13	998.69	6869.39	747.05	1017.90
2018	2860.84	1959.67	901.18	7479.61	797.30	1095.57

数据来源：《湖南统计年鉴》。

六、居民生活和社会保障

湖南省 2018 年年末全省常住人口 6898.8 万。其中,城镇人口 3864.7 万,城镇化率 56.02%,比上年末提高 1.4 个百分点。全年出生人口 83.9 万,出生率 12.19‰；死亡人口 48.7 万，死亡率 7.08‰；人口自然增长率 5.11‰。0~15 岁 (含不满 16 周岁) 人口占常住人口的比重为 20.78%，比上年末提高 1.04 个百分点；16~59 岁 (含不满 60 周岁) 人口比重为 60.73%，下降 1.37 个百分点；60 岁及以上人口比重为 18.49%，提高 0.33 个百分点。

全年全省全体居民人均可支配收入 25241 元，比上年增长 9.3%，扣除价格因素实际增长 7.2%；人均可支配收入中位数 20703 元，增长 5.5%。城镇居民人均可支配收入 36698 元，增长 8.1%，扣除价格因素实际增长 6.1%；城镇居民人均可支配收入中位数 33213 元，增长 5.1%。农村居民人均可支配收入 14093 元，增长 8.9%，扣除价格因素实际增长 6.8%；农村居民人均可支配收入中位数 12701 元，增长 6.9%。城乡居民收入比由上年的 2.62 ：1 缩小为 2.60 ：1。分区域看，长株潭地区居民人均可支配收入 39274 元，增长 8.6%；湘南地区居民人均可支配收入 23391 元，增长 9.0%；大湘西地区居民人均可支配收入 17288 元，增长 10.3%；洞庭湖地区居民人均可支配收入 22928 元，增长 9.2%。贫困地区农村居民人均可支配收入 10285 元，增长 11.0%。外出农民工人均月收入 4234 元，增长 10.1%。图 2-3 显示了 2005—2018 年湖南省城乡居民人均可支配收入情况。

图 2-3　2005—2018 年湖南省城乡居民人均可支配收入（单位：元 ）

数据来源：《湖南统计年鉴》。

从图 2-3 可看出，全省居民人均可支配收入呈现历年递增的趋势，其中农村居民人均可支配收入的增幅在多数年份比城镇居民人均可支配收入的增幅高。

2018 年全省居民人均消费支出 18808 元，比上年增长 9.6%，扣除价格因素实际增长 7.5%。城镇居民人均消费支出 25064 元，增长 8.2%，扣除价格因素实际增长 6.2%；农村居民人均生活消费支出 12721 元，增长 10.3%，扣除价格因素实际增长 8.1%。恩格尔系数为 28.0%，比上年降低 1.2 个百分点，其中城镇为 27.3%，农村为 29.2%。全年居民消费价格比上年上涨 2.0%。其中，城市上涨 1.9%，农村上涨 2.0%。商品零售价格上涨 2.3%。表 2-3 统计了 2005—2018 年湖南省各种物价指数的详细情况，图 2-4 给出了 2005—2018 年湖南省居民消费价格指数和商品零售价格指数的波动情况。

表 2-3　　　　　2005—2018 年湖南省各种物价指数（上年 =100）

年份	居民消费价格指数	商品零售价格指数	农产品生产者价格指数	工业生产者购进价格指数	工业品出厂价格指数	固定资产投资价格指数
2005	102.3	102.3	99.5	109.4	106.0	103.6
2006	101.4	101.3	100.7	106.5	104.3	103.1
2007	105.6	104.3	130.6	106.1	106.1	105.8
2008	106.0	105.6	126.7	112.0	109.3	109.9
2009	99.6	98.5	90.6	92.6	94.3	99.7
2010	103.1	103.1	109.9	110.0	106.9	104.0
2011	105.5	105.5	121.9	110.8	108.5	107.2
2012	102.0	101.7	100.2	100.1	99.1	101.7
2013	102.5	101.7	102.1	98.4	98.5	101.3
2014	101.9	101.2	98.6	97.9	98.4	101.5
2015	101.4	99.9	104.1	94.5	96.3	100.4
2016	101.9	101.0	104.7	98.0	98.9	100.4
2017	101.4	101.3	98.0	107.2	105.8	105.7
2018	102.0	102.3	95.4	103.5	103.2	104.8

数据来源：《湖南统计年鉴》。

全年新增城镇就业人员 79.45 万人。农民工总量 1758.1 万人，比上年下降 1.0%。新生代农民工 958.9 万人，比上年增长 4.6%。年末参加城镇职工基本养老保险人数 1402.4 万人，比上年末增加 123 万人。其中，参保职工 947.9 万人，参保离退休人员 454.5 万人。参加基本医疗保险人数 6833.3 万人。其中，参加城镇职工基本医疗保险人数 898.5 万人，参加城乡居民基本医疗保险人数 5934.9 万人。参加失业保险职工人数 582 万人，增加 18.2 万人。参加工伤保险职工人数 793.4 万人。参加生育保险职工人数 571.8 万人。年末领取失业保险金职工人数 13.0 万人。获得政府最低生活保障的城镇居民 59.7 万人，发放最低生活保障经费 28.8 亿元；获得政府最低生活保障的农村居民 126.8 万人，发放最低生活保障经费 29.6 亿元。年末各类收养性社会福利单位床位 33.0 万张，收养各类人员 17.4 万人。城镇建立各种社区服务设施 17135 个，其中，综合性社区服务中心 7010 个。全年销售社会福利彩票 91.7 亿元，筹集福彩公益金 25.7 亿元。圆满完成 12 件重点民生实事任务。其中，完成农村危房改造 17.84 万户，城镇棚户区改造 28.05 万套，黑臭水体整治项目 154 个。

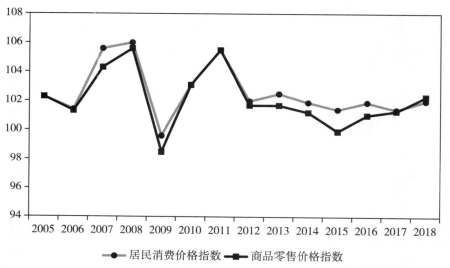

图 2-4　2005—2018 年湖南省居民消费价格指数和商品零售价格指数

七、对外经济

湖南省 2018 年全年进出口总额 3079.5 亿元，比上年增长 26.5%。其中，出口 2026.7 亿元，增长 29.5%；进口 1052.8 亿元，增长 21.2%。一般贸易出口 1561.9 亿元，增长 38.7%；加工贸易出口 450.2 亿元，增长 4.3%。出口额居前五位的商品中，服装及衣着附件出口 156.3 亿元，增长 57.4%；鞋类 84.6 亿元，增长 22.1%；钢材 76.4 亿元，增长 41.9%；陶瓷产品 67.4 亿元，增长 69.1%；箱包及类似容器 54.5 亿元，增长 17.1%。分产销国别（地区）看，出口香港 410.16 亿元，增长 11.6%；出口美国 291.3 亿元，增长 28.1%；出口欧盟 263.2 亿元，增长 29.1%；出口东盟 303.3 亿元，增长 38.4%。表 2-4 对 2018 年湖南省进出口总额及其增长速度进行了统计。表 2-5 对湖南省 2005—2017 年进出口贸易额与实际利用外资的情况进行了统计。

表 2-4　　　　　　　　　　2018 年湖南省进出口总额及其增长速度

指标	绝对数（亿元）	比上年增长（%）
进出口总额	3079.5	26.5
出口额	2026.7	29.5
按贸易方式分		
其中：一般贸易	1561.9	38.7
加工贸易	450.2	4.3
按重点商品分		
其中：机电产品	874.6	18.9
高新技术产品	243.8	7.5
农产品	85.9	7.3
进口额	1052.8	21.2
按贸易方式分		
其中：一般贸易	709.1	24.1
加工贸易	299.5	11.3
按重点商品分		
其中：机电产品	452.2	15.9
高新技术产品	240.7	50.0
农产品	98.9	56.4

数据来源：《湖南省 2018 年国民经济和社会发展统计公报》。

表 2-5　　　　　　2005—2017 年湖南省对外贸易与实际利用外资情况　　　　（单位：万美元）

年份	进出口总额	出口额	进口额	实际利用外资
2005	600485	374667	225818	207235
2006	735259	509401	225858	259335
2007	968967	652342	316645	327051
2008	1256584	840950	415634	400515
2009	1015101	549189	465912	459787
2010	1468886	795487	673399	518441
2011	1900006	989747	910259	615031

续表

年份	进出口总额	出口额	进口额	实际利用外资
2012	2194082	1259965	934117	728034
2013	2516439	1482083	1034356	870482
2014	3102729	2002348	1100380	1026585
2015	2936680	1917288	1019392	1156441
2016	2687970	1817002	870968	1285209
2017	3603951	2317175	1286776	1447489

数据来源：《湖南统计年鉴》。

八、教育科技

湖南省 2018 年有普通高校 109 所。普通高等教育研究生毕业生 2.0 万人，本专科毕业生 34.8 万人，中等职业教育毕业生 20.5 万人，普通高中毕业生 36.5 万人，初中学校毕业生 72.5 万人，普通小学毕业生 83.2 万人。在园幼儿 225.2 万人，比上年下降 1.7%。小学适龄儿童入学率 99.98%，高中阶段教育毛入学率 92.5%。各类民办学校 13306 所，在校学生 296.1 万人。发放高校国家奖学金、助学金（本专科生）9.7 亿元，资助高校学生（本专科生）55.6 万人次。发放中职国家助学金 3.7 亿元，资助中职学生 37.8 万人次；落实中职免学费资金 13.1 亿元，资助中职学生 108 万人次。落实义务教育保障资金 89.7 亿元，发放普通高中国家助学金 4.6 亿元。表 2-6 对 2005—2018 年湖南省普通高等学校、普通中学、小学的专任教师数和在校学生数进行了统计。

表 2-6　　　　　　　　　2005—2018 年湖南省教育基本情况

年份	专任教师数（人）			在校学生数（万人）		
	普通高等学校	普通中学	小学	普通高等学校	普通中学	小学
2005	45272	261449	246112	74.24	429.11	419.83
2006	49470	256047	247567	81.95	384.62	429.31
2007	54751	251451	249994	89.05	354.31	444.84
2008	57651	246257	250229	94.86	333.92	458.44
2009	58846	243831	250365	101.38	320.78	469.15
2010	59557	240494	250039	104.43	316.82	479.16
2011	61156	268602	222630	106.79	317.72	490.32

年份	专任教师数（人）			在校学生数（万人）		
	普通高等学校	普通中学	小学	普通高等学校	普通中学	小学
2012	62541	238277	246859	108.05	313.77	473.79
2013	63869	236461	246273	110.08	318.39	467.81
2014	64919	238543	248118	113.50	326.34	473.84
2015	66615	238254	226087	117.98	329.85	488.86
2016	68726	241508	253718	122.47	335.96	501.81
2017	70249	247395	265887	127.32	344.26	511.66
2018	72689	255386	274527	132.68	358.01	521.98

数据来源：《湖南统计年鉴》。

截至 2018 年，湖南省有国家工程研究中心（工程实验室）17 个，省级工程研究中心（工程实验室）206 个。国家地方联合工程研究中心（工程实验室）35 个。国家认定企业技术中心 53 个。国家工程技术研究中心 14 个，省级工程技术研究中心 342 个。国家级重点实验室 18 个，省级重点实验室 248 个。签订技术合同 6044 项，技术合同成交金额 281.7 亿元。登记科技成果 664 项。获得国家科技进步奖励成果 18 项、国家自然科学奖 2 项。"鲲龙 500"采矿机器人、"海牛号"海底深孔取芯钻机等新产品为我国"深海"探测提供了支撑，超级杂交稻百亩示范片平均亩产再创新高，耐盐碱杂交稻成功试种。专利申请量 94503 件，比上年增长 23.9%。其中，发明专利申请量 35414 件，增长 19.2%。专利授权量 48957 件，增长 29.1%。其中，发明专利授权量 8261 件，增长 4.5%。工矿企业、大专院校和科研单位专利申请量分别为 51019 件、16614 件和 836 件，专利授权量分别为 27314 件、7768 件和 385 件。高新技术产业增加值 8468.1 亿元，增长 14.0%。

九、交通运输、邮电和旅游

2018 年湖南省全年客货运输换算周转量 5448.6 亿吨千米，比上年增长 1.8%。货物周转量 4404.3 亿吨千米，增长 2.0%。其中，铁路周转量 812.8 亿吨千米，与上年基本持平；公路周转量 3114.9 亿吨千米，增长 4.2%。旅客周转量 1668.4 亿人千米，下降 0.7%。其中，铁路周转量 979.5 亿人千米，增长 0.9%；公路周转量 479.9 亿人千米，下降 8.9%；民航周转量 205.3 亿人千米，增长 14.7%。

公路通车里程 24.0 万千米，比上年末增长 0.1%。其中，高速公路通车里程 6724.6 千米，比上年末增加 306.1 千米。年末铁路营业里程 5021.0 千米，其中高速铁路 1729.6 千米。年末民用汽车保有量 786.2 万辆，增长 14.1%；私人汽车保有量 727.5 万辆，增长 14.4%；轿车保有量 430.1 万辆，增长 13.8%。

全年邮政业务总量（2010 年不变价）248.2 亿元，比上年增长 28.9%；电信业务总量（2015 年不变价）2474.7 亿元，增长 166.5%。年末固定电话用户 648.4 万户，下降 3.9%；移动电话用户 6302.9 万户，增长 10.9%。年末互联网宽带用户 1635.3 万户，增长 24.3%。

全省国内游客 7.5 亿人次，比上年增长 12.5%；入境游客 365.1 万人次，增长 13.1%。旅游总收入 8355.7 亿元，增长 16.5%。其中，国内旅游收入 8255.1 亿元，增长 16.5%；国际旅游收入 15.2 亿美元，增长 17.4%。

十、卫生和文化体育

2018 年湖南省全省有艺术表演团体 534 个，群众艺术馆、文化馆 143 个，公共图书馆 140 个，博物馆、纪念馆 120 个。广播电台 14 座，电视台 15 座。有线电视用户 1035.1 万户。广播综合人口覆盖率 99.02%，比上年提高 0.53 个百分点；电视综合人口覆盖率 99.64%，比上年提高 0.34 个百分点。入选国家级非物质文化遗产保护目录的项目 118 个，入选省级非物质文化遗产保护目录的项目 324 个。出版图书 10965 种、期刊 253 种、报纸 82 种，图书、期刊、报纸出版总印数分别为 4.3 亿册、0.9 亿册和 8.5 亿份。

2018 年湖南省全省共有卫生机构 56238 个。其中，医院 1552 个，妇幼保健院（所、站）137 个，专科疾病防治院（所、站）86 个，乡镇卫生院 2208 个，社区卫生服务中心（站）781 个，诊所、卫生所、医务室 10377 个，村卫生室 39976 个。卫生技术人员 43.7 万人，比上年增长 5.0%。其中，执业医师和执业助理医师 18.1 万人，增长 4.4%；注册护士 18.4 万人，增长 6.4%。医院拥有床位 34.8 万张，增长 9.1%；乡镇卫生院拥有床位 10.2 万张，增长 1.2%。

全省经常参加体育锻炼人数 2419.1 万人，开展全民健身项目 5370 项次。

新建农民体育健身工程的行政村 1100 个。全年获得 8 个世界冠军、22 个亚洲冠军和 67 个全国冠军。体育场地 113830 个。其中，体育馆 317 座，运动场 7630 个，游泳池 691 个，各种训练房 5270 个。

第二节 湖南省生态环境保护现状

一、总体情况

省委、省政府将生态环境保护摆在重要位置。打赢打好污染防治攻坚战，是湖南省委、省政府的心头事。高度关注的背后，是湖南对打赢污染防治攻坚战的坚定意志。时任湖南省委书记杜家毫、省长许达哲多次强调，要认真贯彻落实总书记对湖南工作的系列重要指示精神，抓好中央环保督察整改，增强"四个意识"，扛起生态文明建设的政治责任。

2013—2018 年，在湘江治理三个"三年行动计划"中，湖南对湘潭竹埠港、郴州三十六湾、株洲清水塘、衡阳水口山、娄底锡矿山等五大重点污染整治区域进行铁腕整治，关停涉重金属企业 1182 家，湘江变清了、变净了、变美了。

湖南省 2018 年 12 月发布的中央环境保护督察移交生态环境损害责任追究问题问责通报中，共有 8 个党组织、167 名责任人被问责。其中，厅级干部 28 人，处级干部 94 人，科级及以下干部 45 人；给予党纪政务处分 120 人，予以诫勉等组织处理 47 人。

（一）打赢污染防治攻坚战，体制机制是保障

——聚焦"生态强省"发展目标，湖南先后制定了《关于坚持生态优先绿色发展深入实施长江经济带发展战略大力推动湖南高质量发展的决议》《湖南省污染防治攻坚战三年行动计划（2018—2020 年）》，并同步制定蓝天、碧水、净土保卫战三年实施方案，相继出台《湖南省重大环境问题（事件）责任追究办法》《湖南省党政领导干部生态环境损害责任追究实施细则》等决策部署，以制度创新为生态文明建设保驾护航，为全方位、全地域和全过程的环境保护提供制度保障。

——深化供给侧结构性改革。坚持在发展中保护、在保护中发展，推动质量变革、效率变革、动力变革，深化要素市场化配置改革，着力在"破""立""降"上下功夫，不断提高供给质量和效益。大力破除无效供给，综合运用市场化法治化手段，推动水泥、煤炭、烟花、造纸等领域过剩产能退出和落后产能淘汰，着力处置"僵尸企业"，积极推动化解过剩产能。大力培育新动能，强化科技创新，推动传统产业优化升级，深入推进"互联网+"行动，大力发展新兴产业，不断增强发展后劲。

——协同打好三大攻坚战。探索协同推进生态优先和绿色发展新路子，统筹打好防范化解重大风险、精准脱贫、污染防治三大攻坚战。管控政府债务，扩大民间投资，优化投资结构，把投资重点引导到生态保护、环境治理和绿色发展上来，坚决守住不发生区域性系统性金融风险的底线。深入实施乡村振兴战略，打好脱贫攻坚战，发挥农村生态资源丰富的优势，加大生态补偿力度，吸引资本、技术、人才等要素向乡村流动，大力发展优势特色绿色产业，把绿水青山变成金山银山，带动贫困人口增加就业、增收脱贫。

（二）构建绿色发展新格局，阵痛过后获新生

当年遮天蔽日污水横流的老工业区株洲，2013年以来，以壮士断腕的决心，共计关停了1300多家污染落后企业。虽影响产值500多亿元，但株洲却在新旧动能转换中脱胎换骨。

"百年煤都"宁乡煤炭坝镇，煤炭产能全部退出后，县级财税收入直接减少三分之一，但日益兴起的智能安防产业，让90多家门业企业落户，"煤都"成功转型为"门都"。

"瘦身"的浏阳花炮产业，虽损失订单数万笔，却促使其实现了从"低小散"到"高精尖"的蝶变，每年申请专利200多个，研发出安全、绿色的新产品1000多个……

这些只是湖南绿色转型的一个缩影，而湖南推进新旧动能转换，致力于高质量发展的决心之大、力度之大、成效之大，也可见一斑。在淘汰落后、污染严重产能的同时，湖南积极发展高精尖产业，培育新动能。

——积极实施聚焦高质量发展的"五个100"工程，2018年，"五个100"累计交出投资超过1300亿元的亮眼成绩单。这使得湖南在落后产能退出的同时，先进动能得以不断积蓄。

——及时布局20条工业新兴优势产业链，不断建链、补链、强链、延链。如今，先进轨道交通装备、自主可控计算机、航空航天等产业链，不断向价值链高端延伸，年均增幅超过两位数。

——以前，湖南新兴产业的底子并不好，但如今电子信息、移动互联网、新材料等新动力持续涌现，构成了多点支撑。2018年底，湖南省共认定高新技术企业4463家，全省高加工度工业、高技术制造业增加值分别增长10.1%和18.3%。"湖南制造"向"湖南创造"的嬗变，已成为三湘大地高质量发展的重要"标签"。

湖南省人民政府省长许达哲在2019年1月26日举行的湖南省第十三届人民代表大会第二次会议中，对2018年湖南省生态环境保护工作进行全面的回顾。2018年，湖南深学笃用习近平生态文明思想，划定并公布全省生态保护红线，强力推进中央环保督察"回头看"反馈问题整改，全面推行十条禁止性措施，以铁的决心、铁的手腕、铁的措施迅速拆除下塞湖矮围，全部拆除长江岸线42个不符合环保要求的泊位；坚持生态优先、实事求是、依法依规、分类施策推进长株潭生态绿心问题整改，开展绿心总规局部优化完善工作；清水塘老工业区企业全部关闭。有力整治农业面源污染和城镇生活污水、黑臭水体，率先完成县级以上饮用水水源地环境问题整治，地表水水质全年为优，国考断面优良率达90%，森林覆盖率达59.8%，湿地保护率达75.7%。湘江流域和洞庭湖山水林田湖草生态保护修复工程获批国家试点，常德获评全球首批国际湿地城市。市州城区空气环境质量优良率达85.4%，$PM_{2.5}$均值下降10.9%，吉首、张家界等5个城市空气环境质量达到国家二级标准。城市修补、生态修复深入推进，长沙后湖艺术园成为生态与经济建设相生相成的样板。白鹭翱翔、麋鹿嬉戏、江豚腾跃，人与自然和谐共处的美丽画卷正徐徐展开。

此外，湖南省区域城乡协调发展加快。长株潭城市群、洞庭湖区、湘南及湘西地区发展协调推进，岳麓山国家大学科技城、长沙临空经济示范区等重点片区辐射效应增强。新型城镇体系加快形成，城镇化率提高1.4个百分点。乡村振兴战略有序推进，农村人居环境整治首仗打响，农村"空心房"整治成效明显。新创建美丽乡村示范村 300 个、"同心美丽乡村"37 个。

经过脱胎换骨的过程，湖南迎来了欣欣向荣的绿色发展新局面。2020 年 6 月发布的《2019 年湖南省生态环境状况公报》称，全省生态环境状况指数为 77.8，植被覆盖度高，生物多样性丰富，生态系统稳定，生态环境质量为优。

二、城市环境空气质量状况

2018 年，全省 14 个市州所在城市平均优良天数比例为 85.4%。14 个城市环境空气中的二氧化硫（SO_2）、二氧化氮（NO_2）、一氧化碳（CO）、臭氧（O_3）、可吸入颗粒物（PM_{10}）等五项污染物全年平均浓度分别为 12 微克 / 米^3、26 微克 / 米^3、1.5 毫克 / 米^3、140 微克 / 米^3、66 微克 / 米^3，均优于国家二级标准；全省 14 个城市细颗粒物（$PM_{2.5}$）年均浓度为 41 微克 / 米^3，超过国家二级标准。轻度污染天数比例为 11.7%，中度污染天数比例为 2.1%，重度及以上污染天数比例为 0.8%。影响 14 个城市环境空气质量的主要污染物是细颗粒物、臭氧和可吸入颗粒物。按照城市环境空气质量综合指数评价，14 个市州所在城市的空气质量排名从好到差依次为：湘西、张家界、怀化、郴州、益阳、娄底、常德、永州、邵阳、岳阳、衡阳、长沙、株洲、湘潭。

2018 年长株潭城市环境空气质量平均优良天数比例为 78.0%，较上年上升 4.4%；超标天数比例为 22.0%，其中轻度污染占比 16.6%，中度污染占比 3.9%，重度污染占比 1.2%，严重污染占比 0.3%。影响长株潭城市空气质量的主要污染物是细颗粒物、臭氧和可吸入颗粒物。

近三年湖南省空气质量情况和降水 pH 值及酸雨频率，如表 2-7 和表 2-8 所示。

表 2-7　　　　　　　2016—2018 年湖南省空气质量情况

年份	优良率 %	轻度污染天数比例 %	中度污染天数比例 %	重度及以上污染天数比例 %	$PM_{2.5}$（微克 / 米^3）
2016	81.3	15.8	2.3	0.6	48
2017	81.5	13.8	3.2	1.5	46
2018	85.4	11.7	2.1	0.8	41

数据来源：《2016 年湖南省环境质量状况》《2017 年湖南省环境质量状况》《2018 年湖南省环境质量状况》。

表 2-8　　　　　　　　2016—2018 年湖南省降水 pH 值及酸雨频率

年份	pH 值	酸雨频率 %
2016	4.75	56.2
2017	5.04	54.5
2018	5.19	49.3

数据来源：《2016 年湖南省环境质量状况》《2017 年湖南省环境质量状况》《2018 年湖南省环境质量状况》。

由表 2-7 和表 2-8 可看出：（1）湖南省 14 个城市的环境空气质量平均优良天数比例在 2016 年和 2017 年基本持平，2018 年比 2017 年提升了 3.9 个百分点。（2）2018 年，全省 14 个城市的酸雨频率平均值为 49.3%，比上年（54.5%）下降 5.2 个百分点；降水 pH 均值为 5.19，较上年（5.04）提升 0.15，酸雨污染状况有所减轻。

三、水环境质量状况

（一）湖南省地表水质量状况

2018 年，全省地表水环境质量总体保持稳定，四水干流水质整体稳定，洞庭湖湖体、浏阳河等支流的水质局部有所提升。345 个评价考核断面中，达到或优于Ⅲ类水质标准的 326 个，占比 94.5%，相较上年上升 0.9 个百分点。详情见表 2-9。全省地表水水质分类占比情况如图 2-5 所示。

表 2-9　　　　　　2018 年湖南省地表水检测评价断面水质分类统计

水系 \ 类别	Ⅰ类	Ⅱ类	Ⅲ类	Ⅳ类	Ⅴ类	劣Ⅴ类	合计
江河	20	255	45	3	0	1	324
其中：湘江	7	125	23	1	0	1	157
资江	0	34	5	1	0	0	40
沅江	5	67	5	0	0	0	77
澧水	2	18	1	0	0	0	21
长江	0	4	0	0	0	0	4
环洞庭湖河流	4	5	9	1	0	0	19
珠江	2	2	2	0	0	0	6
湖库	1	1	4	14	0	1	21

续表

水系 \ 类别	Ⅰ类	Ⅱ类	Ⅲ类	Ⅳ类	Ⅴ类	劣Ⅴ类	合计
其中：洞庭湖	0	0	0	11	0	0	11
洞庭湖内湖	0	0	4	3	0	1	8
大型水库	1	1	0	0	0	0	2
总计	21	256	49	17	0	2	345

数据来源：《2018 年湖南省环境质量状况》。

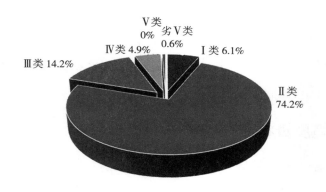

图 2-5 2018 年湖南省地表水水质分类占比

数据来源：《2018 年湖南省环境质量状况》。

由表 2-9 和图 2-5 可看出：1）324 个主要江河评价考核断面中，Ⅰ~Ⅲ类水质断面 320 个，占 98.8%；Ⅳ类水质断面 3 个，占 0.9%；劣Ⅴ类水质断面 1 个，占 0.3%。与上年同期相比，全省江河评价考核断面水质无明显变化，Ⅰ~Ⅲ类水质断面比例上升 0.7%，Ⅳ类水质断面比例减少 0.7%，Ⅴ类水质断面比例减少 0.3%，劣Ⅴ类水质断面比例增加 0.3%。2）2018 年，主要湖库评价考核断面为 21 个。Ⅰ~Ⅲ类水质断面 6 个，占 28.5%；Ⅳ类水质断面 14 个，占 66.7%；劣Ⅴ类水质断面 1 个，占 4.8%。3）2018 年，全省 345 个评价考核断面中，达到Ⅰ类水质的断面 21 个，占 6.1%；Ⅱ类水质断面 256 个，占 74.2%；Ⅲ类水质断面 49 个，占 14.2%；Ⅳ类水质断面 17 个，占 4.9%；劣Ⅴ类水质断面 2 个，占 0.6%。

（二）城市集中式饮用水水源地水质

2018 年，14 个城市的 29 个饮用水水源地中，26 个水源地水质达标，占比 89.7%，较上年下降 3.4 个百分点。29 个饮用水水源地的水量达标率为 97.9%（按单因子方法评价，粪大肠菌群不参与评价），较上年上升 0.7 个百分点。

四、土地

截至 2018 年第三季度，湖南省经批准建设占用耕地项目 938 个；占用耕地 5.0664 万亩。组织审查省级土地整治（高标准农田建设）、复垦项目 158 个，市县级土地整治项目 166 个，建设规模 50317.17 公顷，总投资 12.45 亿元。经省级人民政府批准建设用地总面积 8788.35 公顷，同比减少 23.90%。其中农用地 7473.58 公顷，耕地 3587.18 公顷。表 2-10 为湖南省历年耕地面积情况。

表 2-10　　　　　　　　湖南省历年耕地面积　　　　　　（单位：千公顷）

指标	2000	2005	2009	2012	2013	2014	2015	2016	2017	2018
年初实有耕地总资源	3926.52	3816.47	3789.37	4137.48	4146.20	4149.71	4149.04	4150.20	4148.77	4151.01
年内增加耕地总资源	6.85	6.50	8.76	15.37	13.40	9.02	8.12	7.10	10.69	10.91
年内减少耕地总资源	11.77	6.99	7.45	7.17	9.90	5.51	3.71	8.54	8.45	6.52
年末实有耕地总资源	3921.60	3815.98	3790.68	4145.68	4149.7	4153.22	4153.45	4148.76	4151.01	4155.4

数据来源：《湖南统计年鉴》。

从表 2-10 可以看出，近三年湖南省耕地面积呈现逐年递增的趋势，表明湖南省在耕地建设和保护方面取得了相应的成效。

五、自然生态

（一）生物资源

湖南生物资源丰富多样，是全国乃至世界珍贵的生物基因库之一，有华南虎、云豹、麋鹿等 13 种国家一级保护动物；全省分布维管束植物 1089 属、

5500 多种，占热带性属的 47.9%，其中包括南方红豆杉、资源冷杉、绒毛皂荚等国家重点保护野生植物 64 种。

（二）自然保护区

截至 2018 年底湖南省已批准建设自然保护区 170 个，面积 147.8 万公顷。其中，国家级自然保护区 23 个，省级自然保护区 30 个，国家级水产种质资源保护区 9 处，详见表 2-11。全年完成造林面积 35.6 万公顷，年末实有封山（沙）育林面积 138.3 万公顷，活立木蓄积 5.7 亿立方米，森林覆盖率 59.82%。

表 2-11 湖南省国家级水产种质资源保护区

名　称	位　置	面积（千米²）	主要保护对象
东洞庭湖鲤鲫黄颡国家级水产种质资源保护区	岳阳市东洞庭湖水域	1328	鲤、鲫、黄颡、鲶
南洞庭湖银鱼三角帆蚌国家级水产种质资源保护区	益阳市南洞庭湖水域	386.5	银鱼、三角帆蚌
湘江湘潭段野鲤国家级水产种质资源保护区	湘江中下游湘潭段	53.3	鲤、青、草、鲢、鳙、鲫、鳊、鲌
沅水特有鱼类国家级水产种质资源保护区	怀化市沅水中上游	83.2	沅水鲮、大口鲶
澧水源特有鱼类国家级水产种质资源保护区	湖南省西北部桑植县	19.7	鳜鱼、黄颡鱼
南洞庭湖大口鲶青虾中华鳖国家级水产种质资源保护区	湘阴县南洞庭湖水域	430	大口鲶、青虾、中华鳖
南洞庭湖草龟中华鳖国家级水产种质资源保护区	南县境内的南洞庭湖（天心湖）、藕池河中支和松澧洪道	61	草龟、中华鳖
湘江衡阳段四大家鱼国家级水产种质资源保护区	湘江衡阳江段	49	青鱼、草鱼、鲢、鳙、鳜、鳊、鲩
浏阳河特有鱼类国家级水产种质资源保护区	浏阳河中上游	18.2	细鳞斜颌鲴、花鱼骨
合计		2428.9	

数据来源：《湖南省主体功能区规划》。

六、声环境质量状况

（一）总体状况

2018 年，全省功能区噪声昼间达标率为 89.7%，夜间平均达标率为

73.6%。区域声环境质量昼间总体处于二级（较好）水平，夜间处于三级（一般）水平。城市道路交通声环境质量昼间为二级（较好）水平，夜间为三级（一般）水平。近三年湖南省声环境质量状况如表2-12所示。

表2-12　　　　　　　　2016—2018年湖南省声环境基本状况

年份	城市道路交通噪声 [DB（A）]		城市区域环境噪声 [DB（A）]		城市功能区环境 噪声达标率 %	
	昼间	夜间	昼间	夜间	昼间	夜间
2016	67.7		53.5		90.5	71.3
2017	68.3		53.6		91.0	73.6
2018	68.2	60.6	54.3	45.5	89.7	73.6

数据来源：《2016年湖南省环境质量状况》《2017年湖南省环境质量状况》《2018年湖南省环境质量状况》。

说明：2016年和2017年湖南省环境质量状况公报中，城市道路交通噪声和城市区域环境噪声未区分昼间和夜间。

（二）城市道路交通噪声 [①]

2018年，全省昼间道路交通噪声平均等效声级为68.2分贝，处于强度等级昼间二级（较好）水平。14个城市的昼间道路交通噪声平均等效声级范围为63.2～71.0分贝，超过道路交通噪声强度70分贝的路长所占比例为32.4%。昼间交通噪声质量达到一级（好）和二级（较好）水平的城市占92.9%；三级（一般）的城市占7.1%。其中永州市的昼间道路交通声环境质量相对较好，而怀化市昼间道路交通声环境质量相对较差。

全省城市夜间道路声环境质量状况评价为一般，平均等效声级为60.6分贝，处于强度等级夜间三级水平。14个城市夜间道路交通噪声平均等效声级范围为48.7～64.8分贝。超过道路交通噪声强度夜间二级限值60分贝的所占比例为58.5%。夜间交通噪声质量达到一级（好）和二级（较好）水平的城市有6个，占42.9%。其中岳阳市夜间道路交通声环境质量相对较好，长沙市夜间道路交通声环境质量相对较差。

---

① 昼间道路交通声环境平均等效声级小于或等于68.0分贝为好（一级），68.1~70.0分贝为较好（二级），70.1~72.0分贝为一般（三级），72.1~74.0分贝为较差（四级），大于74.0分贝为差（五级）；夜间道路交通声环境平均等效声级小于或等于58.0分贝为好（一级），58.1~60.0分贝为较好（二级），60.1~62.0分贝为一般（三级），62.1~64.0分贝为较差（四级），大于64.0分贝为差（五级）。

（三）城市区域环境噪声 ①

2018 年，全省昼间区域声环境质量总体较好，平均等效声级为 54.3 分贝，处于昼间区域环境噪声二级（较好）水平。14 个城市的昼间区域环境噪声平均等效声级范围为 49.0 ~ 57.7 分贝，超过 55 分贝测点所占比例为 39.4%。昼间区域环境噪声总体水平等级为一级和二级的城市占 71.4%；三级的城市占总数的 28.6%。14 个城市中，永州市昼间区域声环境质量相对较好，而怀化市昼间区域声环境质量相对较差。

全省夜间区域声环境质量一般，平均等效声级为 45.5 分贝，处于夜间区域环境噪声三级（一般）水平。14 个城市中夜间区域环境噪声平均等效声级范围为 41.9 ~ 48.4 分贝，超过 45 分贝测点所占比例为 52.7%。夜间区域声环境质量达到二级的城市占 42.9%，达到三级的城市占 57.1%。14 个城市中，永州市夜间区域声环境质量相对较好，而衡阳市夜间区域声环境质量相对较差。

（四）城市功能区环境噪声

2018 年，全省 14 个城市共 145 个功能区噪声测点的监测结果表明，这些城市功能区环境噪声昼间平均等效声级范围为 47 ~ 63 分贝，夜间平均等效声级范围为 39 ~ 56 分贝。

14 个城市的功能区环境噪声昼间平均达标率为 89.7%，夜间平均达标率为 73.6%，各城市昼间达标率范围为 65.0% ~ 100%，夜间达标率范围为 53.3% ~ 100%。

各类功能区环境噪声近三年的情况如表 2-13 所示。

---

① 昼间区域声环境平均等效声级小于或等于 50.0 分贝为好（一级），50.1~55.0 分贝为较好（二级），55.1~60.0 分贝为一般（三级），60.1~65.0 分贝为较差（四级），大于 65.0 分贝为差（五级）；夜间区域声环境平均等效声级小于或等于 40.0 分贝为好（一级），40.1~45.0 分贝为较好（二级），45.1~50.0 分贝为一般（三级），50.1~55.0 分贝为较差（四级），大于 55.0 分贝为差（五级）。

表 2-13　　　　　　　2016—2018 年湖南省各类功能区[①]环境噪声　　　［单位：dB（A）］

年份	0 类区		1 类区		2 类区		3 类区		4a 类区		4b 类区	
	昼	夜	昼	夜	昼	夜	昼	夜	昼	夜	昼	夜
2016	45	37	51	43	54	47	56	49	63	56	63	51
2017	48	38	51	42	54	47	57	49	62	56	62	52
2018	47	39	51	42	54	46	56	48	63	56	63	52
国家标准	50	40	55	45	60	50	65	55	70	55	70	60

数据来源：《2016 年湖南省环境质量状况》《2017 年湖南省环境质量状况》《2018 年湖南省环境质量状况》。

七、气候变化

（一）气温

2017 年湖南省年平均气温 18.1℃，位列 1951 年以来历史高值之一（2013 年、1998 年、2007 年、2016 年分别为 18.4℃、18.2℃、18.2℃、18.1℃）。主要城市年平均气温在 17.2℃（吉首市）～ 19.6℃（衡阳市）。

（二）降水

2018 年湖南省全省平均年降水量 1363.7 毫米，折合水量 2889 亿立方米，较上年偏少 9.0%，较多年平均偏少 6.0%，属平水偏枯年份。2018 年全省水库工程年末蓄水量 264.54 亿立方米，较 2017 年末增加 20.45 亿立方米。2017 年各行政分区年降水量与 2016 年、多年平均降水量比较见图 2-6。

由图 2-6 可以看出：全省 14 个市州年降水量与多年平均比较，郴州、永州、衡阳分别偏少 7.9%、4.7%、3.5%，其他各市州基本持平或偏多，其中岳阳、长沙、怀化分别偏多 22.5%、14.0%、10.7%。

---

① 0 类功能区指康复疗养区等特别需要安静的区域；1 类功能区指以居民住宅、医疗卫生、文化教育、科研设计、行政办公为主要功能，需要保持安静的区域；2 类功能区指以商业金融、集市贸易为主要功能，或者居住、商业、工业混杂，需要维护住宅安静的区域；3 类功能区指以工业生产、仓储物流为主要功能，需要防止工业噪声对周围环境产生严重影响的区域；4a 类功能区指高速公路、一级公路、二级公路、城市快速路、城市主干路、城市次干路、城市轨道交通（地面段）、内河航道两侧区域，4b 类为铁路干线两侧区域。

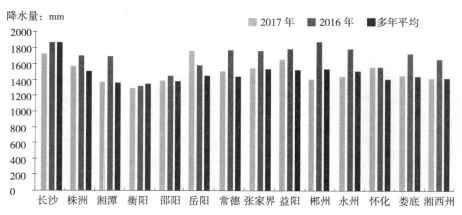

图 2-6　湖南省各行政区降水对比量

数据来源：《2017 年湖南省水资源公报》。

八、基础设施与能源

（一）基础设施

1. 交通

2018 年全年客货运输换算周转量 5448.6 亿吨千米，比上年增长 1.8%。货物周转量 4404.3 亿吨千米，增长 2.0%。其中，铁路周转量 812.8 亿吨千米，公路周转量 3114.9 亿吨千米。旅客周转量 1668.4 亿人千米，下降 0.7%。其中，铁路周转量 979.5 亿人千米，公路周转量 479.9 亿人千米。表 2-14 中列出了 2018 年各种运输方式完成货客货运输量及其增长速度，表 2-15 为 2000—2018 年湖南省运输线路、铁路机车基本情况。从表 2-15 中可以看出，2018 年，湖南省铁路营业里程、公路线路里程均呈上升趋势，而内燃机车、电力机车拥有量呈下降趋势。

表 2-14　　　　2018 年各种运输方式完成货客运输量及其增长速度

指　　　标	计量单位	绝对数	比上年增长（%）
货运量	万吨	231110.1	2.0
其中：铁路	万吨	4467.8	6.7
公路	万吨	204388.6	2.8
水运	万吨	21100.7	−6.5
民航	万吨	8.1	16.8
管道	万吨	1145.0	13.8

客运量	万人	108083.2	-7.0
其中：铁路	万人	13943.5	8.3
公路	万人	91007.1	-9.3
水运	万人	1729.4	3.3
民航	万人	1403.3	13.0

数据来源：《湖南省2018年国民经济和社会发展统计公报》。

表 2-15　　　2000—2018 年湖南省运输线路、铁路机车基本情况　　（单位：千米）

指　标	2000	2005	2016	2017	2018
铁路营业里程	2924	2802	4716	4698	5070
电气化线路里程	672	1245	3612	3637	3962
高速铁路里程			1374	1396	1730
公路线路里程	60848	88200	238273	239724	240060
等级公路	33380	45801	215904	217251	223667
高速	440	1403	6080	6419	6725
一级	239	530	1568	1669	2068
二级	3761	5563	13567	13865	14478
内河航道	10041	11968	11968	11968	11968
内燃机车（台）	529	363	521	338	325
电力机车（辆）	120	393	745	699	691
客车（辆）	27		35	35	35

数据来源：《湖南统计年鉴》。

2. 污水

表 2-16 统计了湖南省 2015—2018 年的污水排放与处理情况。

表 2-16　　　　　　2015—2018 年湖南省污水排放与处理情况

年份	排水管管道长度（千米）	污水年排放量（万米³）	污水处理厂		其他污水处理装置处理能力（万米³/日）	污水年处理量（万米³）	污水处理率 %
			座数（座）	处理能力（万米³/日）			
2015	13199	165003	61	467	119	153025	92.7
2016	14723	175059	65	522	92	165155	94.3
2017	16479	189141	66	541	25	176564	95.5
2018	18529	208481	74	606	32	200159	96.0

数据来源：《湖南统计年鉴》。

由表 2-16 可看出，湖南省污水处理厂的处理能力在逐年提升，同时其他污水处理装置的污水处理能力在下降，2018 年有所回升，污水处理更加标准化，污水处理率不断提升。

3. 垃圾

2017 年，长沙、浏阳、株洲等市的垃圾无害化处理率达到 100%，湖南省全省 29 个城市的垃圾无害化平均处理率达到 99.39%，相比上年下降 0.4 个百分点。表 2-17 统计了 2015—2018 年湖南省垃圾处理方面的数据。

表 2-17　　　　　　　　2015—2018 年湖南省垃圾处理情况

年份	生活垃圾清运量（万吨）	垃圾无害化处理厂（座数）	处理能力（吨/日）	垃圾无害处理量（万吨）
2015	638.15	32	21233	636.89
2016	680.83	33	23013	680.83
2017	764.88	32	24920	763
2018	824.49	37	26647	824

数据来源：《湖南统计年鉴》。

由表 2-17 可以看出，近四年尽管湖南省的垃圾无害化处理厂座数基本保持一致，但是垃圾无害化处理能力逐年提升。

（二）能源

初步核算，湖南省 2018 年全年规模工业综合能源消费量 6157.1 万吨标准煤，比上年增长 3.0%。其中，六大高耗能行业综合能源消费量 5036.1 万吨标准煤，增长 6.7%。主要污染物中，化学需氧量排放量比上年削减 4.17%，二氧化硫削减 9.83%，氨氮削减 3.43%，氮氧化物削减 10.22%。2014—2017 年湖南省主要能源生产情况见表 2-18。

表 2-18　　　　　　　　2014—2017 年湖南省主要能源生产情况

指标	2014	2015	2016	2017
一次能源生产总量（万吨标准煤）	6348.84	4938.36	4458.56	3561.93
其中：原煤占比（%）	72.67	60.76	53.25	44.56
原油占比（%）				
天然气占比（%）				

指标	2014	2015	2016	2017
水电、核电、风电等占比（%）	27.33	39.24	46.75	55.44
能源消费总量（万吨标准煤）	15316.84	15468.61	15804.44	16171.3

数据来源：《湖南统计年鉴》。

从表2-18可以看出，湖南省一次能源生产总量中原煤的生产量所占比重在逐年下降，而水电、核电、风电等生产量占比显著增加。

九、环保产业及环境综合

（一）环保产业

表2-19统计了2015—2018年湖南省环保产业基本情况。

表2-19　　　　　　　　　　　2015—2018年湖南环保产业基本情况

指标	2015	2016	2017	2018
环保产业单位数（个）	1115	1138	1206	1311
环保产业从业人数（万人）	12.1	12.5	13.3	15.3
环保产业年收入（亿元）	1615.0	1947.0	2283.7	2601.2
环境服务业（亿元）	180.0	225.0	263.1	286.1
环境保护产品生产（亿元）	112.0	128.0	152.3	193.5
环境友好产品生产（亿元）	658.0	792.0	1086.0	1268.4
资源综合利用（亿元）	665.0	802.0	782.3	853.2

数据来源：《湖南统计年鉴》。

从表2-19可以看出，湖南省在环境保护方面成效明显，环保产业单位数、环保产业从业人数、环保产业年收入、环境服务业产值、环境保护产品生产量、环境友好产品生产量历年呈增加趋势，其中环境保护产品生产量在2018年增长明显，增幅达到了27%；资源综合利用情况在2017年有所下降，2018年增幅达9%。

（二）环境综合情况

表2-20对2015—2018年湖南省三废排放及处理情况进行了统计。

表 2-20　　　　　　　　　2015—2018 年湖南省三废排放及处理情况

指标	2015	2016	2017	2018
废水排放总量（万吨）	314107.41	298756.94	300563.22	324662.03
其中：工业废水排放量	76887.64	48692.86	34772.63	32704.58
城镇生活污水排放量	236795.23	249422.81	265354.68	291625.83
化学需氧量（COD）排放量（吨）	1207702.55	602598.19	575757.65	552411.42
其中：工业废水中 COD 排放量	124044.58	43045.35	28616.43	21868.89
农业 COD 排放量	543868.54	17967.69	7843.82	10053.52
城镇生活污水中 COD 排放量	531461.07	535437.45	537616.30	520006.86
氨氮排放量（吨）	151131.43	81058.07	83013.27	84412.35
其中：工业废水中氨氮排放量	18367.31	8092.54	2579.27	1836.45
农业氨氮排放	59093.88	707.67	280.72	254.78
城镇生活污水中氨氮排放量	72825.31	71668.17	80011.35	82260.08
二氧化硫（SO_2）排放量（吨）	595473.42	346766.41	214584.89	165772.38
其中：工业 SO_2 排放量	515934.60	285682.05	150210.90	102036.17
城镇生活 SO_2 排放量	79507.52	61072.67	64330.05	63667.16
烟（粉）尘排放量	422420.38	262068.10	207058.08	189757.30
其中：工业烟（粉）尘排放量	380345.09	209444.19	157505.72	141490.28
城镇生活烟尘排放量	25519.71	36558.13	35465.86	36906.82
机动车烟尘排放量	16519.61	15946.00	14068.00	11346.00
一般工业固体废物产生量（万吨）	7126.01	5319.81	4354.08	4592.07
一般工业固体废物综合利用量（万吨）	4682.98	3994.26	3596.99	3885.52
一般工业固体废物综合利用率 %	65.37	73.53	81.96	83.60

数据来源：《湖南统计年鉴》。

从表 2-20 中可以看出：工业废水、废气的排放情况逐年转好，而城镇生活的废水、废气在 2018 年的排放情况较 2017 年有所上升。一般工业固体废物综合利用率逐年上升，一方面说明湖南省对一般工业固体废物进行了有效控制，另一方面说明一般工业固体废物利用技术也有所提升。

第三节　湖南省绿色发展状况

围绕"坚持生态优先、绿色发展，着力建设生态强省，努力建设富饶美丽幸福新湖南"的目标，湖南先后制定出台了《关于坚持生态优先绿色发展深入实施长江经济带发展战略大力推动湖南高质量发展的决议》《湖南省污染防治攻坚战三年行动计划（2018—2020年）》，并同步制定蓝天、碧水、净土保卫战三年实施方案。以洞庭湖"一湖四水"治理为主战场，划定洞庭湖，武陵—雪峰山脉、罗霄—幕阜山脉、南岭山脉，湘江、资水、沅江、澧水，"一湖三山四水"九条生态保护红线，突出抓好湘江保护与治理"一号重点工程"，全面解决水、空气、土壤和农村环境问题。生态保护红线划定面积为4.28万平方千米，占全省总面积的20.23%。

为确保生态环保各项工作落到实处，湖南出台《湖南省生态环境保护工作责任规定》《湖南省重大生态环境问题（事件）责任追究办法》等一系列法规，对造成生态环境和资源严重破坏的实行终身追责。实现了党委、政府及（纪检）监察、审判、检察机关共38个省直相关单位环境保护责任的全覆盖，构建了党委、政府负责，企业为主，全社会共同参与的生态环境保护大格局。在全国首家出台《关于进一步加强党的建设打造湖南生态环境保护铁军的意见》，从5个方面制定30条具体措施，努力打造一支政治强、本领高、作风硬、敢担当、特别能吃苦、特别能战斗、特别能奉献的湖南生态环境保护"铁军"。

借助长江经济带生态优先、绿色发展的倒逼机制，湖南着力培育绿色产业。同时，加紧培育高端装备、新材料、生物技术、新一代信息技术、绿色低碳和数字创意等六大战略性新兴产业。截至2018年底，湖南省共认定高新技术企业4463家，较上年增加1510家，科技型中小企业评价入库企业2548家，战略性新兴产业以年均40%的增速发展。

一、绿色发展整体状况

（一）中国省际绿色发展指数报告——区域比较

2019年由关成华、韩晶所著的《2017/2018中国绿色发展指数报告——区域比较》一书中，作者以2015年和2016年数据为基础，对2017—2018年中国省际绿色发展指数进行测算，结果如表2–21和表2–22所示。该体系中绿色发展指数包含3个一级指标：经济增长绿化度、资源环境承受潜力和政府政策支持度。

表 2-21　　　　2017 年中国 30 个省（自治区、直辖市）绿色发展指数及排名

地区	绿色发展		经济增长绿化度		资源环境承受潜力		政府政策支持度	
	指数值	排名	指数值	排名	指数值	排名	指数值	排名
北京	0.541	1	0.204	1	0.133	8	0.204	1
上海	0.444	2	0.166	2	0.103	19	0.176	5
内蒙古	0.423	3	0.089	9	0.158	2	0.176	6
浙江	0.414	4	0.116	5	0.113	15	0.185	2
江苏	0.396	5	0.13	4	0.086	25	0.18	4
福建	0.393	6	0.107	6	0.125	11	0.161	9
海南	0.378	7	0.083	13	0.138	6	0.157	13
广东	0.375	8	0.104	7	0.106	17	0.165	8
天津	0.375	9	0.154	3	0.085	26	0.136	20
山东	0.366	10	0.102	8	0.079	29	0.184	3
广西	0.353	11	0.063	27	0.14	5	0.149	14
云南	0.35	12	0.075	19	0.145	3	0.13	21
黑龙江	0.348	13	0.064	26	0.161	1	0.123	27
安徽	0.337	14	0.077	17	0.099	21	0.161	10
河北	0.335	15	0.079	16	0.084	27	0.172	7
陕西	0.334	16	0.088	10	0.118	13	0.128	23
重庆	0.333	17	0.082	14	0.103	18	0.148	16
贵州	0.332	18	0.068	23	0.137	7	0.127	24
辽宁	0.327	19	0.086	11	0.093	22	0.147	17
湖北	0.325	20	0.085	12	0.102	20	0.138	19
四川	0.322	21	0.068	25	0.131	10	0.123	26
吉林	0.32	22	0.082	15	0.119	12	0.119	28
江西	0.318	23	0.062	28	0.116	14	0.141	18
湖南	0.317	24	0.077	18	0.113	16	0.127	25
宁夏	0.315	25	0.068	24	0.089	24	0.158	12
山西	0.308	26	0.071	22	0.089	23	0.148	15
新疆	0.302	27	0.071	21	0.073	30	0.159	11
青海	0.286	28	0.054	29	0.142	4	0.09	30
河南	0.284	29	0.074	20	0.081	28	0.129	22
甘肃	0.281	30	0.045	30	0.131	9	0.106	29

表 2-22　　　　2018 年中国 30 个省（自治区、直辖市）绿色发展指数及排名

地区	绿色发展		经济增长绿化度		资源环境承受潜力		政府政策支持度	
	指数值	排名	指数值	排名	指数值	排名	指数值	排名
北京	0.57	1	0.219	1	0.143	4	0.209	1
上海	0.423	2	0.151	3	0.099	20	0.174	5
内蒙古	0.42	3	0.085	11	0.165	1	0.17	8
浙江	0.402	4	0.113	5	0.109	16	0.18	3
福建	0.389	5	0.105	6	0.127	11	0.158	10
江苏	0.379	6	0.124	4	0.078	27	0.177	4
广东	0.377	7	0.103	8	0.105	17	0.17	7
山东	0.376	8	0.103	7	0.077	28	0.197	2
天津	0.373	9	0.155	2	0.088	25	0.13	22
海南	0.363	10	0.086	10	0.129	8	0.149	12
广西	0.343	11	0.063	21	0.138	5	0.142	16
陕西	0.339	12	0.096	9	0.123	12	0.12	25
安徽	0.335	13	0.076	18	0.096	22	0.163	9
黑龙江	0.332	14	0.062	22	0.156	2	0.115	27
河北	0.328	15	0.082	14	0.077	29	0.17	6
重庆	0.326	16	0.079	15	0.101	19	0.146	14
吉林	0.322	17	0.084	12	0.128	10	0.111	28
湖北	0.321	18	0.083	13	0.104	18	0.133	18
云南	0.317	19	0.057	25	0.128	9	0.132	20
四川	0.315	20	0.066	20	0.13	7	0.119	26
湖南	0.313	21	0.078	16	0.114	15	0.121	24
江西	0.312	22	0.057	27	0.114	14	0.141	17
贵州	0.306	23	0.06	23	0.119	13	0.126	23
辽宁	0.301	24	0.072	19	0.097	21	0.132	19
宁夏	0.298	25	0.057	26	0.089	23	0.153	11
河南	0.296	26	0.077	17	0.088	24	0.131	21
青海	0.293	27	0.047	29	0.147	3	0.098	30
甘肃	0.282	28	0.044	30	0.132	6	0.105	29
山西	0.281	29	0.055	28	0.082	26	0.144	15
新疆	0.279	30	0.06	24	0.072	30	0.147	13

表 2-21 和 2-22 显示，湖南省在绿色发展方面处于全国中下游水平，在长江中游城市群中，2018 年测算的湖南省绿色发展指数高于江西，主要体现在经济增长绿化度指标上的优势。2018 年测算的湖南省绿色发展指数值为 0.313，比 2017 年的测算值减少了 0.004，排名上升 3 位，居全国第 21 位。三个一级指标较 2017 年测算值排位分别上升了 2 位、1 位、1 位。

（二）湖南省生态文明建设年度评价及绿色发展指数分析

2017 年 12 月 26 日，国家发展和改革委、国家统计局、环境保护部、中央组织部按照《绿色发展指标体系》《生态文明建设考核目标体系》要求，对 2016 年各省（自治区、直辖市）生态文明建设的年度评价结果（表 2-23 和表 2-24）进行公布。该指标体系中共有 7 个一级指标、56 个二级指标对绿色发展指数进行综合评价，第 56 个二级指标公众满意度为主观调查指标，主要是反映公众对生态环境的满意程度。如表 2-23 所示，绿色发展指标体系包括资源利用、环境治理、环境质量、生态保护、增长质量、绿色生活、公众满意程度等 7 个方面，其中，前 6 个方面的 55 项评价指标纳入绿色发展指数的计算；公众满意程度调查结果进行单独评价与分析。

表 2-23　　　　　　　　　2016 年生态文明建设年度评价结果

地区	绿色发展指数	资源利用指数	环境治理指数	环境质量指数	生态保护指数	增长质量指数	绿色生活指数	公众满意程度（％）
北京	83.71	82.92	98.36	78.75	70.86	93.91	83.15	67.82
天津	76.54	84.4	83.1	67.13	64.81	81.96	75.02	70.58
河北	78.69	83.34	87.49	77.31	72.48	70.45	70.28	62.5
山西	76.78	78.87	80.55	77.51	70.66	71.18	78.34	73.16
内蒙古	77.9	79.99	78.79	84.6	72.35	70.87	72.52	77.53
辽宁	76.58	76.69	81.11	85.01	71.46	68.37	67.79	70.96
吉林	79.6	86.13	76.1	85.05	73.44	71.2	73.05	79.03
黑龙江	78.2	81.3	74.43	86.51	73.21	72.04	72.79	74.25
上海	81.83	84.98	86.87	81.28	66.22	93.2	80.52	76.51
江苏	80.41	86.89	81.64	84.04	62.84	82.1	79.71	80.31
浙江	82.61	85.87	84.84	87.23	72.19	82.33	77.48	83.78
安徽	79.02	83.19	81.13	84.25	70.46	76.03	69.29	78.09
福建	83.58	90.32	80.12	92.84	74.78	74.55	73.65	87.14

续表

地区	绿色发展指数	资源利用指数	环境治理指数	环境质量指数	生态保护指数	增长质量指数	绿色生活指数	公众满意程度（％）
江西	79.28	82.95	74.51	88.09	74.61	72.93	72.43	81.96
山东	79.11	82.66	84.36	82.35	68.23	75.68	74.47	81.14
河南	78.1	83.87	80.83	79.6	69.34	72.18	73.22	74.17
湖北	80.71	86.07	82.28	86.86	71.97	73.48	70.73	78.22
湖南	80.48	83.7	80.84	88.27	73.33	77.38	69.1	85.91
广东	79.57	84.72	77.38	86.38	67.23	79.38	75.19	75.44
广西	79.58	85.25	73.73	91.9	72.94	68.31	69.36	81.79
海南	80.85	84.07	76.94	94.95	72.45	72.24	71.71	87.16
重庆	81.67	84.49	79.95	89.31	77.68	78.49	70.05	86.25
四川	79.4	84.4	75.87	86.25	75.48	72.97	68.92	85.62
贵州	79.15	80.64	77.1	90.96	74.57	71.67	69.05	87.82
云南	80.28	85.32	74.43	91.64	75.79	70.45	68.74	81.81
西藏	75.36	75.43	62.91	94.39	75.22	70.08	63.16	88.14
陕西	77.94	82.84	78.69	82.41	69.95	74.41	69.5	79.18
甘肃	79.22	85.74	75.38	90.27	68.83	70.65	69.29	82.18
青海	76.9	82.32	67.9	91.42	70.65	68.23	65.18	85.92
宁夏	76	83.37	74.09	79.48	66.13	70.91	71.43	82.61
新疆	75.2	80.27	68.85	80.34	73.27	67.71	70.63	81.99

数据来源：国家统计局网站。

表 2-24　　　　　　　　2016 年生态文明建设年度评价结果排序

地区	绿色发展指数	资源利用指数	环境治理指数	环境质量指数	生态保护指数	增长质量指数	绿色生活指数	公众满意程度（％）
北京	1	21	1	28	19	1	1	30
福建	2	1	14	3	5	11	9	4
浙江	3	5	4	12	16	3	5	9
上海	4	9	3	24	28	2	2	23
重庆	5	11	15	9	1	7	20	5
海南	6	14	20	1	14	16	15	3
湖北	7	4	7	13	17	13	17	20
湖南	8	16	11	10	9	8	25	7
江苏	9	2	8	21	31	4	3	17

续表

地区	绿色发展指数	资源利用指数	环境治理指数	环境质量指数	生态保护指数	增长质量指数	绿色生活指数	公众满意程度（%）
云南	10	7	25	5	2	25	28	14
吉林	11	3	21	17	8	20	11	19
广西	12	8	28	4	12	29	22	15
广东	13	10	18	15	27	6	6	24
四川	14	12	22	16	3	14	27	8
江西	15	20	24	11	6	15	14	13
甘肃	16	6	23	8	25	24	23	11
贵州	17	26	19	7	7	19	26	2
山东	18	23	5	23	26	10	8	16
安徽	19	19	9	20	22	9	23	21
河北	20	18	2	30	13	25	19	31
黑龙江	21	25	25	14	11	18	12	25
河南	22	15	12	26	24	17	10	26
陕西	23	22	17	22	23	12	21	18
内蒙古	24	28	16	19	15	23	13	22
青海	25	24	30	6	21	30	30	6
山西	26	29	13	29	20	21	4	27
辽宁	27	30	10	18	18	28	29	28
天津	28	12	6	31	30	5	7	29
宁夏	29	17	27	27	29	22	16	10
西藏	30	31	31	2	4	27	31	1
新疆	31	27	29	25	10	31	18	12

数据来源：国家统计局网站。

根据表 2-23 评价结果和表 2-24 排名显示，2016 年湖南绿色发展指数评价结果为 80.48，在全国 31 个省（自治区、直辖市）中排位第八，在三个长江中游城市群中排位第二。公众满意度排名第七，远远超过湖北和江西的公众满意度排名。除绿色生活指数外，其他一级指标测算结果基本位于中上游水平。

二、工业化绿色发展

2017 年 11 月 21 日，湖南省经信委、省长株潭"两型"试验区管委会、省财政厅、省环保厅、省质监局、省统计局在长沙联合举办"2017 年湖南工业绿色制造推进会"。本次推进会对于推动湖南省乃至全国工业绿色发展，加快传播绿色发展理念具有积极的示范作用。会上省经信委党组书记、主任谢超英指出，全省工业战线深入贯彻新发展理念，特别是将绿色发展贯穿工业经济全领域、全过程，大力开展绿色制造工程专项行动，有力促进了全省工业经济发展质量提升。2016 年，全省实现规模工业增加值 10380 亿元，是 2010 年的 1.8 倍，但规模工业综合能源消费量维持在 5946 万吨标准煤，相比 2010 年还少消耗 798 万吨。"十二五"期间，全省单位规模工业增加值能耗累计降低 46.2%，年均下降 11.7%。会议要求，全省经信系统要坚决贯彻执行、推动党的十九大关于绿色发展的精神真正落地生根。一是加强分类指导。全面推进传统制造业绿色化改造，引导新产业新业态注重绿色发展，进一步推动节能环保产业加快发展壮大。二是突出示范引领。以重点园区、重点企业引领工业绿色制造，形成强大的示范效应。力争到 2020 年，全省建设 100 家绿色工厂，建设 10 家绿色园区，认证 100 家"两型"工业企业。三是狠抓重点领域。继续组织实施"百家企业节能节水改造工程"和"千家企业清洁生产推进工程"，全面提升企业资源能源利用效率和清洁生产水平，促进企业持续健康发展。会上省经信委党组副书记、副主任李志坚宣读《关于公布第一批湖南省绿色工厂、绿色园区名单的通知》，省长株潭"两型"试验区工委委员、管委会副主任刘怀德宣读《关于公布 2017 年度第一批湖南省"两型"工业企业认证名单的通知》，省质监局党组成员、副局长杨亲鹏发布《电瓷单位产品能源消耗限额及计算方法》等 6 个节能地方标准。

　　自从 2017 年省经信委开展绿色制造体系创建工作以来，随着工业化绿色发展的推进，2018 年 10 月，省经信委再次公布了工业化绿色发展成绩。全省共有 73 家企业评估认定为省级绿色工厂，3 家园区评估认定为省级绿色园区，并推荐 19 家单位获批国家绿色制造示范单位（其中，国家绿色工厂 15 家，国家绿色园区 2 家，国家绿色供应链管理企业 1 家，国家绿色设计产品 1 个）。到 2020 年，全省创建 100 家以上绿色工厂和 10 家左右绿色园区，培育一批绿色制造服务机构，初步建立高效、清洁、低碳、循环的绿色制造体系。

三、建筑业绿色发展

湖南省住房和城乡建设厅、湖南省发展和改革委员会、湖南省科学技术厅、湖南省财政厅、湖南省自然资源厅、湖南省生态环境厅六部门出台的《关于大力推进建筑领域向高质量高品质绿色发展的若干意见》（以下简称《意见》）提出，到 2020 年，实现市州中心城市新建民用建筑 100% 达到绿色建筑标准（2019 年达到 70%，2020 年达到 100%），市州中心城市绿色装配式建筑占新建建筑比例达到 30% 以上（2019 年达到 20%，2020 年达到 30%）。全省建筑能耗强度不高于全国平均水平，民用建筑能源消费总量控制在 6000 万吨标准煤以内，能源消费水平接近或者达到现阶段发达国家水平。长沙、株洲、湘潭三市应各建设 1 ～ 3 个高标准的省级绿色生态城区，其他市州应各规划建设 1 个以上市级绿色生态城区。根据《意见》，湖南各地城市新区建设和旧城区改造，应按照绿色、生态、低碳、环保理念进行规划设计，集中连片发展绿色建筑。省级绿色生态城区应符合以下条件：建立绿色指标体系，制定绿色生态规划；面积原则上不小于 1 平方千米，区内新建民用建筑绿色建筑评价标准执行率（按建筑面积）达 95% 以上，地下综合管廊、区域能源供应系统、城市再生水系统、雨水收集综合利用系统等达到国家标准要求。一星级及以上绿色建筑，装配率达到 50% 及以上装配式建筑，10 万平方米以上的低能耗建筑以及可再生能源建筑小区由项目所在地人民政府予以奖补。具体奖补方式由市州人民政府确定。

四、农业绿色发展

湖南是农业大省，水稻、生猪、淡水鱼、茶叶等农产品在全国占有重要地位，发展绿色农业具有先天优势。但湖南省也面临资源短缺与环境退化等一系列问题，其中最为突出的是农业污染问题，全省耕地复种指数为211%，远超国家 123% 的平均水平；受生产成本"地板"和价格"天花板"双重挤压，农业生产比较效益低下。因此，迫切需要采取措施，大力推进农业绿色发展。2017 年以来，按照省委、省政府部署，湖南省农委以绿色发展和市场为导向，深入开展粮、油、园艺作物绿色高产高效创建，既要夺高产，又要见高效，还要可持续。

（1）创建一批绿色高产高效基地。围绕粮、油、柑橘、茶叶、水产品，在41个县开展绿色高产高效模式创建。衡阳县等22个主产粮县示范"早加晚优"模式，打造加工型早稻生产基地400万亩、高档优质晚稻生产基地530万亩，农民种粮效益普遍提高30%；南县示范"稻虾共生"模式，2018年全县稻虾生态种养面积突破30万亩，每亩小龙虾为农民增收3000元以上；洪江市示范万亩柑橘绿色高产高效模式，2018年黔江冰糖橙的产地批发价每千克不低于12元，比往年实现翻番。

（2）推广一批绿色高产高效技术。水稻集成推广"两优"技术，即优质品种加优质栽培，主推玉针香、泰优390等高档优质稻品种；推广农药、化肥"两减"绿色高效新技术。柑橘推广病虫害绿色防控、节水灌溉、完熟栽培等技术；茶叶推广水肥一体化生产，清洁化、连续化、标准化加工技术。这些新技术既节本省工，又绿色环保，促进可持续发展。

（3）叫响一批绿色农产品品牌。以绿色高产高效创建为桥梁，各地组织加工企业与种植大户、合作社对接，叫响绿海健康米、渔家姑娘小龙虾、黔阳冰糖橙、古洞春野茶王等品牌，彰显绿色品质，走向市场高端。

2018年12月，湖南省人民政府办公厅颁布了《关于创新体制机制推进农业绿色发展的实施意见》，对湖南省农业绿色发展提出了进一步要求。

（一）总体要求

以习近平新时代中国特色社会主义思想为指导，认真落实党中央、国务院决策部署，牢固树立绿水青山就是金山银山的理念，以推进农业供给侧结构性改革为主线，坚持以空间优化、资源节约、环境友好、生态稳定为基本路径，坚持以粮食安全、绿色供给、农民增收为基本任务，坚持以制度创新、政策创新、科技创新为基本动力，坚持以农民主体、市场主导、政府依法监管为基本遵循，全力构建人与自然和谐共生的农业发展新格局，全面提升农业可持续发展能力和市场竞争力，加快推进农业农村现代化。

到2020年，全省耕地保有量不低于5956万亩，耕地质量逐年提升，农田灌溉水有效利用系数达到0.54以上，主要农作物化肥、农药使用量实现零增长，化肥、农药利用率达到40%；秸秆综合利用率达到85%，养殖废弃物资源化利用率达到75%，农膜回收率达到80%；森林覆盖率稳定在59%以上，湿地面积（不含水稻田）不低于1530万亩；粮食产能进一步巩固，农产品质量安全水平和品牌农产品占比明显提升，休闲农业和乡村旅游加快发展，农业绿色发展体制机制全面建立。到2030年，全省耕地质量明显改善，化肥、农药利用率进一步提升，农业废弃物全面实现资源化利用，农业生态系统进一步改善，农产品供给更加优质安全，农业生态服务能力进一步提高，农业绿色发展水平全面提升。

（二）优化区域功能结构，推进农业绿色布局

1. 构建农业区域化、差异化发展格局

按照全国农业可持续发展规划要求，划分全省农业优化发展区、适度发展区、保护发展区，按照"一县一特、一特一片"的原则构建因地制宜、布局合理、特色明显、梯次发展的农业区域格局。在洞庭湖区平原区、湘东湘中湘南盆地、大湘西山区盆地等水土资源匹配较好的地区，稳定发展粮食、油料、蔬菜、茶叶、水产品等主要农产品生产，提升生产能力。在永州市、郴州市、怀化市、湘西自治州等环境容量大的地区引导发展养殖业，扩大规模健康养殖；在雪峰山区、武陵山区、罗霄山区等地区发挥资源优势，积极发展水果、中药材、楠竹等有比较优势、区域性特色的经济作物；在长株潭重金属污染耕地区和生态脆弱区，加快调整种植结构，开展轮作休耕，修复农业生态系统功能。

2. 推进农业"三区"建设

立足农业区域布局，划定以水稻为主的粮食生产功能区和以油菜籽、棉花为主的重要农产品生产保护区，创建特色农产品优势区。按照国家要求，全面做好粮食生产功能区和重要农产品生产保护区划定工作。各县市区要将划定任务逐级细化分解到乡镇、落实到具体地块，建立数字化地图和数据库。编制全省《特色农产品优势区建设规划》，建设一批国家级和省级特色农产品优势区。以特色粮经作物、特色园艺产品、特色畜产品、特色水产品和林特产品为重点，力争用3～5年的时间，以县级或林垦区为单位创建一批特色优势明显、产业基础好、发展潜力大、带动能力强的特色农产品优势区。

3.建立农业绿色发展率先开发机制

把贫困地区作为农业绿色发展的重点，坚持保护环境优先，将贫困地区生态环境优势转化为经济优势，因地制宜发展有资源优势的特色产业，推进产业精准扶贫。推行绿色生产方式，结合湖南省"一县一特"主导特色产业发展指导目录，发展特色优质农产品，建设适度规模生产基地，支持开展"三品一标"认证，创建区域公用品牌，发展休闲农业和乡村旅游，推进一二三产业融合发展。鼓励开展农业绿色发展示范，国家级现代农业示范区、国家和省级现代农业产业园、科技园区、农村一二三产业融合发展试点等单位要率先推进农业绿色发展。

（三）提升产业发展质量，实现产品绿色高效

1.构建绿色农业产业结构

把加强生态环境保护与建设绿色产业体系结合起来，实现保供给、保生态和保收入的有机统一。积极发展设施蔬菜、水果、花卉苗木等产业。加快发展草牧业，实施南方草地畜牧业推进行动，大力发展人工种草。开展种养结合循环农业试点示范，大力发展稻田综合种养，积极推广种植再生稻，因地制宜发展林下经济，打造种养结合、生态循环的田园生态系统。

2.加快发展生产性服务业

支持农村集体经济组织、农民合作社、龙头企业和各类专业服务公司开展农业生产性服务，实现小农户和农业绿色发展有机衔接。鼓励服务组织集成推广高产高效技术模式，指导农户采用化肥农药减量增效和农业节水新技术。支持服务组织收集处理病死畜禽、农业投入品废弃物、秸秆等，促进农业废弃物资源化利用。总结推广"订单式"、"套餐式"、全程托管等社会化服务模式，推进绿色化、规模化生产。加强对服务组织的指导与管理，建立健全绿色生产服务标准和操作规范，引导服务规范发展。

3.实施农业绿色品牌战略

以绿色优质安全为导向，建立健全适应农业绿色发展要求、涵盖农业全产业链的农业技术标准体系、农产品质量安全监管体系、绿色农产品市场准入标准。建设一批国家和省级农产品质量安全县，加快建立全省农产品质量安全追溯体系，推行食用农产品"身份证"管理制度。推进出口农产品质量安全示范

区建设，扩大特色和高附加值农产品出口。加强园艺作物标准园、标准化养殖场（小区）、水产健康养殖场建设，巩固提升常德市、怀化市、永州市整建制标准化建设成果，引导新型农业经营主体率先开展标准化生产。加强农产品商标及农产品地理标志商标的注册、运用和保护，培育具有区域优势特色和市场竞争力的农产品区域公用品牌、企业品牌和特色农产品品牌。大力发展无公害农产品、绿色食品、有机食品和地理标志农产品，做大做强绿色原料生产基地。建立低碳、低耗、循环、高效的加工流通体系，重点推进农产品精深加工、副产物综合利用及节能减排。

（四）强化生态保护修复，促进资源绿色开发

1. 保护提升耕地质量

严格落实永久基本农田划定与保护政策，将耕地保有量、基本农田保护面积等作为分配市、县土地整治资金的重要因素。开展农用地土壤污染状况详查，加大土地整治力度，大力推进高标准农田建设。推动用地与养地相结合，恢复发展绿肥生产 1000 万亩。从 2018 到 2020 年，在长沙市、株洲市、湘潭市被划定为严格管控区的耕地上开展种植结构调整，争取用 3 年左右时间实现全覆盖；在安全利用区实行休耕；在原试点范围选择部分区域继续开展土壤修复治理。

2. 发展高效节水农业

全面加强农业取用水管理，建立省、市、县三级农业灌溉用水总量控制指标体系，推行灌溉用水总量控制和定额管理。稳步推进农业水价综合改革，深化农田水利管理体制机制改革。加快推进大中型灌区灌排骨干工程节水改造和建设，同步完善田间节水设施。以果菜茶标准园为重点，扶持推广喷灌、微灌、管道输水灌溉等节水技术。积极有序发展雨养农业，在易发生水土流失地区，合理安排耕作和栽培制度，因地制宜推广节水技术模式，提高天然降水利用率。加强水肥同步管理，在国家级、省级农业产业园和蔬菜、水果、茶叶等园艺作物上推广水肥一体化技术。实施养殖业节水工程，提高畜禽饮水、畜禽养殖场舍冲洗、粪便污水资源化等用水效率，推进工厂化循环水养殖和池塘生态循环水养殖。

3. 加强林地和湿地保护

继续推进森林禁伐减伐行动，逐步扩大天然林补助范围，开展公益林分类分区域生态补偿试点，确保森林资源安全稳定。推进洞庭湖平原、澧阳平原农田林网建设，开展岩溶地区石漠化综合治理。建立健全湿地分级保护机制，合理划定纳入生态保护红线的湿地范围。开展湘江流域退耕还林还湿试点建设，探索实施退垸还湖（河）、退耕还湿、退林还湿，逐步减少洞庭湖人工种植芦苇与杨树面积，恢复原有植被。

4. 强化农业生物资源保护与利用

推进种质资源收集、保存、鉴定和育种，建设省级农作物种质资源中期库，鼓励种业企业与农作物种质资源库进行资源双向流动。加强外来物种管理，加快灭除外来有害物种，建设生物天敌繁育基地。加强动植物疫情监测预警体系建设，加大重大疫情阻截扑灭力度，最大限度阻截控制外来疫情传入。稳步推进第二次全省野生动植物资源调查，加强濒危野生动植物资源保护，严格划定濒危野生生物资源保护区域，建立完善保护管理制度。组织对中华鲟、江豚、麋鹿等珍稀濒危野生动物开展专项救护，实施禁渔制度和水生生物人工增殖放流。

（五）严格管控污染源头，确保产地绿色利用

1. 强化种植业面源污染防治

深入实施化肥农药使用量零增长行动，全面推广测土配方施肥，积极推广机插秧同步精量深施肥技术，加快实施专业化统防统治和全程绿色防控。大力推进有机肥替代化肥行动，研究出台有机肥替代化肥的政策措施，推动有机肥使用由果菜茶向粮油作物拓展。推进施药器械更新换代，在实行农机购置补贴的基础上，对新型农业经营主体、专业化统防统治组织购买高效植保机械实行累加补贴和高效植保作业补贴。加快高效低毒低残留农药、生物农药和特色小宗作物用药研发推广，实施高毒农药定点经营和可追溯管理，逐步淘汰高风险农药。开展农药包装废弃物治理试点，探索建立政府购买服务、多元化统一回收、专业化定期收集、无害化集中处理的农药废弃物回收处置机制。创新地膜回收与再利用机制，大力推广新型、可降解农膜。

2. 推进畜禽粪污治理与资源化利用

严格执行畜禽禁养区禁养制度和新建畜禽养殖场准入制度，稳妥推进禁养区规模养殖全部退出。加快推进大型水库养殖污染防治，禁止在湖泊、水库、哑河等天然水域区域投肥养殖，严格控制单位面积饵料投放量，开展重点水域养殖污染专项整治行动。继续抓好洞庭湖区养殖环境整治，全面完成禁养区内规模养殖退养任务和矮围网围拆除。全面推进病死动物无害化处理。建设一批畜牧业绿色发展示范县，推进畜禽养殖废弃物资源化利用整县试点，集成推广畜禽养殖废弃物能源化、肥料化利用技术模式和服务机制。全面推广"以粪制肥—以肥种草—以草变饲—以饲养畜"就地就近资源化循环利用新模式，积极推广全程机械化生物发酵技术。引导规模养殖场配套相应规模的粪肥消纳种植用地，支持新建适度规模养殖场进果园、菜园、茶园，推动种养协调发展。

3. 控制工业和城镇污染向农业农村转移

严格控制污染增量，逐步减少污染存量。制定完善地方农田污染控制标准，严格落实工业和城镇污染物处理和达标排放的相关要求，依法禁止未经处理达标的工业和城镇污染物进入农田、养殖水域等农业区域。严格执行农村新建工业项目准入制度，严格控制在保护类耕地集中区域新建有色金属冶炼、石油加工、化工、焦化、电镀、制革等项目。强化污染排放监测，严厉打击污染耕地行为。

4. 建立农村绿色生活机制

深入推进全省域覆盖农村环境综合整治，建立"户、村、乡、县四位一体"的农村生活垃圾收集与处理处置系统。完善农村生活污水、生活垃圾污染治理设施长效运行机制，建立设施运营规章制度，保障设施长期稳定运行。严格落实秸秆禁烧制度，开展整县推进秸秆全量化综合利用试点和乡镇秸秆收储运站试点，推广创新型秸秆制肥机械，探索创新秸秆发电管理新模式。按照生态宜居的要求，深入开展美丽乡村示范村建设，启动美丽乡村整乡、整县推进试点，因地制宜建设一批生态文明建设示范区（县、乡镇、村）。完善村规民约，增强农民环保意识，推进农村殡葬改革，倡导形成爱护环境、保护耕地、文明生活、厉行节约等绿色生活方式。

5.加强农业面源污染综合治理

围绕解决农业环境突出问题，选择相对独立的小流域，采取政府购买服务的方式，建设小流域农业面源污染综合治理示范区。继续推进区域生态循环农业示范县项目、国家农业可持续发展试验示范区和农业废弃物资源化利用试点县建设，促进区域农业生产废弃物生态消纳。

（六）健全激励约束体系，建立发展绿色机制

1.加强绿色农业科研攻关与技术推广

建立科研单位、高校、企业等各类创新主体协同攻关机制，争取在农业投入品减量高效利用、抗病抗虫新品种选育、种业主要作物联合攻关、有害生物绿色防控、废弃物资源化利用、产地环境修复和农产品绿色加工贮藏等领域尽快取得一批突破性科研成果。深入开展科技特派员农村科技创业行动，建立一批绿色农业科技成果转化、孵化基地，加快成熟适用绿色技术、绿色品种、绿色模式的示范、推广和应用。

2.完善绿色生态农业发展扶持机制

完善农业"三项补贴"改革，鼓励创新补贴方式方法，支持适度规模经营主体提升耕地地力，加强农业生态资源保护，推行农业标准化生产。稳步推进渔业油价补贴政策改革。加大对耕地保护补偿力度，对承担耕地保护任务的农村集体经济组织和农民给予补偿。深化森林生态效益补偿机制改革，建立健全市、县公益林资源保护与财政补偿制度，完善全面停止天然林商业性采伐补助政策。建立湿地生态效益补偿制度，在国家级自然保护区和国家、省级重要湿地开展生态补偿试点。支持农业科技创新主体、农业科技园区开展绿色生态生产技术创新。探索绿色金融服务农业绿色发展的有效方式，加大绿色信贷及专业化担保支持力度，创新绿色生态农业保险产品。加大政府和社会资本合作在农业绿色发展领域的推广应用，引导社会资本投向农业废弃物处置和资源化利用、资源保护与修复等领域。

3.依法依规推进农业绿色发展

推动修订湖南省实施《种子法》办法和渔业、农业环境、湿地、植物、耕地质量、外来物种等保护和管理条例，推进地下水管理、张家界大鲵国家级自然保护区管理等地方性法规立法工作，研究制定农药包装废弃物回收处置、农用地膜处置等办法。建立健全农业资源环境生态监测预警体系，运用大数据分析等信息化手段为农业绿色发展提供决策参考，建设农业资源环境承载能力监测平台，及时发布预警。加大环保执法和监督力度，依法打击破坏农业资源环境的违法行为。健全重大环境事件和污染事故责任追究制度及损害赔偿制度。

4. 培育壮大农业绿色发展人才队伍

把农业绿色发展人才培养纳入新型职业农民、农村实用人才、现代青年农场主等培训计划，培养一批具有绿色发展理念、掌握绿色生产技术技能的农业人才和新型职业农民。积极培育新型农业经营主体，鼓励其率先开展绿色生产。加大基层农技人员培训力度，提高绿色生产技术指导能力。健全生态管护员制度，在生态环境脆弱地区因地制宜增加护林员等公益岗位。

5. 加强组织领导，落实保障措施

各级党委和政府要加强组织领导，把农业绿色发展纳入领导干部任期生态文明建设责任制内容。省农业农村厅要发挥好牵头协调作用，会同有关部门按照要求，抓紧研究制定具体实施方案，明确目标任务、职责分工和具体要求，建立农业绿色发展推进机制，确保各项政策措施落到实处，重要情况要及时向省委、省人民政府报告。建立考核奖惩制度，依据绿色发展指标体系，完善农业绿色发展评价指标，适时开展部门联合督查。对农业绿色发展中取得显著成绩的单位和个人，按照有关规定给予表彰，对落实不力的进行问责。广泛宣传农业绿色发展理念，加强经验总结与典型推介，形成全社会支持推进农业绿色发展的良好局面。

五、林业绿色发展

"十二五"期间，湖南省林业厅围绕省委、省政府提出的绿色湖南建设总体目标，着力打造山清水秀、鸟语花香、人与自然和谐共生的生态环境。营造林质量连续 6 年全国第一，林业产业总产值年均增速超过 20%，全面完成国有林场改革，率先在全国建成林地测土配方网络服务平台。"十二五"期间，全省石漠化林业治理共完成人工造林 42.75 万亩、封山育林 83.77 万亩，治理县（市）植被覆盖率平均提高 12 个百分点。

被誉为"世界锑都"的锡矿山已探明锑矿储量占世界70%，开采史更是始于清代。百年采矿，导致生态破坏严重，污染严重的地方连生命力强的杂草都不能生长，生态系统十分脆弱。2004年，湖南省林科院在此开展适生树种科研项目，选定楸树、蜡树为矿区植物恢复与生态重建的首选树种，另有臭椿、栾树、翅荚木、刺槐等理想品种。在此基础上，2011年，锡矿山植被恢复加快推进，省林科院在七星、联盟居委会造林近2000亩，选用防污抗污的构树、蜡树、七里香等，采用大苗造林，成活率达90%以上，复绿效果明显。目前，锡矿山造林复绿已发展到7000多亩。在全省，743家矿山企业开展造林复绿，已整治500余座矿山，21万亩矿区重披新绿。

党的十八大以来，湖南林业以深化绿色发展理念、促进生态强省建设为指引，贯彻落实《绿色湖南建设纲要》，全面推进健康森林、美丽湿地、绿色通道、秀美村庄等林业建设，努力构建生态屏障，着力实施森林经营，用心打造天蓝、地绿、水净、宜居的绿色湖南。"十三五"期间，着眼"绿色化"和"绿色湖南"建设大局，以提高发展质量和效益为中心，以严守林地、湿地、物种等生态红线为根本，着力推进生态文明体系建设，加快推进林业治理体系和治理能力现代化，为全面建成小康社会、推进绿色化进程提供保障和支撑，着力打造湖南现代林业升级版。

2020年2月20日，湖南省林业工作电视电话会议在长沙召开。副省长陈文浩强调，要聚焦制度建设、生态保护和绿色发展这三大重点，推动湖南林业高质量发展。会议提出，要完善自然保护地管理制度。通过统一设置、分级管理、分区管控，逐步构建以国家公园为主体、自然保护区为基础、各类自然公园为补充的自然保护地体系。科学划分核心保护区和一般限制区，合理调整边界范围和功能分区。要完善森林资源保护制度，编制天然林保护修复中长期规划，实行天然林保护与公益林管理并轨。要完善林业改革创新制度，积极探索林长制改革。会议指出，要重点抓好洞庭湖湿地综合治理、长株潭绿心生态保护修复、林业灾害防控、野生动物保护监管等工作，提高生态保护修复水平。要抓好绿色发展，继续推动国土绿化，重点抓好生态廊道建设，继续全力推动油茶、竹木、生态旅游与森林康养、林下经济四大千亿元产业发展。

2020 年，湖南计划完成营造林 1500 万亩以上，使森林覆盖率稳定在59% 以上，森林蓄积量增长 2000 万立方米以上，湿地保护率稳定在 72% 以上，草原综合植被盖度达到 86% 以上，林业产业总产值增长 7.5% 以上，林业有害生物成灾率控制在 3.3‰ 以下。

六、金融业绿色发展

绿色发展，离不开绿色金融，绿色金融做得好、程度深、质量高，绿色发展才会有一个可靠的基础。最近这些年我国的绿色金融从开始的呼吁、呼声到实施，从理念到措施的落实，速度一直不断加快。早在 2010 年，湖南省人民政府与国家开发银行共同编制了全国第一个区域性融资规划——《长株潭城市群"两型"社会建设系统性融资规划（2010—2020 年）》，探索以金融助推全省"两型"社会建设。

（一）绿色信贷助力"两型"社会建设

2012 年，兴业银行长沙分行设立环境金融中心，并在湘潭设立绿色金融业务部。截至 2015 年 7 月末，该行绿色金融业务融资余额达到 163 亿元，投入到水资源保护与利用领域的资金达 111 亿元。2015 年累计投放超百亿元、净增 63 亿元，服务支持项目和企业 75 个，成为湖南省"两型"社会建设和节能环保事业的金融主力军。

2013 年，长沙银行成立环保支行作为专营支行开展节能环保信贷业务，每年 70% 以上新增贷款均投向环保及相关产业，分别授信永清环保科技有限公司 1.65 亿元、长沙新奥远大能源服务有限公司 2000 万元、万容科技股份有限公司 450 万元等。

浦发银行、工商银行等通过信贷部门大力开展绿色信贷、资产证券化等绿色金融业务，积极履行社会责任，支持经济社会可持续发展。

（二）绿色金融平台不断完善

加快建立完善绿色金融市场交易平台，高效整合各项绿色金融政策及服务，为金融资源与绿色产业资源有效对接提供载体。

排污权交易探索环境管理新手段。湖南进入全国首批排污权交易试点，2012 年 7 月，率先在全国成立排污权交易储备中心。截至 2015 年 7 月，全省已累计实施排污权市场交易 841 次，资金总额达 9827 万元，交易化学需氧量 1884 吨、氨氮 82.6 吨、二氧化硫 27512 吨、氮氧化物 3496 吨。排污权交易制度成为推动企业减排、清洁生产的重要抓手。

中部林权交易服务中心破解林农融资难题。2011 年 10 月，湖南省成立中部首家区域性林权交易中心。截至 2015 年，中心累计发布林业产权交易、在线流转、林业资产评估等林地面积 1540 多万亩，成交额近 52 亿元，业务辐射四川、云南、广西、江西、河南等地。与省农行、农信社、建行、中信、民生、招商等多家银行开展林权抵押贷款服务，累计获业务授信 50 亿元。

PPP 试点探索新途径。2014 年，湖南省争取进入全国首批 PPP 试点，在株洲生活垃圾焚烧发电、长沙磁悬浮轨道交通项目中先行实施。2015 年又有 11 个项目入选全国第二批 PPP 示范项目，总投资额约 228 亿元。全省目前已推出首批 30 个省级示范项目，总投资额 583 亿元。

（三）绿色金融服务创新不断深化

绿色金融产品多元化、全方位发展，加快绿色金融落地生根，为绿色发展注入动力。

建立全国第一支"两型"基金。省发展投资集团代表省政府与国家开发银行发起设立并管理 8 支"两型"基金，总规模 70 亿元，投资 34 亿元。

试点全国首批强制环境责任保险。涉及重金属及其他高环境风险投保企业 2248 家，保险金额 12 亿元，累计处理环境污染责任险赔案 10 起，理赔金额 69.18 万元。

发行全国第一支流域环境治理债券。《湘江流域重金属污染治理实施方案》总投资达 595 亿元，为保障方案顺利实施，衡阳、湘潭、郴州等市以地方政府投融资公司为平台，2013 年以来在全国率先发行 67 亿元重金属污染治理专项债券，带动近 200 亿元投资。

在长株潭三市开展排污权抵押贷款试点，2012 年 6 月，湖南华菱湘潭钢铁有限公司与兴业银行长沙分行在长沙签署协议，获得 1600 万元绿色贷款，这是湖南省首笔排污权抵押贷款。

（四）绿色金融基础设施日渐完善

启动全国第一个环境信用评价。出台《湖南省企业环境信用评价管理办法》，全省联网，共建企业环境信用评价管理平台，2014年，对全省1425家企业开展环境信用评价，1182家企业得出评价结果。省环保厅专门下文要求各级环保部门督促环境风险不良企业整改，22家环境风险不良企业在下拨环保专项资金时被要求整改，将信用评价结果抄送省发改委、省工商局、人民银行长沙中心支行等部门，作为行政许可、金融支持、资质等级评定、安排和拨付资金的参考依据。

首创政府"两型"采购，引导资金流入"两型"产品、"两型"企业、"两型"产业。目前"两型"技术产品已覆盖141家企业，547个产品，政府采购目录中"两型"产品的比例达到10%，"十二五"期间省政府"两型"采购预计超过4800亿元。

建立生态补偿机制，制订《湖南省湘江流域生态补偿（水质水量奖罚）暂行办法》，在对湘江流域上游水源地区给予重点生态功能区转移支付财力补偿的基础上，对湘江流域跨市、县断面实行水质、水量目标考核奖罚，2014年奖罚总额6500万元。

深化资源性产品价格改革。水价方面，发布《关于抓紧出台居民用水阶梯水价实施方案的通知》；电价方面，在全省范围实施居民阶梯电价，对节能减排实行价格激励，在全国率先推行统一燃煤发电机组标杆上网电价政策，对高耗能企业实行差别电价政策、惩罚性电价政策；气价方面，从2015年1月1日起，全省实施居民用气阶梯气价。

（五）绿色金融对外开放不断扩大

以"两型"社会建设为金字招牌，积极引进国外贷款、赠款支持生态环保项目建设，为绿色金融发展架设起对接国外金融组织的生态文明之桥。

统筹世行1.72亿美元贷款用于长株潭湘江风光带建设，通过世行项目的示范引领，长株潭三市累计投入100亿元；与世界自然基金会（WWF）合作，共同启动了可口可乐世界自然基金会全球水资源保护项目"长江美丽家园计划"——浏阳河示范项目；2015年9月，亚行与湖南省签署关于共同促进低碳技术开发与推广谅解备忘录，以亚太气候技术融资示范中心为平台，以市场化手段推动设立湖南省低碳技术创业投资基金，加大对环保、水利、低碳技术、基础设施等领域的支持力度，助推湖南绿色产业发展。

七、绿色发展与挑战

湖南"两型"社会和生态文明建设虽然取得一定的成绩，但也必须清醒地看到，在推进生态文明建设的过程中，在实现高质量发展的进程中，湖南省仍然面临不少的挑战。

（1）从过去来看，"高投入、高排放、高消耗、低效益"的粗放型经济增长方式导致生态环境破坏遗留问题突出。

1）资源利用率低，粗放型经济增长方式还没有得到根本转变。湖南是著名的"有色金属之乡"，已发现各类矿产143种，37种矿产保有资源储量居中国前5位。但多数县域因长期无序开采、管理缺失，再生资源综合利用增值率偏低，未实现无害化生产，煤矸石等废弃物堆放不断增多，导致环境污染严重，大气环境质量下降，采煤塌陷区及道路破坏扬尘问题也给当地居民的生活和工作带来不利影响。占全省煤炭保有储量92%的资宜、郴耒、茶醴、祁零、邵阳、涟源、韶山、黔溆、桑石等9个煤田的煤矿区犹如一个个生态破坏器，后期生态恢复治理工作量大，周期长。

2）产业结构、能源结构有待进一步优化。湖南第一产业和第二产业所占比重较高，服务业发展相对滞后，农村市场化程度较低。再则，湖南省水资源相对较丰富，淡水面积达1.35万平方千米，5千米以上河流5341条，内河航线贯通95%的县市和30%以上的乡镇。但是湖南水资源利用属于污染型缺水。湖南烟草制品业、有色金属冶炼及压延加工业、黑色金属冶炼及压延加工业、专用设备制造业、石油化工及化学制品制造业、电力的生产和供应业等六大行业一直是湖南经济增长的主要来源，同时也是湖南工业废水排放量的主要来源。近年来，虽然湖南省政府对全省的工业比重进行了卓有成效的大幅度调整，但是工业结构的升级、企业的转型，不可能一蹴而就，这就导致了短期内，工业比重与工业废水排放量之间的关系时而为正，时而为负。只有当企业彻底转型之后，工业比重与工业废水排放量才能得以降低。

此外，湖南还存在着冶炼行业对废渣无害化处理水平低、排污总量大与环境容量小的矛盾；化肥和农药使用量过大，农业面源污染较大；城市机动车增长迅速，尾气污染不容忽视等问题。湖南绿色发展之路仍然是任重道远。

（2）从现在来看，公民生态意识和对生态环境保护的认知度偏低，企业追求利益最大化对生态环境保护的认可度偏低，一些地方部门开展环境整治工作存在条块分割、力量分散等现实问题。

1）人们的环境道德观念、生态哲学、生态美学和生态伦理的教育亟待加强。据调查，很多人患有"节约冷漠症"。比如大多数人对办公室的空调、灯、电脑经常开着不关无动于衷；对家里的电视机、洗衣机、空调等家用电器待机状态熟视无睹。个人消费需要对环境负责任的观念还没有建立起来。

2）制度建设还需进一步完善。近些年来，为加强生态环境保护和建设，湖南省先后制定实施了《湖南省生态强省建设规划纲要（2016—2025）》《湖南省土壤污染防治工作方案》《湖南省生态文明改革创新案例评选发布办法（试行）》《河长制工作考核办法》《湖南省湿地保护修复制度工作方案》等规范性文件，这为生态保护提供了重要依据，但针对生态安全预防性的法律有待增强；有些法律法规可操作性也有待加强；关于地方职能部门职责划分和联动整治环境污染的政策制度，有待进一步完善。

（3）从未来来看，坚决打好污染防治攻坚战，加快解决历史交汇期的生态环境问题，是时代赋予的重大任务，我们必须完成。

绿水青山就是金山银山是永恒的发展理念，没有终点。在绿色发展的路上，湖南仍需攻坚克难，久久为功。据2015年湖南省第三次水土流失遥感调查结果显示，全省水土流失面积占土地总面积的17.63%。人均耕地0.9亩，稻田镉污染超标率达35.6%，湘江流域部分江段饮用水重金属含量超标。湘、资、沅、澧四水及其主要支流两岸中，幼林多、近成熟林和成熟林少，用材林多、防护林少。森林植被蓄水保土和防洪减灾等生态服务功能减弱，生态环境脆弱，加剧了水土流失以及水、旱等灾害的发生。因此，湖南提出奋斗目标：到2020年受污染耕地安全利用率达91%左右，受污染耕地治理与修复面积达到91万亩；到2030年要实现年均减少土壤流失量3500万吨，水土流失总治理率达到70%以上；把修复长江生态环境摆在压倒性位置，重点推进湘、资、沅、澧干流和洞庭湖水资源保护、水生态修复和水污染治理，为长江经济带城市的供水安全和生态安全提供基础保障。展望2050年，在全省基本实现山川秀美，经济、社会与生态协调发展，人与自然和谐共处。

所以说，大力推进绿色发展，是历史的必然、现实的选择。

第四节　湖南省生态环境保护与绿色发展成绩单

湖南坚持生态优先、绿色发展，大力实施长江经济带发展战略，扛起"共抓大保护、不搞大开发"的政治责任，以"一湖四水"为主战场的生态环境保护与治理取得了明显成效。

2020 年 6 月 1 日，《2019 年湖南省生态环境状况公报》发布，这是一份颇具亮点的环保"成绩单"。湘、资、沅、澧四水干流除一个断面外，其余断面都达到 II 类水质标准，洞庭湖总磷浓度持续下降，全省地表水水质状况变化总体呈现向好态势。全省大气环境质量达到国家考核目标。森林覆盖率 59.9%，湿地保护率 75.77%，180 个自然保护区总保护面积近 150.94 万公顷，全省生态环境状况指数为 77.8，生态环境质量为"优"。

一、高层重视

湖南省第十一次党代会提出大力实施创新引领开放崛起战略，坚持生态优先，把"生态强省"作为"五个强省"的目标之一，建设山清水秀、天朗地净、家园更美好的美丽湖南，实现从绿色大省向生态强省转变。

2016 年以来，省委召开常委会、专题会 10 次，研究部署生态文明建设工作。省政府召开党组会、常务会、专题会 20 次，研究生态环境保护与治理修复工作，并将生态文明建设和环境污染治理作为省领导调研及巡查暗访的重点内容。

2016—2017 年，省财政共下达中央和省级生态环保资金 379.1 亿元，其中，湘江和洞庭湖治理分别为 110.29 亿元、80.4 亿元；2018 年，中央和省级生态环保投入超过 200 亿元。中央和省级财政资金带动了各地和企业投入，2017 年全省完成生态环保投资 1402.45 亿元，增长 12.5%。2020 年，湖南省首次启动生态环境领域的小额资助项目，鼓励社会公众积极有序参与生态环境保护，助力打赢污染防治攻坚战。

2020 年 4 月 2 日，湖南省委召开湘江保护和治理委员会 2020 年第一次全体会议，传递出打好污染防治攻坚战方向不变、力度不减，推动全省生态文明建设迈上新台阶的强烈信号。以湘江为突破口，推进"一江一湖四水"系统联治，湖南省持续打好蓝天、碧水、净土保卫战，统筹推进山水林田湖系统治理，像保护眼睛一样保护生态环境，像呵护生命一样呵护生态环境。

二、治理修复

把坚决整改中央环保督察组反馈、中办督查交办，以及国家审计署指出的问题作为政治任务，集中解决了洞庭湖非法采砂、自然保护区种植黑杨以及南岳衡山自然保护区违规开矿等一批群众关心的突出环境问题。目前，中央环保督察组交办的信访件已办结4566件，办结率99.7%；反馈问题整改到位率90%以上，总体进度达到整改时序要求。

以重点工程项目为载体，以重点区域整治带动全省面上治理。两年来，完成4.36万千米沟渠清淤疏浚、2.44万口堰塘整治增蓄，建成垃圾焚烧处理设施4个、污水处理厂12个，建成140个工业园区污水处理设施，治理黑臭水体131条，清理"僵尸船"3193艘，清除洞庭湖核心保护区欧美黑杨7.99万亩，实施湘江重金属污染治理项目62个。

湘江五大重点区域整治取得积极进展，湘潭竹埠港地区重化工企业全部退出；株洲清水塘地区已关停147家企业，剩下6家企业于2018年全面关停；郴州三十六湾地区启动实施重金属污染治理项目16个；衡阳水口山地区锌品、砷品车间拆除和固体废弃物的无害化处置力度不断加大；娄底市实施了一批河流、废渣综合整治项目。

统筹推进养殖污染、非法采砂、工业污染物、垃圾和污水、船舶污染治理，以及饮用水水源地保护、河湖岸线保护、退林还湿、退养还净、矮围网围拆除等工作，2017年国家地表水考核断面Ⅰ～Ⅲ类水质比例达88.3%；14个市州集中式饮用水水源地达标率为93.1%，完成年度化学需氧量、氨氮减排任务。

加强长株潭大气污染联防联控，建成重污染天气监测预警体系，加强城市扬尘管制，全部淘汰"黄标车"，推进火电机组超低排放和水泥生产线脱硝除尘改造，淘汰燃煤小锅炉，提高车用汽柴油标准，全省14个市州城市空气质量平均优良天数比例为 81.5%，比 2015 年提高了 3.6 个百分点，全省 $PM_{2.5}$ 和 PM_{10} 平均浓度比 2015 年分别下降 14.8% 和 10.8%，完成年度二氧化硫、氮氧化物和挥发性有机物减排任务。

开展长株潭重金属污染耕地修复及农作物种植结构调整，推进一批土壤污染防治项目，实施化肥、农药使用量零增长行动，加快农村环境综合整治，建成一批美丽乡村示范村。

三、转型升级

实施农业农村三个"百千万"工程，出台培育新供给新动能、发展生活性服务业等实施意见，现代物流、网络消费、文化旅游、健康养老等产业快速增长。三次产业结构由 2015 年的 11.5 ∶ 44.6 ∶ 43.9 调整为 2017 年的 10.7 ∶ 40.9 ∶ 48.4，服务业占比提高 4.5 个百分点。2017 年全省生态环保产业产值达到 2203 亿元，比 2015 年增长 36.4%。

依托长株潭衡"中国制造 2025"试点示范城市群、长株潭国家自主创新示范区、湘江新区等平台，出台实施加大全社会研发经费投入、鼓励企业技术改造、加强质量管理和新产品研发等系列振兴实体经济政策，加快建设一批制造强省重点项目，在 7 个传统制造业领域实施"+ 互联网"行动；针对 20 个行业 63 种产品实施强制性用水定额标准，落实资源综合利用税收优惠政策。轨道交通、移动互联网、电子信息等产业快速发展，高新技术产业年均增长 15% 以上。

加快推进钢铁、有色、煤炭、危险化学品、烟花爆竹、民爆等领域过剩产能市场化退出。2017 年以来，取缔"地条钢"企业 12 家，关闭煤矿 366 处、退出产能 2432 万吨，关闭非煤矿山 537 座，注销 134 家危险化学品企业的安全生产许可证，烟花爆竹生产企业由 2162 家减至 982 家，全省单位 GDP 能耗年平均降幅达 5.8%。

督促企业新建和改造环保设施，建设一批省级绿色工厂、绿色园区及"两型"工业企业。对国家级自然保护区内的水电站进行绿色生态改造。加强环境监测网络体系建设，运用在线监控、无人机、卫星遥感等技术强化监管，全省设置水、大气、土壤监测点分别达 419 个、183 个、2339 个。

四、责任体系建设

在省委、省政府的倡议下，湖南省在全国首开先河，2013—2018年已发展400名绿色卫士环保志愿者，履行"监督、守望、传播、记录、民间河长"五大职责。

提前一年实现全面建立河长制目标，建立覆盖全流域的五级河长体系，完善河长制工作制度、工作机构和考核机制，采取发布省总河长令、河长巡河暗访、部门协调联动等方式，解决了一批突出环境问题。

省市县成立生态环境保护委员会，对市州党委、政府生态文明建设情况实行年度评价、五年考核，开展领导干部自然资源资产离任审计，制定环境保护工作责任规定和重大环境问题（事件）责任追究办法，推动落实"党政同责、一岗双责"责任体系，将环境质量改善目标责任纳入省政府绩效考核内容。实施省以下环保监测监察垂直管理改革，在全国率先将环保执法机构纳入政府行政执法保障序列。加强环境监管执法，全省共立案查处6739起环境违法案件，移送污染环境犯罪案件123起。

颁布实施《湘江保护条例》《湖南省大气污染防治条例》《湖南省饮用水水源保护条例》《湖南省实施〈固体废物污染环境防治法〉办法》等地方性法规。完成长株潭"两型"试验区垃圾分类、产业绿色转型等28个改革试点，有序推进南山国家公园体制试点，建设湘江流域大气生态补偿机制，完善重点生态功能区转移支付制度。

第三章　湖南省绿色发展生态环境约束

第一节　主体功能区划空间管控

为优化空间结构，规范空间开发秩序，国家"十一五"规划纲要明确提出了"编制全国主体功能区规划，明确主体功能区范围、功能定位和区域政策"的任务。其中，主体功能区划是编制全国主体功能区规划的重要组成部分和基础，也是落实相关区域政策的空间依据。主体功能区划是实施区域协调发展与空间管治的重要举措之一，旨在发挥比较优势，加强薄弱环节，推动区域良性互动。以国土整治规划为基础、以构建人地关系为核心内容、以公共设施服务均等化为目标的主体功能区的建设正在成为我国近期乃至长远发展和研究的热点和重点。按照主体功能定位调整，完善区域政策和绩效评价，形成合理的空间开发结构，以及形成各具特色的区域发展格局。由于主体功能区划不同于一般的经济区划，它在考虑经济活动的同时，必须深入研究资源环境与社会经济活动的相互影响。目前，关于主体功能区划分方法已有相关研究，而且省级尺度的区划已在全国范围内逐渐展开。

2012 年 12 月 26 日，《湖南省主体功能区规划》（以下简称《规划》）获省政府批准，正式印发全省组织实施，这是湖南省首个国土空间开发规划，是全国首批发布的省级主体功能区规划之一。该《规划》是湖南省推进形成主体功能区的基本依据、科学开发国土空间的行动纲领和远景蓝图，是国土空间开发的战略性、基础性和约束性规划。编制实施《规划》，是深入贯彻落实科学发展观的重大战略举措，对于推进形成人口、经济和资源环境相协调，城市空间、农业空间和生态空间相适应的国土空间开发格局，对于加快转变经济发展方式，促进经济社会又好又快发展，实现全面建成小康社会目标，具有重要的战略意义。

一、湖南主体功能区规划的总体构想

（一）指导思想

推进形成主体功能区，要以邓小平理论和"三个代表"重要思想为指导，全面贯彻落实科学发展观，立足区域资源禀赋、现实基础和发展潜力，坚持"两型"引领，创新开发理念，优化空间结构，规范开发秩序，提高资源配置效率，努力构建区域布局合理、功能定位清晰、人与自然和谐相处的空间开发格局。

（二）主要目标

力争到 2020 年，全省主体功能区格局基本形成，国土空间管理更趋精细科学，表 3-1 详细展示了湖南省国土空间开发的规划指标。

表 3-1　　　　　　　　　　湖南省国土空间开发的规划指标

指标	2009 年	2020 年
开发强度（%）	7.06	7.2
城市空间（平方千米）	2766	3630
农村居民点（平方千米）	9318	7768
耕地保有量（平方千米）	41337	37700
林地保有量（平方千米）	125278	127000
基本农田（平方千米）	32592	32353
森林覆盖率（%）	56.4	57 以上
森林蓄积量（亿立方米）	3.68	5.71

注：根据国家意见，有关国土空间开发指标暂沿用国务院批准的《湖南省土地利用总体规划（2006—2020 年）》中的数据。

1. 空间开发格局清晰

以国家和省级重点开发区域为主体的经济布局和城市化格局基本形成，集聚集群化发展态势更加明显，重点开发区域集聚全省 65% 左右的人口和 80% 以上的经济总量。以农产品主产区为主体框架的农业格局和以重点生态功能区为主体框架的生态安全格局基本奠定，农产品供给和生态安全得到有效保障，粮食产量稳定在 3000 万吨以上。各类禁止开发区域得到严格保护。全省城市化地区、农产品主产区和重点生态功能区三类主体功能区形成较合理的结构。

2. 空间结构得到优化

全省开发强度控制在国家下达的指标以内，城市空间占全省国土空间的比重控制在 1.71%（3630 平方千米）以内，农村居民点占地面积减少到 7768 平方千米左右。耕地保有量维持在 37700 平方千米，其中基本农田保护面积 32353 平方千米。绿色生态空间扩大，林地保有量维持在 127000 平方千米左右，河流、湖泊、湿地面积有所增加。

3. 空间利用效率提高

单位面积城市空间创造的生产总值大幅提高，单位面积耕地的粮食和主要经济作物产量提高 15% 以上。单位面积绿色生态空间蓄积的林木数量和涵养的水量明显增加。

4. 区域发展协调性增强

不同区域之间城镇居民人均可支配收入、农村居民人均纯收入等生活条件差距不断缩小，扣除成本因素后的人均财政支出大体相当，基本实现城乡和区域间基本公共服务均等化。

5. "两型"社会建设取得重大进展

资源集约节约利用，生态建设和环境保护取得明显成效。单位地区生产总值能耗低于全国平均水平，生态系统稳定性增强，水、空气、土壤等生态环境质量明显改善。森林覆盖率稳定在 57% 以上，森林蓄积量达到 5.71 亿立方米。城市逐步实现生态化、园林化，城市空间人均拥有公园绿地面积达到 15.5 平方米。完成国家下达的关于二氧化硫、氨氮、化学需氧量、氮氧化物等主要污染物的减排任务，城市空气质量达标率达到 95%，"湘、资、沅、澧"四水和洞庭湖水质逐步好转，农村面源污染得到有效治理。

（三）战略任务

根据《规划》目标，着力构建全省城市化、农业和生态三大战略格局。

1. "一核五轴四组团"为主体的城市化战略格局

以长株潭城市群为核心，以京港澳、长益常张、潭娄邵怀、常娄邵永、张吉怀等五条交通走廊为轴线，以洞庭湖经济区、大湘南、大湘西、湘中四大城市组团为重点，着力构建大中城市和小城镇协调发展的城市化战略格局，实现中心带动，轴线辐射，集聚发展。

2. "一圈一区两带"为主体的农业战略格局

以基本农田为基础，以发展大宗优质农产品为重点，着力构建以长株潭都市农业圈，环洞庭湖平湖农业区，娄邵衡永丘岗农业带和武陵、雪峰、南岭、罗霄山脉山地农业带为主体的农业战略格局。

3. "一湖三山四水"为主体的生态安全战略格局

着力构建以洞庭湖为中心，以湘资沅澧为脉络，以武陵—雪峰、南岭、罗霄—幕阜山脉为自然屏障的生态安全战略格局。

（四）湖南省主体功能区划分方案

在对全省国土空间进行综合评价的基础上，以是否适宜或如何进行大规模高强度工业化城镇化为基准，以县级行政区为基本单元，将全省国土空间划分为以下主体功能区：按开发内容，分为城市化地区、农产品主产区和重点生态功能区；按开发方式和强度，分为重点开发区域、限制开发区域和禁止开发区域；按层次，分为国家和省级两个层面，图3-1展示了湖南省主体功能区分类及其功能。

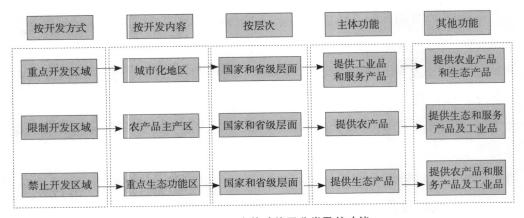

图 3-1 主体功能区分类及其功能

来源：《湖南省主体功能区规划》。

1. 城市化地区

是指有一定经济基础、资源环境承载能力较强、发展潜力较大、集聚人口和经济条件较好，从而应该重点进行工业化和城镇化开发的城市化地区，以提供工业品和服务产品为主体功能，也提供农产品和生态产品。

2. 农产品主产区

是指耕地面积较多、发展农业条件较好，尽管也适宜工业化城镇化开发，但从保障农产品安全以及永续发展的要求出发，必须把增强农业综合生产能力作为发展的首要任务，从而应该限制进行大规模高强度工业化城镇化开发的地区，以提供农产品为主体功能，也提供生态产品、服务产品和工业品。

3. 重点生态功能区

是指生态系统脆弱或生态功能重要，资源环境承载能力较低，不具备大规模高强度工业化城镇化开发的条件，必须把增强生态产品生产能力作为首要任务，从而应该限制进行大规模高强度工业化城镇化开发的地区，以提供生态产品为主体功能，也提供一定的农产品、服务产品和工业品。

4. 禁止开发区域

是指依法设立的各级各类自然文化资源保护区域，以及其他禁止进行工业化城镇化开发、需要特殊保护的重点生态功能区，点状分布于其他类型主体功能区之中，主要包括：各级各类自然保护区、风景名胜区、森林公园、地质公园、重要湿地、历史文化自然遗产、基本农田、蓄滞洪区和重要水源地等。

各类主体功能区，在全省经济社会发展中具有同等重要的地位，只是主体功能不同，开发方式不同，发展的首要任务不同，政策支持的重点不同，对城市化地区主要支持其集聚经济和人口，对农产品主产区主要支持农业综合生产能力建设，对重点生态功能区主要支持生态环境保护和修复。

二、湖南省主体功能区管控方向及主要任务

（一）重点开发区域

重点开发区域包括环长株潭城市群、其他市州中心城市以及城市周边开发强度相对较高、工业化城镇化较发达的地区，共计43个县市区，面积约4.02万平方千米，占全省总面积的19%，扣除基本农田后面积约3.3万平方千米，占全省总面积的15.6%。此外，还包括点状分布的国家级、省级产业园区及划为农产品主产区和重点生态功能区的有关县城关镇和重点建制镇。其中，

环长株潭城市群为国家层面重点开发区域，包括芙蓉区、岳麓区、开福区、天心区、雨花区、望城区、长沙县、宁乡市、浏阳市、天元区、荷塘区、芦淞区、石峰区、株洲县、醴陵市、攸县、雨湖区、岳塘区、珠晖区、雁峰区、石鼓区、蒸湘区、岳阳楼区、云溪区、武陵区、资阳区、赫山区、娄星区、涟源市、冷水江市等30个县市区，以及与这些区域紧密相邻的县城关镇和重点建制镇，其他区域为省级重点开发区域。

1. 功能定位

适度拓展产业空间，扩大人居和生态空间，在优化结构、节约资源、保护环境的基础上，重点支持要素集聚、土地集约、人口集中，推动经济又好又快发展，成为全省经济和人口的密集地区，支撑富民强省和中部崛起的主要区域。到2020年重点开发区域集聚的经济规模占全省80%以上，总人口占65%左右，城镇化率达到60%以上。

环长株潭城市群，包括以长沙、株洲、湘潭为中心的湖南省东中部的部分地区。功能定位是：全国资源节约型和环境友好型社会建设的示范区，全国重要的综合交通枢纽以及交通运输设备、工程机械、节能环保装备制造、文化旅游和商贸物流基地，区域性的有色金属和生物医药、新材料、新能源、电子信息等战略性新兴产业基地。积极构建以长株潭为核心，以衡阳、岳阳、常德、益阳、娄底等重要城市为支撑，集约化、开放式、错位发展的空间开发格局。

2. 发展方向

（1）加快产业发展。坚持做大产业、做强企业、做优品牌，积极发展战略性新兴产业和生产性服务业，运用高新技术改造传统产业，增强产业配套能力，促进产业集群发展。以长株潭国家综合性高技术产业基地建设为平台，以国家级高新区和经济技术开发区建设为突破口，加强各类园区建设，主动承接长三角和珠三角等发达地区的产业转移。走资源节约型、环境友好型的产业发展道路，大力发展循环经济，实现资源合理开发、节约使用和综合利用。

（2）促进人口集聚。加快人口城市化步伐，扩大中心城市规模，发展壮大与中心城市具有紧密联系的中小城市和小城镇，形成分工有序、优势互补的城镇体系。推进城乡基础设施和公共服务一体化，提高城镇集聚和承载人口的能力，坚持发展高新技术产业与劳动密集型产业并举，创造更多就业岗位，大规模有序吸纳农村转移人口。

（3）完善基础设施。统筹规划建设区域内交通、能源、供水、环保等基础设施，加快区域基础设施一体化进程，构建便捷、安全、高效的区域综合交通运输体系。

（4）保护生态环境。加强环境保护，强化节能减排，减少工业化和城镇化对生态环境的影响，划定必需的生态空间，突出城市群绿心和城市绿地培育保护，加强生态敏感区生态保护，构建绿色相连、疏密相间、山水城林相融的生态格局，打造宜居城市。

（5）发展都市农业。切实加强耕地保护，划定必需的农业发展区，因地制宜发展市郊农业、建设蔬菜基地，确保都市农产品供应充分、质量安全。

3. 发展任务

（1）环长株潭城市群

——长株潭。以推动形成国家长江中游重点开发区域为目标，构建以长沙为中心，以株洲、湘潭为副中心，以三市结合部为"绿心"的空间开发格局。拓展城市空间，壮大经济规模，优先发展战略性新兴产业和高技术服务业，促进城市相向发展、产业配套互补。推进三市城际轨道交通网络和快速大外环建设，实现三市基础设施和公共服务一体化。

长沙：强化科技教育、文化创意和商贸物流等功能，大力发展高新技术产业、先进制造业、现代服务业和文化产业，增强要素集聚和辐射带动能力，建设成为环长株潭城市群的核心、全省经济社会发展的龙头、全国具有重要影响的历史文化名城和国际化都市。

株洲：重点发展轨道交通装备制造、汽车、服饰、有色金属深加工、基础化工、新能源、现代医药及健康产业等，建设中南地区重要的物流中心。

湘潭：重点发展先进装备制造及新能源装备、汽车及零部件、精品钢材及深加工、电子信息、新材料、节能环保、商贸物流、文化旅游等产业，改造提升冶金、化工、建材、纺织、食品、皮革等传统产业。

着力构建起以湘江、浏阳河、岳麓山、昭山、仙蓉岭为主体的生态系统，保护好位于三市结合部的生态"绿心"。完善防洪体系和水资源保障体系。加强湘江流域污染治理，构建以洞庭湖、湘江为主体的湿地生态系统。

——衡阳、岳阳、常德、益阳、娄底。承接长株潭辐射、促进"两型"产业发展的重要区域，支撑湖南省经济发展的重要区域性中心城市和新型工业化基地。构建以长株潭城市群为依托，衡阳、岳阳、常德、益阳、娄底五市为主体，其他中小城市为节点，京广、长石等交通轴线为支撑的空间开发格局。加快五市高速公路互连互通及环网建设，实现环长株潭城市群产业一体、交通便捷、功能互补。提高环长株潭城市群的融合度和关联度，培育壮大交通轴线发展带，提升城市综合承载能力，壮大经济实力、人口和城市规模。加强传统产业升级改造，振兴老工业基地。加强城市绿化，强化污染处理，实施沿江、沿湖、沿路和环城生态工程，构建以洞庭湖、湘资沅澧和城市近郊山地为主体的网状生态系统。

衡阳：重点发展输变电装备、汽车零部件、矿产开发及深加工、盐化工及精细化工、物流、旅游等优势产业以及生物医药、新能源、新材料、电子信息、节能环保等新兴产业，大力发展加工贸易产业，建成全省重要的综合制造业基地、重化工基地、能源基地、物流基地、旅游休闲基地和承接产业转移基地。推进"西南云大"都市经济圈建设，打造湘中南地区重要中心城市。构建以湘江、耒水、蒸水、洣水和衡山山脉为主体的城市生态体系。

岳阳：重点发展石化、电力、林纸一体化、农产品深加工、旅游，打造中南地区大型石化产业基地、长江中游重要的航运口岸和物流基地，建成北连武汉城市圈、对接长三角的重要港口城市和环洞庭湖经济圈的重要中心城市。构建以沿湖风光带、南湖、君山为主体的城市绿地生态体系，打造宜居生态城市和休闲度假旅游城市，提升国家级历史文化名城品位。

常德：重点发展烟草、机械制造、食品、钛铝材及新材料、服装纺织、电子信息、生物医药、文化旅游和非金属矿加工，建设国家重要的卷烟制造基地、农产品加工转化大市，湖南中西部地区的综合交通枢纽和物流中心，省内重要的机械制造基地、能源基地，建设成为湘鄂川黔渝五省交界区域中心城市和拉动湘西北发展的主要支撑。构建以沅江、柳叶湖、穿紫河、太阳山、河洑山为主体的城市生态系统。

益阳：重点发展装备制造、电子信息、食品加工、新能源、新材料、生物医药、棉麻纺织、服务外包等产业，打造成为全省乃至中部地区重要的能源基地、环省会中心城市、新型工业化城市、宜居山水生态休闲旅游城市，建设成为环洞庭湖区经济圈的重要中心城市。构建以洪山竹海、会龙山、寨子仑、云雾山、资江、志溪河、兰溪河、梓山湖为主体的"四山四水"城市生态系统。

娄底：重点发展精品钢材，汽车板和电工钢及其配套产业，工程机械、特种汽车和电动汽车及汽车零部件、新材料，现代物流业，文化与生态旅游休闲业，加快发展新能源、农产品精深加工、电子信息等新兴产业，建设成为重要的新材料基地、全国文化与生态旅游休闲基地、湖南省新能源基地和特色装备与先进制造业基地，成为湘中地区交通枢纽城市、新型工业城市和物流中心。构建以涟水、孙水、资江风光带、仙女寨、水府庙为主体的城市生态系统。

（2）其他市州中心城市

建设重要的区域性科教、商贸中心和综合交通枢纽，区域经济和人口的聚集区，支撑湘南、湘西发展的重要工业化和城镇化地区。构建以中心城市为核心，周边中小城镇为支撑，沿主要交通轴线发展的空间开发格局。突出城市特色，完善城市功能，扩大城市规模，积极集聚人口和经济，强化中心城市在区域发展中的辐射作用。大力发展旅游、资源深加工、水电等特色产业，主动承接沿海产业转移，积极发展边区商贸，壮大城市经济实力。加强城市绿化、污染处理和环城生态工程建设，构建生态宜居城市。

邵阳：重点发展机械制造、食品加工、生物制药、新型建材、纺织化工、文化旅游、现代物流、能源等产业，抓好城郊的蔬菜基地和休闲农业，建成湘西南重要的交通枢纽和物流中心，成为省域副中心城市，建成湖南重要的装备制造、食品加工、生物医药、能源和建材基地。加快中心城区建设，打造邵阳东部城市群。大力发展旅游产业，构建与崀山景观相协调，以资江、邵水、佘湖山等为主体的城市生态系统。

郴州：加快承接沿海产业转移，重点发展电子信息、有色金属、能源、新型建材、医药食品、机械化工、旅游等产业，突出抓好粮烟竹木、优质果蔬、畜禽水产等优势产业的标准化生产和规模化经营，推进郴资桂"两型"社会示范带建设，建成全国重要的有色金属深加工基地、高技术服务基地、数字视讯产业基地，华南地区重要的能源基地、产业承接示范基地，全省重要的建材生产基地、旅游休闲胜地，粤港澳农产品重要供应基地，湘粤赣省际区域中心城市。调整中心城区空间结构，扩大生态空间，突出山水特色，构建以东江湖、苏仙岭、万华岩、飞天山为主体的青山绿地生态城市。

永州：重点发展黑色和有色金属深加工、电子信息、新材料、新能源、汽车和机电制造、竹木林纸林化林油、生物制药、食品加工、建材、轻纺、现代物流和文化旅游等产业，提升产业辐射和集聚规模，推进冷零祁经济圈建设，打造全省先进制造业基地、优质农产品加工基地、文化旅游基地、重要的产业转移承接基地和面向东盟、湘粤桂的商贸物流中心。

怀化：重点发展林产、医药、食品、建材、旅游、现代物流等产业，突出生态产业和绿色产品，推进鹤中洪芷经济一体化，建设湘鄂渝黔桂周边区域性中心城市和物流中心、全省重要的绿色食品基地、中成药生产基地、水电开发基地和竹木加工基地，承东启西的重要枢纽，湘西地区重要的增长极。构建以舞水河、太平溪、钟坡山、南山寨为主体的城市生态系统，打造山水生态城市。

吉首：重点发展绿色食品、矿产品精深加工、中成药、旅游、民俗文化、竹木、特色水果等产业，建设成为全省重要的绿色食品基地、中药及新型中成药加工基地和国内外知名的旅游目的地。构建以峒河为主体的城市生态系统。

（3）其他重点开发的城镇

农产品主产区和省级重点生态功能区的县城关镇和重点建制镇城区规划范围，要依托资源条件，积极发展特色产业，推动县域经济和人口主要向该区域集聚，发展成为支撑县域经济发展的重点地区。加强污水和垃圾处理，保护县域生态环境。国家级、省级产业园区要按照规划定位，分类完善配套基础设施和公共服务平台，大力发展特色优势产业，全面提升专业化水平和自主创新能力，打造成为区域经济发展的重要产业集聚区。

（二）农产品主产区

农产品主产区主要是"一圈一区两带"4个片区，即长株潭都市农业圈，包括长沙、株洲、湘潭城市外围地区；环洞庭湖平湖农业区，包括岳阳、常德、益阳部分地区；湘中南丘岗农业带，包括娄底、邵阳、衡阳、永州部分地区；武陵雪峰南岭罗霄山脉山地农业带，包括武陵山、雪峰山、南岭、罗霄山等地区的农产品主产区，共计35个县市区，面积约7.14万平方千米，占全省总面积的33.7%，全部为国家级农产品主产区。

1. 功能定位

以提供农产品为主，保障农产品供给安全，发展现代农业的重要区域，重要的商品粮生产基地、绿色食品生产基地、畜牧业生产基地和农产品深加工区，农村居民安居乐业的美好家园，社会主义新农村建设的示范区。

2. 发展方向

（1）大力发展高产、高效、优质、安全的现代农业，加强农田水利等基础设施建设，显著提高农业综合生产能力、产业化水平、物资装备水平、支撑服务能力，提高农业生产效率，保障农产品供给和食品安全。

（2）加强耕地保护，加快中低产田改造和农田防护林建设，推进连片标准良田建设，稳定粮食作物播种面积。严格控制区内农用地转为建设用地，禁止违法占用耕地，严禁擅自毁坏、污染耕地。

（3）提升农业规模化水平，引导优势和特色农产品适度集中发展，构建区域化、规模化、集约化、标准化的农业生产格局，形成优势突出和特色鲜明的产业带。

（4）加快转变农业发展方式。大力发展循环农业和生态农业，推进农业清洁生产和废弃物资源化利用。推进绿色（有机）食品基地建设，加大绿色（有机）食品和无公害农产品开发力度。加强农业环境保护和监测，减少农业面源污染，完善农产品检验监测体系，确保农产品质量安全。控制农产品主产区开发强度，促进农业资源永续利用。

（5）统筹考虑人口迁移、适度集中、集约布局等因素，加快农村居民点以及农村基础设施和公共服务设施的建设，改善农村生产生活条件。支持发展农产品深加工和第三产业，拓展农村就业和增收空间。

3. 发展任务

（1）长株潭都市农业圈

以现代农业为主攻方向，着力发展都市农业，重点发展优质稻和蔬菜、花卉、特色养殖、农产品精深加工等产业。加快城乡一体化步伐，建设优质农产品生产、加工和流通中心。

（2）环洞庭湖平湖农业区

依托湖区资源发展适水农业，推广水体和低洼湿地生态农业模式，重点发展优质杂交稻、优质淡水产品、高支纱棉花、双低杂交油菜等优质农产品，建设综合性规模化农业商品生产基地和环洞庭湖生态渔业经济圈，提升水域、湿地生态经济功能。加强区域生态环境保护，建设城镇近郊防护林带，对沿江、沿河和内湖环境进行截污、清淤、引水、绿化和整治，形成绿色生态网络。开展土地整理，以推动环洞庭湖基本农田建设等重大工程项目为契机，加大对山、水、田、林、路、村以及未利用地综合整治力度。

（3）湘中南丘岗农业带

衡阳和永州地区突出发展粮油、禽畜、林草、果蔬等优势农产品生产、深加工及流通，建设成为粤港澳农产品重要供应基地。娄底和邵阳地区发展节水农业，建设优质稻米、草食动物、特色蔬果、中药材、竹木、乳业、油茶农业生产基地。

（4）武陵雪峰南岭罗霄山脉山地农业带

在搞好退耕还林、封山育林、提高森林覆盖率的同时，积极营造高效经济林和果木林，促进绿色药材、特色水果、经济作物等农产品生产，发展以农林牧复合经营为特色的山地生态农业。

此外，其他主体功能区域中的粮食产能建设县（市、区）也要严格保护耕地，提高综合产能，稳定粮食生产，各级政府要给予必要的政策引导和支持。

（三）重点生态功能区

限制开发的重点生态功能区主要是洞庭湖及湘资沅澧"四水"水体湿地及生物多样性生态功能区，南岭山地森林及生物多样性生态功能区，武陵山区生物多样性及水土保持生态功能区（含雪峰山区），罗霄—幕阜山地森林及生物多样性生态功能区等4个片区，共计44个县市区，面积约10万平方千米，占全省总面积的47.3%。其中，武陵山区生物多样性及水土保持生态功能区、南岭山地森林及生物多样性生态功能区为国家层面重点生态功能区，包括石门、慈利、桑植、永定、武陵源、泸溪、凤凰、花垣、龙山、永顺、古丈、保靖、辰溪、麻阳、宁远、蓝山、新田、双牌、宜章、临武、桂东、汝城、嘉禾、炎陵等 24 个县市区。

1. 功能定位

保障湖南省生态安全的重要区域，建设绿色湖南的重要载体，实现可持续发展的重要生态功能区，人与自然和谐相处的示范区。维系长江流域和珠江流域水体安全，减少河流泥沙，维护生物多样性的重要区域。

2. 发展方向

（1）涵养水源。加强植被保护和恢复，实施植树造林、封山育林和退耕还林，治理水土流失，严格监管矿产、水资源开发，禁止过度砍伐、毁林开荒，提高区域水源涵养生态功能。

（2）保持水土。实施水土流失预防监控和生态修复工程，加强流域综合治理，营造水土保持林，禁止毁林开荒，推行节水灌溉，适度发展旱作农业，限制陡坡垦殖，合理开发自然资源，加大工矿区环境整治和生态修复力度，保护和恢复自然生态系统，增强区域水土保持能力。

（3）调蓄洪水。严禁围垦湿地（包括湖泊、水面），禁止在蓄滞洪区建设与行洪泄洪无关的工程设施，巩固平垸行洪、退田还湖成果，增强调洪蓄洪能力。鼓励蓄滞洪区内人口向外转移。

（4）维护生物多样性。落实保护措施，禁止滥捕滥采野生动植物，保护自然生态走廊和野生动物栖息地，促进自然生态系统恢复，保持野生动植物物种和种群平衡，实现野生动植物资源良性循环和永续利用。对生态环境已遭破坏地区，积极恢复自然环境。加强外来入侵物种管理，防止外来有害物种对生态系统的侵害。

（5）在不损害生态功能的前提下，因地制宜发展适度资源开采、农林产品生产加工等资源环境可承载的适宜产业，积极发展第三产业。严格限制高污染、高能耗、高物耗产业，淘汰污染环境、破坏生态、浪费资源的产业。

（6）合理布局城镇和产业园区，把城镇建设和工业开发严格限制在资源环境能够承受的特定区域，加大已有产业园区的提升改造。

3. 发展任务

（1）洞庭湖及湘资沅澧"四水"水体湿地及生物多样性生态功能区

该区域是湖南省内河及水体的重点分布区，对维系全省水资源安全，保护湿地生态环境具有非常重要的作用。要将该区域建设成为长江流域重要的调蓄滞洪区，长江中游水域生态平衡的重要功能区，国际重要湿地和珍稀候鸟越冬栖息地，重要的农副渔业生产基地。严禁围垦湖泊、湿地，严禁侵占河道。加强水利建设，统筹规划建设避洪与撤离设施，开展河湖疏浚，治理水土流失，增强行洪蓄洪和水体净化能力。加强污染防治，扩大湿地保护范围，改善湿地生态，恢复湿地生态系统。切实加强水生生物资源保护和水域生态修复，保护和恢复水生生物洄游通道，改善生态联系，扩充野生动植物生长空间，开展珍稀物种再引入和种群恢复，保护生物多样性，改善和恢复湖区生态环境，维持湖区生态平衡。科学开发利用湖区生态资源，大力发展特色水产养殖。

（2）南岭山地森林及生物多样性生态功能区

该区域是长江流域与珠江流域的分水岭，是湘江、赣江、北江、西江等河流的重要源头区，具有丰富的亚热带植被和众多珍稀动植物资源。要落实保护措施，禁止滥捕滥采野生动植物，保护自然生态走廊和野生动物栖息地，促进自然生态系统恢复，保持野生动植物物种和种群平衡，实现野生动植物资源良性循环和永续利用。对生态环境已遭破坏的地区，积极恢复自然环境。在不损害生态功能的前提下，因地制宜发展适度资源开采、农林产品生产加工等资源环境可承载的适宜产业，积极发展第三产业。严格限制高污染、高能耗、高物耗产业，淘汰污染环境、破坏生态、浪费资源的产业。

（3）武陵山区生物多样性及水土保持生态功能区（含雪峰山区）

该区域属于典型的亚热带植物分布区，保持着近乎原始的亚热带森林景观、生物环境和生态系统，拥有多种古老珍稀濒危物种，是世界同纬度下物种谱系最完整、生物多样性最丰富的地区之一，具有极高的生态价值和科学价值。该区域还是清江和澧水、沅水、资水的发源地，长江和洞庭湖的水源涵养地和生态屏障。该区域对于维护生态多样性，保持长江中下游水土涵养，减少长江泥沙具有重要的作用。要加强植被保护和恢复，实施植树造林和封山育林，巩固退耕还林成果，维系生物多样性。重点实施水土流失预防监控和生态修复工程，加强流域综合治理，营造水土保持林，禁止毁林开荒，推行节水灌溉，适度发展旱作农业，限制陡坡垦殖，合理开发自然资源，加大工矿区环境整治和生态修复力度，保护和恢复自然生态系统，增强区域水土保持能力。

（4）罗霄—幕阜山地森林及生物多样性生态功能区

该区域位于湘、鄂、赣三省边界，是湘江、赣江及北江部分支流的发源地，植被以亚热带常绿针阔叶树种为主，并有大量热带区系动植物分布，区内生物资源、矿产资源和水能蕴藏较丰富。要科学经营山地森林，禁止非保护性采伐，保护和恢复植被，增强水源涵养，控制水土流失，防止石漠化。保护珍稀动植物，建立珍稀动植物种源区，保护野生动物栖息地和水源地。科学开发利用山地生态资源，发展特色产业、生态农业、生态旅游。

（四）禁止开发区域

禁止开发区域主要包括：各级各类自然保护区、风景名胜区、森林公园、重要湿地、湿地公园、地质公园、蓄滞洪区、水产种质资源保护区等。除基本农田、重要水源地和重点文物保护单位外，全省禁止开发区域共有370处，面积约4.55万平方千米，占全省总面积的21.5%。其中，国家级自然保护区、世界文化自然遗产、国家级风景名胜区、国家森林公园和国家地质公园为国家层面禁止开发区域。表3-2详细列出了湖南省禁止开发区域基本情况。

表 3-2　　　　　　　　　　湖南省禁止开发区域基本情况

类　型	个数	面积（平方千米）
自然保护区	124	13766.45
风景名胜区	53	6298.22
森林公园	106	4013.59
重要湿地	19	8107.01
湿地公园	19	1560.96
地质公园	16	6350.8
蓄滞洪区	24	2973
水产种质资源保护区	9	2428.9
合计	370	45498.93

数据来源：《湖南省主体功能区规划》。

1. 功能定位

保护自然文化资源的重要区域，点状分布的重要生态功能区，珍贵动植物基因资源保护地，防洪减灾、确保流域安全的重要区域。

2. 管制原则

依据法律法规和相关规划实行强制性保护，控制人为因素对自然生态和文化自然遗产原真性、完整性的干扰，严禁不符合主体功能定位的各类开发活动，引导人口逐步有序转移，实行污染物"零排放"，提高环境质量。

3. 发展任务

（1）自然保护区

是指经国务院或省政府批准设立，具有典型意义或有特殊科学研究价值的自然保护区域。全省现有国家级、省级和县级自然保护区124处，需根据《中华人民共和国自然保护区条例》《湖南省主体功能区规划》确定的原则以及自然保护区规划进行管理。

——按核心区、缓冲区和实验区实行分类管理。核心区是保护区内天然状态的生态系统以及动植物的集中分布地，严禁任何生产建设活动；缓冲区是天然状态生态系统与人为影响下生态系统的过渡地带，是核心区和实验区之间的区域，除必要的科学实验活动外，严禁其他任何生产建设活动；实验区是保护区内探索可持续发展和适度合理利用的区域，除必要的科学实验以及符合自然保护区规划的旅游、种植业和畜牧业等活动外，严禁其他生产建设活动。

——按先核心区后缓冲区、实验区的顺序，逐步转移自然保护区的人口。根据自然保护区的实际情况，实行异地转移和就地转移两种转移方式，一部分人口要转移到自然保护区以外，一部分人口就地转为自然保护区管护人员。到2020年，基本实现绝大多数保护区的核心区做到无人居住，缓冲区等区域人口大幅减少。

——交通、通信、电网设施穿越自然保护区时要慎重建设，能避则避，必须穿越自然保护区的，需采取必要的保护措施，且选择与交通量适应的道路等级，使之符合自然保护区的相关要求。新建公路、铁路和其他基础设施不得穿越保护区的核心区，尽量避免穿越缓冲区。

（2）风景名胜区

是指国家或省级相关部门批准设立，具有重要的观赏价值、文化或科学研究价值，景观独特，著名的、规模较大的风景名胜区域。全省现有国家级风景名胜区 16 处，省级风景名胜区 37 处。需严格保护风景名胜区内景物和自然环境，不得破坏或随意改变。严格控制人工景观建设。禁止在风景名胜区进行与风景名胜资源无关的生产建设活动，旅游、基础设施等建设必须符合风景名胜区规划，违反规划建设的设施，要逐步拆除。在风景名胜区开展旅游活动，必须根据资源状况和环境容量进行，不得对景物、水体、植被及其他野生动植物资源等造成损害。

（3）森林公园

是指国家或省级相关部门批准设立，具有重要森林风景资源，自然人文景观独特，观赏、游憩、教育价值高的森林公园。全省现有国家级森林公园 43 处，省级森林公园 55 处，县级森林公园 8 处。除必要的保护和附属设施外，禁止在森林公园内从事与资源保护无关的任何生产建设活动。禁止毁林开荒、毁林采石、采砂、取土、开矿、放牧以及非抚育性和更新性采伐行为。建设旅游设施及其他基础设施等必须符合森林公园规划，逐步拆除违反规划建设的设施。根据资源状况和环境容量对旅游规模进行有效控制，不得对森林及其他野生动植物资源等造成损害。不得随意占用、征用和转让林地。

（4）地质公园

是指国家或省级相关部门批准设立，以具有特殊地质科学意义，较高的美学观赏价值的地质遗迹为主体，并融合其他自然与人文景观而构成的一种独特的自然区域。全省现有国家级地质公园 6 处，省级地质公园 10 处。未经主管部门批准，不得在地质公园范围内采集、挖掘标本和化石。任何单位和个人不得擅自挖掘、买卖或以其他形式转让被保护的地质遗迹，禁止在地质公园和可能对地质公园造成影响的周边地区进行采石、开矿、取土、垦荒、砍伐、放牧以及其他对保护对象有损害的活动。除必要的保护和附属设施外，禁止其他任何建设活动，禁止与保护无关的生产经营活动。

（5）重要湿地

是指适宜喜湿野生生物生存、具有较强生态调控功能的潮湿地域，包括湖泊、河流、水库、河口三角洲、滩涂、沼泽、湿草甸等常年积水和季节性积水的地域。全省现有国际重要湿地 3 处、国家重要湿地 1 处、省级重要湿地 15 处以及国家湿地公园 19 处。严格控制开垦或者占用湿地，因重点建设等原因需要开垦或者占用湿地的，必须依法进行环境影响评价。除生活用水、农业生产用水和抢险、救灾外，在重要湿地取水或者拦截湿地水源，不得影响湿地保护最低用水需要或者截断湿地水系与外围水系的联系。切实加强水生生物资源保护和水域生态修复，禁止在湿地狩猎、捕捞、采集国家和本省保护的野生动植物。开发利用湿地资源，应当坚持经济发展与湿地保护相协调，维护湿地生态平衡，严格按照湿地保护规划进行，不得超出湿地资源再生能力，不得破坏野生动植物的生存环境。

（6）基本农田

全省现有基本农田 32353 平方千米。必须依据《基本农田保护条例》，严格控制基本农田转变用途，严禁擅自毁坏、闲置和荒芜基本农田。加强基本农田基础设施建设，开展农田整理，防止土地污染和地力衰退。国家能源、交通、水利等重点建设项目选址确实无法避开基本农田的，要节约用地，并依法依规补划数量、质量相当的基本农田。

第二节　生态红线限制条件

为深入贯彻落实党中央、国务院关于生态保护红线划定工作的总体要求，优化湖南省国土空间格局，维护和改善生态功能，保障国家和区域生态安全，依据《中华人民共和国环境保护法》《中华人民共和国国家安全法》《中共中央办公厅　国务院办公厅关于划定并严守生态保护红线的若干意见》等法律法规和文件规定，结合实际，省人民政府组织划定了湖南省生态保护红线。以构建国家和湖南省生态安全格局为目标，采取定量评估与定性判定相结合的方法划定生态保护红线。在资源环境承载能力和国土空间开发适宜性评价的基础上，按生态系统服务功能（以下简称"生态功能"）重要性、生态环境敏感性脆弱性识别生态保护红线范围，并落实到国土空间，确保生态保护红线布局合理、落地准确、边界清晰。建立协调有序的生态保护红线划定工作机制，强化部门联动，上下结合，充分与《湖南省主体功能区规划》《湖南省生态功能区划》《湖南省水功能区划》及土地利用总体规划、城乡规划、交通旅游发展规划等区划和规划相衔接；与永久基本农田布局充分协调，原则上不突破永久基本农田边界；与经济社会发展需求和当前监管能力相适应，统筹划定生态保护红线。

生态保护红线原则上按禁止开发区域的要求进行管理。严禁不符合主体功能定位的各类开发活动，严禁任意改变用途，确保生态功能不降低、面积不减少、性质不改变。做到生态功能不降低，生态保护红线内的自然生态系统结构保持相对稳定，退化生态系统功能不断改善，质量不断提升。面积不减少，生态保护红线边界保持相对固定，生态保护红线面积只能增加，不能减少。性质不改变，严格实施生态保护红线国土空间用途管制，严禁随意改变用地性质。

一、湖南省生态保护红线基本格局

湖南省生态保护红线划定面积为 4.28 万平方千米，占全省总面积的 20.23%。全省生态保护红线空间格局为"一湖三山四水"："一湖"为洞庭湖（主要包括东洞庭湖、南洞庭湖、横岭湖、西洞庭湖等自然保护区和长江岸线），主要生态功能为生物多样性维护、洪水调蓄。"三山"包括武陵—雪峰山脉生态屏障，主要生态功能为生物多样性维护与水土保持；罗霄—幕阜山脉生态屏障，主要生态功能为生物多样性维护、水源涵养和水土保持；南岭山脉生态屏障，主要生态功能为水源涵养和生物多样性维护，其中南岭山脉生态屏障是南方丘陵山地带的重要组成部分。"四水"为湘资沅澧的源头区及重要水域。其中包含 9 个区块：武陵山区生物多样性维护生态保护红线、雪峰山区生物多样性维护－水源涵养生态保护红线、越城岭生物多样性维护生态保护红线、洞庭湖区生物多样性维护生态保护红线（包括长江岸线）、南岭水源涵养－生物多样性维护生态保护红线、罗霄山水源涵养－生物多样性维护生态保护红线、幕阜山水源涵养－生物多样性维护生态保护红线、长株潭城市群区域水土保持生态保护红线、湘中衡阳盆地—祁邵丘陵区水土保持生态保护红线；5 个重点区域：洞庭湖区（包括长江岸线），面积为 3793.93 平方千米；武陵山区（武陵山区生物多样性与水土保持生态功能区），面积为 8723.72 平方千米；南岭山区（南岭山地森林及生物多样性生态功能区），面积为 4631.49 平方千米；幕阜山区，面积为 2254.70 平方千米；湘资沅澧四水源头水源涵养区，四水干、支流生态功能极重要区。

二、生态保护红线分布和重点区域划定

（一）生态保护红线分布

1. 武陵山区生物多样性维护生态保护红线

分布范围：红线区位于湖南省西北部，主要涉及张家界市、湘西自治州以及怀化市麻阳、辰溪、沅陵等县的部分区域，常德市桃源、临澧、石门等县的部分区域。

生态系统特征：红线区属武陵山原地区，地形以山原或山地为主，气候属中亚热带湿润季风气候，水量充沛；植被类型主要有中亚热带常绿落叶阔叶混交林、常绿阔叶林、高山矮林等，红线区分布的代表性动物物种包括云豹、白鹤、白颈长尾雉、猕猴、水獭、大鲵、红嘴相思鸟等。红线区是澧水源头，也是沅江中游重要支流酉水和武水流域上游，具有十分重要的水源涵养功能。

重要保护地：红线区有壶瓶山、八大公山、张家界大鲵、小溪等国家级自然保护区，天门山等众多森林公园，武陵源风景名胜区（世界自然遗产），具有极其重要的生物多样性保护功能。

保护重点：加强森林植被及森林生态系统、区域野生动植物生境、大鲵等区域代表性物种的保护，维护区域水源涵养生态功能，局部区域需加强水土流失和石漠化治理。

2. 雪峰山区生物多样性维护－水源涵养生态保护红线

分布范围：红线区位于湖南省西南部雪峰山脉，主要涉及怀化市新晃、芷江、中方、鹤城、会同、靖州、通道、洪江、溆浦、辰溪等多个县市区，以及益阳市安化、娄底市新化和邵阳市绥宁、洞口、新邵等县的部分区域。

生态系统特征：红线区属雪峰山区，地形以山原、山地为主，丘陵、岗地为辅；气候属中亚热带季风湿润气候，森林分布广，植被类型以常绿阔叶林、

常绿落叶阔叶混交林、针叶林为主，是全省主要林业区之一；代表性动物物种包括云豹、黄腹角雉、大鲵、湘华鲮、湖南吻鮈等。红线区位于沅江中上游区域，是柘溪水库、五强溪水库的水源涵养区。

重要保护地：红线区有乌云界、六步溪、黄桑等国家级自然保护区，还有雪峰山、虎形山、高椅等风景名胜区。

保护重点：加强中亚热带森林生态系统及其生物多样性资源、湘华鲮等特有物种、五强溪水库及柘溪水库水源涵养区的保护，局部区域需加强水土流失和石漠化治理。

3. 越城岭生物多样性维护生态保护红线

分布范围：红线区位于南岭山脉越城岭山区，主要涉及邵阳市城步、新宁和永州市东安等县。

生态系统特征：红线区是原始次生林生态系统保存较为完好的区域，野生动植物资源丰富，地势较高处植被覆盖以草地为主。主要生态功能是生物多样性维护、水源涵养。

重要保护地：红线区有莨山国家级风景名胜区（世界自然遗产）、南山国家级风景名胜区、南山国家公园、东安舜皇山国家级自然保护区、新宁舜皇山国家级自然保护区等保护地。

保护重点：加强原始次生林生态系统、草地植被的保护和高海拔草地水土流失治理，防治草场退化、土地沙化。

4. 洞庭湖区生物多样性维护生态保护红线（包括长江岸线）

分布范围：红线区位于湖南省最北端，以洞庭湖为中心，涉及岳阳市（包括长江岸线）、益阳市、常德市、长沙市 4 市部分区域。

生态系统特征：洞庭湖是长江中下游极重要的天然洪水调蓄库、长江流域重要的水生生物栖息地和种质资源库，湖内生长有丰富的湿生植物如芦苇、荻等，洲滩连片，为水禽提供了良好的栖息和觅食条件，是珍稀水禽如白鹤、白头鹤、中华秋沙鸭、白尾海雕、白鹳、黑鹳等的重要越冬地，生物多样性维护功能十分重要。红线区保存着较为完整的湿地生态系统，湖泊湿地面积大，对湖南省乃至长江流域的生态安全具有十分重要的作用。湖南省纳入生态保护红线的长江岸线均分布在此区域。

重要保护地：红线区有东洞庭湖、南洞庭湖、西洞庭湖、横岭湖、黄盖湖、华容集成长江故道江豚、华容集成麋鹿等自然保护区，以及太浮山、桃花源风景名胜区等保护地。

保护重点：以湿地生物多样性保护为核心，加强区内湿地自然保护区的恢复与管理；平垸行洪、退田还湖，扩大湖泊面积，提高调蓄洪水的能力。

5. 南岭水源涵养－生物多样性维护生态保护红线

分布范围：红线区位于湖南省南部与广东省、广西壮族自治区交界处，包括湘桂交界都庞岭和湘粤交界萌渚岭、骑田岭等南岭山脉。主要涉及永州市、郴州市2市和衡阳市常宁部分区域。

生态系统特征：红线区为中亚热带季风湿润气候，植被属中亚热带南部含华南区系热带成分的常绿阔叶林亚地带，区内动植物资源丰富，是湖南省生物多样性分布极其重要的地区。红线区是湘江、北江、桂江的发源地，也是长江水系和珠江水系的分水岭，水源涵养生态功能十分重要。

重要保护地：红线区有都庞岭、阳明山、莽山、大义山等自然保护区，千家峒等风景名胜区。

保护重点：提高水源涵养能力，逐步恢复生态系统结构和功能；保护森林生态系统，维护生物多样性功能；通过治理和修复，恢复矿产资源开采活动带来的生态破坏；加强石漠化地区生态治理与修复。

6. 罗霄山水源涵养－生物多样性维护生态保护红线

分布范围：红线区位于湖南省东南部与江西省、广东省交界处，主要分布在湘赣交界处的罗霄山脉武功山、万洋山和八面山，涉及郴州市桂东、汝城、资兴、宜章、安仁和株洲市炎陵、茶陵、攸县等县市。

生态系统特征：红线区是湘江、赣江两大水系分水岭，区内东江湖是郴州市乃至湖南省重要的水源地。区域水源涵养、生物多样性保护等生态系统服务功能十分重要。

重要保护地：红线区有八面山、桃源洞、云阳山、天光山、狮子岭等自然保护区和东江湖、安仁等风景名胜区。

保护重点：保护天然林，提高水源涵养能力，控制水土流失，逐步恢复生态系统结构和功能。

7. 幕阜山水源涵养－生物多样性维护生态保护红线

分布范围：红线区位于湖南省东北部，主要分布在汨罗江、浏阳河上游区域的幕阜山区、九岭山区，涉及岳阳市临湘、岳阳、汨罗、平江，以及长沙市浏阳、株洲市醴陵等县市的部分区域。

生态系统特征：红线区是汨罗江、浏阳河的发源地以及株树桥水库、铁山水库、官庄水库的水源涵养区，水源涵养生态功能十分重要。红线区以森林生态系统为主，植被类型属中亚热带北部常绿阔叶林亚带，境内生物多样性比较丰富，其中大围山区域有云豹等 51 种珍稀动物以及 23 种国家和省重点保护植物分布，具有重要的生物多样性维护功能。

重要保护地：红线区有幕阜山、大围山自然保护区和连云山、龙窖山、福寿山—汨罗江等风景名胜区，以及株树桥水库、铁山水库、官庄水库 3 处重要的饮用水水源保护区。

保护重点：以株树桥水库、铁山水库、官庄水库饮用水水源保护为核心，加强浏阳河、汨罗江上游水源涵养林和森林生态系统的保护，维护生物多样性生态系统服务功能；提高植被覆盖率，控制水土流失。

8. 长株潭城市群区域水土保持生态保护红线

分布范围：红线区位于湖南省中部偏东区域，涉及长株潭城市群核心区域和岳阳市汨罗、平江、湘阴等县市的部分区域。

生态系统特征：红线区地貌类型多样，以平原岗地为主，兼有丘陵。湘江、浏阳河、捞刀河、涟水、涓水、渌水、沩水、韶河等众多河流镶嵌其中，主导生态功能是水土保持；其中湘江是长沙市、株洲市、湘潭市 3 市主城区的重要水源地。

重要保护地：红线区有水府庙国家湿地公园、黑麋峰国家森林公园等。

保护重点：强化该区域的生态保护与修复，有效控制地质灾害与水土流失；加强饮用水水源保护，确保供水安全。

9. 湘中衡阳盆地—祁邵丘陵区水土保持生态保护红线

分布范围：红线区位于湖南省中部偏南区域，涉及娄底市、邵阳市、永州市、衡阳市、郴州市 5 市部分地区。

生态系统特征：红线区以森林生态系统为主，主导生态功能为水土保持。

重要保护地：红线区有南岳、江口鸟洲、祁阳小鲵等自然保护区和佘湖山等风景名胜区。

保护重点：强化该区域的生态保护与修复，有效控制地质灾害与水土流失，加强石漠化地区生态治理。

（二）重点区域划定情况

1. 洞庭湖区（包括长江岸线）

洞庭湖区是湖南省"一湖三山四水"生态安全格局的核心，也是长江中游重要的过水性湖泊，在长江经济带生态安全格局中地位十分重要。洞庭湖区是全国生态功能区划的重要生态功能区之一，主要生态功能为生物多样性保护、洪水调蓄。

贯彻落实长江经济带"共抓大保护、不搞大开发"战略要求，将东洞庭湖、西洞庭湖国家级自然保护区和南洞庭湖、横岭湖、华容集成麋鹿、华容集成长江故道江豚等省级自然保护区和其他各类保护地划入生态保护红线。该区域生态保护红线面积为3793.93平方千米，其中东洞庭湖国家级自然保护区、华容集成麋鹿和华容集成长江故道江豚省级自然保护区涉及长江岸线。

2. 武陵山区

武陵山区属于典型的亚热带植物分布区，拥有多种珍稀濒危物种，是具有全球保护意义的生物多样性关键地区之一。该区域是澧水的发源地，具有重要的水源涵养、水土保持生态功能。武陵山区生物多样性与水土保持生态功能区的湖南部分包括张家界市慈利、永定、武陵源、桑植，湘西自治州泸溪、龙山、保靖、永顺、花垣、古丈、凤凰，怀化市辰溪、麻阳，常德市石门等县区。该区域生态保护红线划定面积为8723.72平方千米。

区域内生物多样性维护功能十分重要的壶瓶山、八大公山中海拔较高、植被覆盖好、物种丰富的区域纳入了生态保护红线；澧水南、北、中三源水源涵养区域纳入了生态保护红线；区域内重要的保护地如壶瓶山、八大公山、张家界大鲵、小溪国家级自然保护区和武陵源世界自然遗产地等纳入了生态保护红线；湘西自治州的水土流失、石漠化极敏感区纳入生态保护红线。

3. 南岭山区

南岭山区是亚热带常绿阔叶林集中分布区和生物多样性保护重点区域，是两广丘陵和江南丘陵、南亚热带和中亚热带以及珠江流域和长江流域的分界线，是我国南方重要的生态安全屏障，也是长江、珠江水系重要水源涵养区。南岭山地森林及生物多样性生态功能区涉及永州市宁远、双牌、蓝山、新田，郴州市宜章、嘉禾、临武、汝城、桂东和株洲市炎陵等县。该区域生态保护红线划定面积为 4631.49 平方千米。

区域内湘江源头、耒水源头、珠江水系北江武水源头水源涵养功能重要区纳入了生态保护红线；生物多样性维护功能十分重要的万洋山、八面山、萌渚岭、骑田岭、阳明山区等植被覆盖良好、物种丰富的区域纳入了生态保护红线；区域内八面山、桃源洞、莽山、阳明山等国家级自然保护区，以及湘江源、九嶷山国家级森林公园等纳入了生态保护红线。

4. 幕阜山区

幕阜山区是湖南省东部重要生态安全屏障，以森林生态系统为主，属中亚热带北部常绿阔叶林亚带，境内生物多样性比较丰富，是浏阳河、汨罗江、新墙河的发源地及官庄水库、铁山水库的水源涵养区，是全国生态功能区划的重要生态功能区之一，主要生态功能为水源涵养、生物多样性维护。该区域生态保护红线划定面积为 2254.70 平方千米。

区域内幕阜山、九岭山等植被覆盖度高及生物多样性维护功能重要的山体纳入了生态保护红线；浏阳河、汨罗江源头区域水源涵养功能极重要区纳入了生态保护红线；株树桥水库、铁山水库、官庄水库饮用水源保护区及水源涵养区纳入了生态保护红线；区域内重要的保护地浏阳大围山、平江幕阜山自然保护区等纳入了生态保护红线。

5. 湘资沅澧四水

湘资沅澧四水是湖南省生态安全格局的重要组成部分，是湖南一湖三山生态安全屏障的脉络。四水及其重要支流都发源于湖南省武陵—雪峰、南岭、罗霄—幕阜三大生态安全屏障，四水源头水源涵养区纳入生态保护红线。四水干支流的禁止开发区域如饮用水水源保护区、湿地公园、水产种质资源保护区等生态功能极重要区域纳入了生态保护红线。

三、生态保护及空间管控实施保障

（一）确立生态保护红线的优先地位

生态保护红线是保障和维护国家及区域生态安全的底线和生命线，划定生态保护红线是国家实施生态空间用途管制的重要举措。生态保护红线划定后，相关规划应符合生态保护红线空间管控要求，不符合的应及时进行调整。各级政府在空间规划编制时，应将生态保护红线作为重要基础，发挥生态保护红线对于国土空间开发的底线作用。

（二）落实各级党委政府责任

各级党委、政府是划定和严守生态保护红线的责任主体，应将生态保护红线作为相关综合决策的重要依据和前提条件，履行好保护责任。

省委、省人民政府指导全省生态保护红线的划定和管理，统筹研究制定全省生态保护红线重大政策和措施，及时发布生态保护红线分布、调整、保护状况等信息。对影响区域生态安全的重点问题，限期恢复治理；对生态保护红线保护成效突出的单位和个人予以奖励；对造成破坏的，依法依规严肃处理。

省直有关部门应按照职责分工，编制生态保护红线保护规划并组织实施，履行生态保护红线划定和管控职责，加强监督管理，做好指导、协调和执法监督，共守生态保护红线，落实生态保护红线区内生态空间用途管制。对划入生态保护红线的各类已有保护地，相关责任部门应依法依规实施严格管理。

市州党委、政府负责生态保护红线的日常监管，建立目标责任制，把保护的目标、任务和要求层层分解，落到实处。定期公布生态保护红线信息，并将生态保护红线纳入国民经济和社会发展规划、土地利用总体规划和城乡规划。

县市区党委、政府负责生态保护红线的落地，将生态保护红线纳入各类规划，开展生态保护红线的政策宣传、日常巡查和管理，根据需要设置生态保护红线管护岗位。

（三）实施严格管控

各级环保部门和有关部门应按照职责分工加强生态保护红线执法监督。

进行实时监控，及时发现破坏生态保护红线的行为，对监控发现的问题，通报相关市州、县市区人民政府，由有关部门依据各自职能组织开展现场核查，依法依规进行处理。建立生态保护红线常态化执法机制，定期开展执法督查，不断提高执法规范化水平。及时发现和依法处罚破坏生态保护红线的违法行为，切实做到有案必查、违法必究。有关部门应加强与司法机关的沟通协调，健全行政执法与刑事司法联动机制。

（四）加大生态保护补偿力度

健全生态保护补偿制度，进一步完善国家重点生态功能区转移支付政策，推动生态保护红线所在地区和受益地区探索建立横向生态保护补偿机制，共同承担生态保护任务。省财政厅应会同有关部门加大对生态保护红线的支持力度，完善生态保护补偿制度，在国家现有政策的基础上，整合各类生态保护与建设资金，发挥资金合力，加大对生态保护红线区的资金投入。研究市场化、社会化资金筹措途径，吸纳社会资本投入生态保护红线的保护与修复。

（五）加强生态保护与修复

实施生态保护红线保护与修复，作为山水林田湖草生态保护和修复工程的重要内容。以县级行政区为基本单元建立生态保护红线台账系统，制定实施生态系统保护与修复方案。生态环境保护与修复项目适度向生态保护红线区倾斜，分区分类开展受损生态系统修复，改善和提升生态服务功能。有条件的地区，鼓励逐步推进生态移民，有序推动人口适度集中安置，降低人类活动强度，减小生态压力。

（六）加强生态保护红线管理能力建设

积极对接国家生态保护红线监管平台，建立湖南省生态保护红线监管平台（含移动端 APP），建设和完善生态保护红线综合监测网络体系，并加强部门之间的数据共享。充分利用省直各部门已有的生态环境数据和平台，运用云计算、物联网等信息化手段，加强监测数据集成分析和综合应用，全面掌握生态保护红线构成、分布与动态变化，及时评估和预警生态风险，提高生态保护红线监管的科学化水平。组建专门队伍，加强人员培训。适时成立生态保护红线监督管理机构，配备人员专职从事生态保护红线监管工作。加强市州、县市区生态保护红线监管人员能力培训。

（七）开展定期评价和考核

定期组织开展评价，及时掌握全省、重点区域、县域生态保护红线生态功能状况及动态变化，评价结果作为优化生态保护红线布局、安排县域生态保护补偿资金和实行领导干部生态环境损害责任追究的依据，并向社会公布。省环保厅、省发改委会同有关部门，根据评价结果和目标任务完成情况，对各市州党委、政府开展生态保护红线保护成效考核，并将考核结果纳入生态文明建设目标评价考核体系，作为党政领导班子和领导干部综合评价及责任追究、离任审计的重要参考。

（八）严格责任追究

对违反生态保护红线管控要求、造成生态破坏的地区、单位和有关责任人员，按照有关法律法规和《党政领导干部生态环境损害责任追究办法（试行）》等规定实行责任追究。对推动生态保护红线工作不力的，区分情节轻重，予以诫勉、责令公开道歉、组织处理或党纪政纪处分，构成犯罪的依法追究刑事责任。对造成生态环境和资源严重破坏的，实行终身追责。

（九）推动社会共治

省环保厅、省发改委会同有关部门定期发布生态保护红线监控、评价、处罚和考核信息，保障公众知情权、参与权和监督权。健全公众参与机制，加大政策宣传力度，畅通监督举报渠道，鼓励公民、法人和其他组织积极参与和监督生态保护红线管理。

第三节 "三线一单"管控要求

2016年7月15日，环境保护部在印发的《"十三五"环境影响评价改革实施方案》（环环评〔2016〕95号）中要求以生态保护红线、环境质量底线、资源利用上线和环境准入负面清单（以下简称"三线一单"）为手段，强化空间、总量、准入环境管理，划框子、定规则、查落实、强基础，其根本目的在于协调好发展与底线关系，确保发展不超载、底线不突破。2018年1月5日，环境保护部办公厅印发了《关于〈生态保护红线、环境质量底线、资源利用上线和环境准入负面清单"编制技术指南（试行）〉的通知》（环办环评〔2017〕99 号）。

一、"三线一单"基本情况介绍

"三线一单"，是指生态保护红线、环境质量底线、资源利用上线和环境准入负面清单，是推进生态环境保护精细化管理、强化国土空间环境管控、推进绿色发展和高质量发展的一项重要工作。这是一套生态环境分区的管控体系，"三线"是划框子，明确生态环境保护的边界和底线，衔接资源开发利用的上线；"一单"是定规则，规范开发行为，约束活动的性质和规模，通过准入清单确定一个地方在生态环境资源约束下能干什么、不能干什么。

生态保护红线：指在生态空间范围内具有特殊重要生态功能、必须强制性严格保护的区域，是保障和维护国家生态安全的底线和生命线，通常包括具有重要水源涵养、生物多样性维护、水土保持、防风固沙、海岸生态稳定等功能的生态功能重要区域，以及水土流失、土地沙化、石漠化、盐渍化等生态环境敏感脆弱区域。按照"生态功能不降低、面积不减少、性质不改变"的基本要求，实施严格管控。

环境质量底线：指按照水、大气、土壤环境质量不断优化的原则，结合环境质量现状和相关规划、功能区划要求，考虑环境质量改善潜力，确定的分区域分阶段环境质量目标及相应的环境管控、污染物排放控制等要求。

资源利用上线：指按照自然资源资产"只能增值、不能贬值"的原则，以保障生态安全和改善环境质量为目的，利用自然资源资产负债表，结合自然资源开发管控，提出的分区域分阶段的资源开发利用总量、强度、效率等上线管控要求。

环境准入负面清单：指基于环境管控单元，统筹考虑生态保护红线、环境质量底线、资源利用上线的管控要求，提出的空间布局、污染物排放、环境风险、资源开发利用等方面禁止和限制的环境准入要求。

二、湖南省"三线一单"编制进程

2018 年 6 月，《中共中央国务院关于全面加强生态环境保护　坚决打好污染防治攻坚战的意见》明确要求，要加快确认"三线一单"编制工作。全国"三线一单"编制工作分为两个批次，湖南省作为长江经济带中的重要省市之一，参与了首批"三线一单"编制工作。

（一）工作进度

湖南省 2018 年初启动"三线一单"编制工作，通过落实组织部署、明确技术规范、突出问题导向、分解落实责任、强化调度考核等系列措施，实现省、市、县各级"一盘棋"。立足"东部沿海地区和中西部地区过渡带、长江开放经济带和沿海开放经济带结合部"的战略地位，湖南审视区域发展和资源环境面临的战略性突出问题，以生态环境质量总体改善为总目标，编制"三线一单"。近年来，开展了大量的基础性研究工作，反复修改，不断总结与创新，取得了阶段性成果。按照"三线一单"编制技术规范，在充分衔接湖南省主体功能区规划和县域行政区域边界基础上，形成了具有湖南特色的"1+4+14"金字塔形清单体系。

按照国家《长江保护修复攻坚战行动计划》，湖南省各地要加快完成生态保护红线、环境质量底线、资源利用上线和环境准入负面清单的编制工作。省委、省政府对此高度重视，将其作为落实习近平总书记"共抓大保护、不搞大开发"的具体实践，加强组织领导，成立了以分管副省长为组长的协调领导小组，统筹推进编制工作，定期调度工作，强化技术支撑，及时做好对接，有效推进编制工作。在 2018 年 6 月 18 日印发的《湖南省污染防治攻坚战三年行动计划（2018—2020 年）》提出：配合长江经济带战略环境影响评价，编制湖南省"三线一单"（生态保护红线、环境质量底线、资源利用上线和环境准入负面清单），构建覆盖全省的分区环境管控体系。2018 年以市州为单元形成"三线一单"编制初步成果，2020 年建立全省"三线一单"数据应用平台。

目前该项工作已向生态环境部提交初步成果。初步成果包括：拟划定生态空间 4000 余个单元，占全省总面积的一半以上；按照差别化环境管理原则，初步划定环境管控单元 800 余个，其中优先保护单位 191 个、重点管控单元 392 个、一般管控单元 227 个，重点回应了全省突出环境问题；14 个市州以问题为导向，分类编制了生态环境准入清单。

自 2019 年 5 月 16 日"三线一单"编制情况与矿业绿色发展省长专题工

作会召开以来，省生态环境厅会同相关部门，按照会议确定的进度服从质量、合理划分管控单元、为高质量发展留出空间的原则，以环境问题为导向，进一步优化生态空间和管控单元，分类分区分级细化编制生态环境准入清单，形成了"1+4+14"的金字塔形清单体系；突出以四大片区的产业发展为引领，形成了长株潭、环洞庭湖、大湘南、大湘西区域差别化的环境准入清单管控体系。要坚持生态优先、绿色发展，处理好保护与发展的关系，紧扣发展大局推进"三线一单"编制工作，努力实现高质量发展与高水平保护相统一。坚持问题导向、实事求是，因地制宜落实管控要求。坚持底线思维，严守生态保护红线和资源利用上线，既要把该管该保护的管好保护好，抓住生态环境质量改善的核心，又要为湖南省高质量发展预留足够空间，做到"科学管控、绿色发展"。

2019 年 11 月 1 日，湖南省交出"三线一单"答卷，其编制成果通过生态环境部审核，为湖南"生态优先、绿色发展"建立了一套科学而高效的绿色标尺系统。

在这其中，湖南综合划定了 810 个环境管控单元，将生态保护红线、环境质量底线、资源利用上线硬约束落实到环境管控单元，其成果充分衔接了现有环境管理要求。

此外，从全省、14 个市州和环境管控单元三个层级进行研判，制定了由"1+4+14"总体管控要求，并形成"园区 + 单元"清单组成的、具有针对性和可操作性的生态环境准入清单，初步建立了覆盖全省、"落地"到街镇和产业园区的生态环境分区管控体系。

（二）大事记

（1）2018 年 6 月，《中共中央国务院关于全面加强生态环境保护 坚决打好污染防治攻坚战的意见》明确要求加快确认"三线一单"编制工作。湖南随即成立了以分管副省长陈文浩为组长的协调领导小组，统筹推进编制工作。

（2）2018 年 7 月，湖南省政府正式印发《湖南省生态保护红线》，确立了湖南"一湖三山四水"的整体空间格局。

（3）2019 年 2 月 18 日，湖南省生态环境厅召开 2019 年第一次厅务会，重点研究了"三线一单"编制推进工作。

（4）2019年3月15日，湖南省长江经济带战略环评"三线一单"初步成果出炉。

（5）2019年7月23日，副省长陈文浩主持召开会议，专题调度全省长江经济带战略环境影响评价"三线一单"编制工作。

（6）2019年7月31日，湖南"三线一单"编制工作协调领导小组对全省编制成果进行了审议，会议同意将编制成果进一步修改完善后按程序报生态环境部审核。

（7）2019年9月28日，"三线一单"作为一项生态环境保护基本制度，已纳入当年修订的《湖南省环境保护条例》。

（8）2019年11月1日，湖南省"三线一单"成果顺利通过生态环境部审核。

第四章　湖南省绿色发展战略举措

　　湖南在实现绿色发展之路上不断摸索，稳步前进，以"一湖四水"为主战场狠抓生态环境保护，统筹推进"四水"联治，并继续实施湘江保护和治理"一号重点工程"。尤其是全面落实《洞庭湖生态经济区规划》，对洞庭湖生态环境专项整治制定了三年行动计划（2018—2020年），统筹山水林田湖草系统综合治理，做到了协调发展，标本兼治。在某种意义上，三湘儿女矢志不渝推进生态保护和污染防治，筑牢"一湖三山四水"生态屏障，为"一湖四水"的清流银波生生不息地汇入长江，助力打造长江经济带"绿色长廊"贡献"湖南经验"。

　　责任是重大的，任务是艰巨的。这些年湖南抓住"一湖四水"治理的主战场，生态环境质量出现可喜变化，但也面临着一些挑战。一手抓经济发展，一手抓生态保护，实现"含金量"与"含绿量"同步提升，这些绿色发展举措，无疑是贯彻落实习近平生态文明思想的具体行动。

第一节　绿色产业主导

　　湖南省依靠自己的生态优势，突出特色资源开发，贯彻落实省党代会的精神，加快推进绿色发展、建设美丽湖南，利用政策支持发展壮大绿色产业。

一、绿色产业发展指导

（一）指导思想

全面贯彻落实党的十九大和十九届二中、三中全会精神，以习近平新时代中国特色社会主义思想为指导，牢固树立和落实新发展理念，按照高质量发展要求，坚持节约资源和保护环境的基本国策，加快建立健全能够充分反映市场供求和资源稀缺程度、体现生态价值和环境损害成本的资源环境价格机制，完善有利于绿色发展的价格政策，将生态环境成本纳入经济运行成本，撬动更多社会资本进入生态环境保护领域，促进资源节约、生态环境保护和污染防治，为加快推动全省形成绿色发展空间格局、产业结构、生产方式和生活方式，为建设"绿色湖南"提供坚实支撑。

（二）基本原则

坚持问题导向。重点针对损害群众健康的突出环境问题，紧扣打赢蓝天碧水净土保卫战、城市黑臭水体治理、农业农村污染治理等标志性战役，着力创新和完善污水垃圾处理、节水节能、大气污染治理等重点领域的价格形成机制，理顺利益责任关系，引导市场，汇聚资源，助力打好污染防治攻坚战。

坚持污染者付费。按照污染者使用者付费、保护者节约者受益的原则，创新资源环境价格机制，实现生态环境成本内部化，抑制不合理资源消费，鼓励增加生态产品供给，使节约资源、保护生态环境成为市场主体的内生动力。

坚持激励约束并重。针对城乡、区域、行业、不同主体实际，在价格手段可以发挥作用的领域和环节，健全价格激励和约束机制，使节约能源资源与保护生态环境成为单位、家庭、个人的自觉行动，形成共建共享生态文明的良好局面。

坚持因地分类施策。支持各地结合本地资源禀赋条件、污染防治形势、产业结构特点，以及社会承受能力等，研究制定符合绿色发展要求的具体价格政策；鼓励有条件的地区制定基于更严格环保标准的价格政策，更好地促进生态文明建设和绿色发展。

二、政府绿色产业提速

（一）先试先行，首创政府"两型"采购制度

通过发布、参考政府"两型"采购目录，最终确定采购目标，这是湖南

省政府"两型"采购模式的缩影。政府采购历来是政府宏观经济调控的重要手段之一。顺应绿色革命、低碳发展的时代潮流，政府采购低碳环保的绿色产品成为当今世界各国的普遍做法，已成国际惯例。省长株潭"两型"试验区管委会负责人介绍，早几年前，省财政厅就联合省长株潭"两型"试验区管委会、省社科院组成调研组，借鉴国内外先进经验，开始进行理论探索，开展了政府采购支持"两型"社会建设的课题研究。调研组在广泛深入调研的基础上，从国内外政府绿色采购的发展趋势进行可行性论证分析，从观念、组织、法制、标准和需求 5 个方面进行整体性创新设计，形成了研究报告，得到省委、省政府主要领导的高度重视和支持。远大空调有限公司副总经理黄曙光介绍，远大三联供系统将发电机与非电空调相结合，以天然气为燃料带动发电机，产生的电力供省博物馆使用，发电机的废气则驱动非电空调，向省博物馆供热、供冷。这套设备的能源利用率达 88% 以上，比传统系统的能效高 4 ~ 5 倍，碳排放几乎为零。专家评价，湖南首创的政府"两型"采购，是一项集财政改革、"两型"改革和科技改革于一体的综合性原创性改革，通过"两型"产品标准体系建设、"两型"产品认定、"两型"采购等程序化、规范化、法治化的绿色制度建设，使社会生产、社会消费向绿色转型。

（二）制度护航，形成推进政府"两型"采购强大合力

作为全国首个"两型"综合配套改革试验区，国家赋予长株潭"两型"社会试验区最大的政策是"先试先行"。试验区将推进政府"两型"采购作为"两型"社会改革建设重点，在全国率先推进这一"绿色试验"，形成了独树一帜的国家经验。围绕政府"两型"采购，省政府先后制定出台了《湖南省"两型"产品政府采购认定办法》《湖南省"两型"产品认定标准》《湖南省"两型"产品政府采购目录》《湖南省政府采购支持"两型"产品办法》等制度规范。从"两型"产品的申报、认定、评审、目录发布以及目录产品的优先采购措施等方面进行规范，使政府"两型"采购有章可循，有规可依。

为了形成推进政府"两型"采购的强大合力，按照省委、省政府决策部署，湖南省还建立了由省财政厅、省长株潭"两型"试验区管委会、省科技厅、省经信委、省环保厅、省质监局等 6 部门共同参与的政府"两型"采购联席会议制度。

在职责分工上,省财政厅牵头"两型"产品认定及管理工作,负责发布"两型"产品政府采购目录,落实"两型"产品政府采购政策;省长株潭"两型"试验区管委会、省质监局牵头制定并发布"两型"产品认定规范;省科技厅牵头组织"两型"产品征集及评审;省经信委、省环保厅配合做好"两型"产品认定。

在协调配合上,省财政厅每年定期举行"政府采购支持'两型'社会建设联席会议"并形成会议纪要,研究确定并发布"两型"产品政府采购目录入围产品,讨论"两型"采购工作中的重大事项,部署年度"两型"产品采购工作任务。"在政府'两型'采购过程中,从市场调查、政策设计到产品招标评审、认定发布,都坚持公平、公开、公正的原则,坚持激活市场主体活力。"省长株潭"两型"试验区管委会负责人介绍,"三优先""两不歧视"是湖南省政府"两型"采购的鲜明特色。

"三优先"是指对列入《湖南省"两型"产品政府采购目录》的"两型"产品,财政部门优先安排"两型"产品的采购预算;对达到公开招标数额标准的采购项目经批准,可优先选用竞争性谈判等非公开招标方式采购"两型"产品;评审采用最低价格评标法时,"两型"产品可享受5%~10%的价格扣除,采用综合评分法时,价格、技术以及商务评分项分别可享受4%～8%分值的加分优惠。

"两不歧视"是指不歧视中小企业产品,不歧视外省产品。绿色产品的评审优惠可以和政府采购支持中小企业的评审优惠重复享受。鼓励外省产品申报,并享受同等优惠待遇,确保公平、公正、公开。目前,"两型"产品认定企业数量达到171家,其中,中小企业122家,占71.3%;外省企业31家,占18.1%。来自广州的视睿电子科技有限公司,2016年参与政府采购招投标4267次,中标3069次,中标率71.9%。公司"两型"产品实现销售收入9.65亿元,其中政府采购8.32亿元,占销售总额86.2%。

(三)助力产业转型升级,推动湖南绿色发展

作为供给侧结构性改革的有效探索,政府"两型"采购已成为助力湖南转型升级、推动绿色发展的有力推手。政府"两型"采购有力促进了"两型"

产品的生产和销售，引导企业注重"两型"产品的研发和生产，从产品的生产原材料，到产品的设计、开发、生产、包装、运输、使用，再到产品的循环再利用和废弃物处理全过程，均须符合"两型"要求。

传统工程机械装备制造业龙头中联重科，借助"两型"产品政府采购加快向环保产业转型，形成了 9 大类近 100 种环保产品的规模，其中餐厨垃圾处理、清扫车等多种环保产品纳入政府采购目录，年销售收入超过 50 亿元，环保等新兴业务已经占公司业务总量的 45%。远大"两型"建筑纳入"两型"产品目录后，产业化进程明显加快，"两型"住宅产业已作为新的产业增长点写入湖南省政府工作报告。"得益政府'两型'采购，我们去年销售额增长了 20% 左右。"中联重科环境产业有限公司湖南分公司销售经理戴贱军介绍，在湖南市场上，中联环境环卫车占有率超过了 95%，订单绝大多数来自政府"两型"采购。"为了符合'两型'要求，我们在产品设计研发环节就开始严格遵循'两型'理念，可以说，政府'两型'采购政策的出现，加快了企业转型升级的步伐。"

过亿元的采购金额，不仅引导着市场方向，也壮大了"两型"企业。湖南海诺电梯公司负责人感慨地说："虽说我们的产品有节能优势，但企业毕竟年轻，没有政府'两型'采购的引导扶持，不可能有近两年来年均 25% 以上的销售增长。"2014—2017 年，湖南省先后组织认证了五批"两型"产品，累计受理来自全国 560 余家企业的产品共 2015 个，认定了 171 家企业的 793 个产品纳入《湖南省"两型"产品政府采购目录》，对促进"两型"产品生产、消费发挥了积极作用。据不完全统计，2016 年湖南"两型"产品销售收入 294.8 亿元，同比增长 67.0%，约为 2014 年的 2 倍；"两型"产品政府采购销售收入 28.8 亿元，同比增长 5.5%；"两型"产品参与政府采购招投标 5303 次，中标 3499 次，中标率 66.0%。如今，"两型"产品在湖南"大行其道"，赢得了企业和消费者喜爱，加快了绿色消费模式的形成。在株洲，我国首个公交车电动化城市建成，新能源汽车向长株潭城市群推广；在长沙，比亚迪汽车有限公司 2016 年"两型"产品实现销售收入 119.3 亿元，比亚迪思睿、菲亚特菲翔进入公务用车市场，形成新能源汽车的消费模式。

政府"两型"采购政策有效推动了湖南省"两型"产业的形成，促进了产业结构的调整升级。目前，"两型"产品涉及的产业越来越多，已从单纯的先进装备制造业扩展到新材料、节能环保、信息、生物等战略性新兴产业。

三、绿色产业发展举措

（一）优化产业结构和空间布局

推动产业生态化和生态产业化。把生态产业和低碳产业作为新的技术制高点和新的经济增长点，重点改造提升传统产业，淘汰高污染、高能耗落后产能。发展生态优势产业、战略性新兴产业、现代服务业，建设高效益、集约化、生态型的产业园区，把产业园区建设成为生态产业的先行区和示范区。

围绕绿色转型升级进一步优化产业空间布局。按照重点开发、限制开发和禁止开发的不同要求，规范空间开发秩序。长株潭城市群要大力发展先进制造业和高新技术产业等"两型"产业，加快长沙、株洲、湘潭等老工业基地振兴，打造成中部乃至全国重要的经济增长极和现代化生态城市群。湘南地区要大力发展加工贸易和现代农业等，加强生态建设和环境保护，加快优势产业的"两型化"改造，打造成全省对外开放的引领区、产业承接的示范区和新的经济增长极。大湘西扶贫开发区要进一步加强生态建设和环境保护，以"两型化"要求推进特色优势产业发展，重点发展生态旅游和民族文化旅游业，建设成全国重要的生态文化旅游经济带和面向西部的区域商贸物流中心。洞庭湖生态经济区要着力提升粮食综合生产能力，大力发展湖湘特色旅游，全力推动江湖产业集聚发展，不断完善现代综合交通体系，加快推进城乡一体化发展，着力强化生态安全保障功能。

（二）推行循环经济和清洁生产

在经济发展和产品生产过程中贯穿循环经济理念，努力促进"资源—产品—污染排放"的传统生产方式向"资源—产品—再生资源"的循环经济模式转变，降低单位产品能耗、物耗和水耗，最大限度地实现废物循环利用。发展生态农业，推广种养结合、农牧结合、林药结合等生态立体农业循环模式，每个市州建设 1～2 个循环经济农业示范区。发展工业循环经济，加强循环经济骨干企业、示范园区和基地建设，逐步在冶金、有色、机械制造、轻工纺织、化工、建材、石化、造纸等行业形成循环经济产业链。加强资源的综合利用和再生利用，推进工业"三废"综合利用项目建设。以长株潭城市群为重点，加快建好汨罗、永兴、清水塘等6个国家级和24个省级循环经济试点，建成15个具有特色的循环经济工业园区。逐步建立覆盖城镇乡村的资源回收利用体系，实现"城市矿产"的高值化、资源化利用。全面推行清洁生产，从源头上减少资源消耗和环境污染。积极支持企业开展ISO14000环境管理体系认证，鼓励工业园区、基地开展清洁生产审核，依法对污染物排放超过限定标准和污染物排放总量超过控制指标，以及使用有毒有害原料进行生产或者在生产中排放有毒有害物质的企业实施强制性清洁生产审核。

（三）培育绿色支柱产业

发展农林优势产业。按照高产、优质、高效、生态、安全的要求，提高粮、棉、油、畜禽、水产、水果等大宗农产品生产能力，确保粮食总产稳定在600亿斤以上。发挥农业多重功能，发展现代农业，确保农业资源得到高效利用与有效保护。推进农业标准化和安全食品生产，发展有机食品生产基地。推进农产品精深加工，培育一批"两型"农业龙头企业。扶持发展农产品加工园区，推动农产品加工走园区化、集群化发展路子，打造一批绿色知名品牌和驰名商标。营造速生丰产用材林和工业原料林、毛竹丰产林，培育乡土珍贵优质木材，增强木竹供给能力和资源战略储备。大力发展油茶丰产林，提高单位面积产量和加工利用水平，保持湖南油茶第一省地位。加强花卉苗木、经济林、生物质能源林、中药材等特色基地建设。积极发展林下经济，实行立体复合经营。培育壮大家具、林浆纸、木竹地板、林化、林药、森林食品、森林旅游等生态经济双赢产业。

发展低碳环保产业。大力运用高新技术和先进适用技术改造提升钢铁、有色、机械、石化、建材、轻工等传统产业，促进初级产品向精深加工产品转变，低附加值产品向高附加值产品转变，低技术含量产品向高技术含量产品转变，推进传统产业绿色转型。重点发展资源节约、环境友好的先进装备制造、新材料、文化创意、生物、新能源、信息和节能环保七大战略性新兴产业，实施千亿产业、千亿集群、千亿企业、千亿园区产业发展"四千工程"，使之尽快成为绿色经济新的增长点。

发展现代服务业。重点发展金融、保险、物流、会展、服务外包、创意设计、科技服务、信息服务等生产性服务业。全面提升市政公用事业、房地产和物业服务、社区服务、家政服务等生活性服务业。做大做强餐饮业,加快湘菜产业发展。大力发展观光旅游、乡村旅游、文化旅游、休闲度假等生态旅游业,着力打造一批精品旅游线路,加强旅游产品开发,构建多层次的旅游发展格局,把张家界建设成为世界旅游精品。发展壮大现代传媒、新闻出版、动漫、文化娱乐业,培育现代演艺、数字媒体、媒体零售、网络游戏等新兴文化业态。逐步提高现代服务业在三次产业结构中的比重。

第二节　宜居环境构建

全面贯彻党的十九大精神,以习近平新时代中国特色社会主义思想为指导,紧紧围绕统筹推进"五位一体"总体布局和协调推进"四个全面"战略布局,坚持以人民为中心,牢固树立和贯彻落实新发展理念,坚持农业农村优先发展,坚持绿水青山就是金山银山,坚持城乡统筹、生产生活生态统筹,遵循乡村发展规律,对接污染防治和精准脱贫攻坚战,以建设美丽宜居村庄为导向,以农村垃圾、污水治理和村容村貌提升为主攻方向,动员各方力量,整合各种资源,强化各项措施,加快补齐湖南省农村人居环境短板,打好乡村振兴的第一仗,逐步解决城乡发展不平衡、农村发展不充分的矛盾,增强农民群众获得感和幸福感,全面建成小康社会,建设富饶美丽幸福新湖南。2020 年 5 月,湖南省住房和城乡建设厅制定了《湖南省"绿色住建"发展规划(2020—2025 年)》。

一、总体要求

(一)指导思想

以习近平新时代中国特色社会主义思想为指导,认真贯彻落实党的十九大精神和省委省政府决策部署,深入实施"创新引领、开放崛起"战略,强化"生命共同体"理念,坚持以人民为中心的发展思想,坚持生态优先绿色发展,坚持人与自然和谐共生，坚持传统与现代文化的融合，坚持以新型城镇化为引导，牢牢把握高质量绿色发展要求，按照"绿色理念、绿色生活、绿色建设、绿色管理"基本思路，走彰显湖湘风韵、顺应人民期盼的住房城乡建设高质量发展之路，不断满足人民群众对美好环境与幸福生活的追求，让湖湘大地天更蓝、山更绿、水更清、城乡更美丽。

（二）总体目标

到 2025 年，住房城乡建设绿色发展体制机制和政策体系基本建立，生态空间绿色环保、基础设施健全便利、建设方式集约高效、人居环境宜居舒适、生活方式绿色低碳的城乡发展新格局基本形成，城乡绿色化、人文化、精致化、智能化水平显著增强，人民群众安全感、获得感、幸福感全面提升。

1. 绿色发展理念深入人心

坚定不移贯彻创新、协调、绿色、开放、共享的新发展理念，建立完善住房城乡建设绿色发展的政策体系。通过新闻媒体、展览展示、技术推广等方式，大力普及习近平生态文明思想，树立绿色价值观念，展示绿色效益，提高居民综合素质和城市文明程度。住房城乡建设绿色发展理念深入人心，居民绿色意识稳步增强。

2. 绿色建造体系基本建立

将绿色建造融入工程策划、建设、运维全过程，强化各方责任，完善管理体制，健全支撑体系，加强监督管理，绿色建造标准、技术、建设、管理、评价、人才培训等体系基本建成，建筑信息模型（BIM）等信息化技术得到普遍应用，绿色化、工业化、集约化、智能化和产业化全面推广，建筑业质量安全和效益持续提升，基本形成绿色低碳、循环、智能的现代化建造体系。

3. 绿色居住品质初步形成

城乡容貌整洁有序，生活交通安全便利，绿色建筑普遍实施，基础服务设施不断健全，特色文化城乡品质基本形成。城乡治理体系和治理能力现代化逐步加强，防灾、减灾和应急处置能力不断提升。住房城乡建设高质量发展的整体性、系统性和协调性不断增强，绿色发展体系基本建立，逐步形成人与自然和谐共生的空间格局。

4.绿色生活方式成为时尚

通过广泛宣传引导，充分调动居民参与绿色发展的积极性和创造性，绿色生活消费方式成为群众自觉行动，争做绿色生活的倡导者、参与者和践行者。各类生活垃圾得到资源化利用和无害化处理，生活污水得到有效治理。公共服务均等化基本形成，传统文化得到传承和发展，绿色出行、绿色居住成为新潮流；生活垃圾分类、节水节电、新能源应用等成为生活新时尚，绿色环境、绿色建造、绿色建筑成为住房城乡建设新品质。

（三）实施步骤

"绿色住建"分三个阶段推进：

1.起步试点阶段（2020—2021年）

广泛宣传，树立全民绿色发展理念。建立政策、规划、人才、科技推广保障体系和政产学研用平台，分步骤、按年度制定各类住房城乡建设绿色发展项目试点示范和建设实施计划。积极开展绿色生态城市（城区）、海绵城市和美丽乡村等综合试点示范，开展建筑产业现代化、绿色建筑、城镇老旧小区改造、生活垃圾分类等专项试点示范，形成一批住房城乡建设绿色发展试点示范项目。

2.总结提升阶段（2022—2023年）

坚持绿色发展、统筹兼顾、系统集成、协同高效，全面分析、总结、评价住房城乡建设绿色发展试点示范项目经验，在重点领域、关键环节取得突破，形成可复制、可推广的绿色发展模式和经验。在试点示范成功经验的基础上，创新工作思路，制定政策措施和技术标准，明确目标任务。系统推进，全面提升，促进住房城乡建设绿色标准化、集成化、产业化、智慧化全面发展。

3.全面推广阶段（2024—2025年）

建立全面推进住房城乡建设绿色发展的组织领导、政策措施、地方标准、标准图集、评价指标等体系，健全住房城乡建设绿色发展长效机制。大力推进绿色发展在全省住房城乡建设领域的项目建设，以绿色发展、高质量发展为目标，全力推进项目建设的落地、见成效，同时要组织开展绿色发展的全面推广发展规划，制定政策措施、项目清单、完成时限，以绿色发展统筹住房城乡建设。

二、发展任务

（一）绿色发展能力建设行动

1.培育科研人才队伍

制定住房城乡建设科研人才保障政策与措施，建立科学技术管理机制，依托科研院校、企业和行业协会学会人才汇集优势，通过住房城乡建设领域前沿技术、核心技术、共性技术研发、科技成果商用转化和重大新产品开发等项目牵引，引进和集聚一批省内外住房城乡建设行业科研优势资源，打造住房城乡建设科技创新发展联盟，为住房城乡建设绿色发展提供科研人才保障。

2.建立科研应用平台

建立住房城乡建设各类科研创新应用平台，强化生态、节能、资源节约环境友好能力建设，创新住房城乡建设科技领域合作机制，开展城乡绿色建设战略、创新机制、既有技术优化应用等政策技术体系研究，以协同创新牵引城市建设绿色发展，开展多层次的教育培训、交流推广和技能比武等活动，通过广泛的国际合作和政产学研用相结合，形成具有国际影响的前沿性研究和产业化成果，为打造住房城乡建设绿色发展提供技术支撑。

3.推进科技创新发展

建立协调共享好、转化效率高、应用效果佳的科技创新机制和市场推广机制，强化住房城乡建设全领域科技创新和系统集成，大力推进住房城乡建设科技应用。培育壮大一批绿色技术创新企业，努力培育若干绿色技术国家工程研究中心、国家技术创新中心、国家绿色企业技术中心和省级重点实验室，为实施住房城乡建设绿色发展奠定基础。

目标任务：至2025年，培育国家级工程研究中心或重点实验室等平台，创建省级工程研究中心和重点实验室6～10家，省级专业化科技应用转化平台10～15家。特、一级建筑业企业研发经费投入量60亿～65亿元。

（二）城乡绿色发展建设行动

1.统筹区域绿色发展

建立"城镇群经济圈＋县域经济＋重点镇＋园区发展"城乡融合新型城

镇体系，不断提高城镇化水平。发布住房城乡建设绿色发展各类专项规划和项目实施计划，综合考虑城乡功能定位、文化特色、建设管理等因素，统筹住房城乡建设绿色发展空间格局，合理确定建设规模、密度与强度，建立住房城乡建设"项目库"。发布住房城乡建设工程技术地方标准发展规划，制定保障机制，全面实施住房城乡建设工程全领域标准管控，建立住房城乡建设"标准库"。紧扣绿色发展主题，发挥各级住房和城乡建设部门职责职能，协同建立健全城市区域与城市群绿色建设空间保护和监管协调机制。

2. 提升基础设施质量

按照绿色低碳循环理念，规划、合理布局全系统、全过程、全地域的城乡基础设施建设，建立基础设施档案和效率评估制度，推进城乡基础设施补短板和更新改造专项行动，提高绿色、智能、协同和安全水平。结合各市州生态地形，发挥原始地貌对降雨的积存作用，加强对原有生态系统的保护与修复，强化生态廊道的生态隔离、水源涵养作用，协同建设城乡海绵系统、生态网络和绿道体系，改善城乡生态环境；推进城乡重大基础设施和公共服务设施共建共享，建立功能完善、衔接紧密、保障有力的现代化公共服务设施网络体系。推动城乡开发建设由增量建设为主转为向存量提质改造和增量结构调整并重，走内涵集约式的住房城乡建设高质量绿色发展新路子。

3. 开展城镇建设评估

紧扣"美丽城乡、幸福人居"发展愿景，建立"一年一体检，三年一评估"的城镇建设绿色发展体检评估制度。明确安全环保、设施健全、交通便捷、集约高效、健康舒适、生态宜居、多元包容、管理智慧、生机活力等要求，制定城镇绿色建设发展体检评估标准体系。各市州住房和城乡建设局、城市管理与综合执法局作为城镇体检评估工作主体，要明确机构并开展定期体检评估，总结成效，查找短板和问题，制定年度整治行动计划，统筹城镇生产、生活、生态三大空间，推动一、二、三产业融合，打造蓝绿交织、清新明亮、水城共融的美丽城镇。

目标任务：至 2025 年，常住人口城镇化率达到 62%，建立绿色生态城市（城区）2 个以上、海绵城市 5 个以上。

（三）绿色宜居城镇建设行动

1. 打造宜居城镇

建立和完善"城市双修"标准规范和工作体系。持续开展城市生态修复，优化城市生态空间布局，构建连续完整的生态基础设施体系，提升基础设施效率。持续开展城市功能修补，补足基础设施短板，完善新功能。推进以城镇棚户区、城镇老旧小区、城市零星 D 级危房和集中成片改造为重点的城市更新，提高宜居指数，提升城市品质。加强城市设计，完善城市形态，优化城市空间和建筑布局，塑造新时代特色风貌；开展海绵城市建设，综合治理城市水环境；强化城市供水、供气和生活污水、垃圾处理设施安全生产运行管理，大力推进"气化湖南工程"；提高各类管线建设的体系化程度和水平，鼓励有条件的地区以综合管廊方式建设；推进城市停车场设施建设，积极发展立体停车、智慧停车。加快城市建设信息化，建立城市信息模型（CIM）平台，实行工程建设项目智能化审批，促进城市建设、管理和运营模式变革。

2. 凸显湖湘特色

深化历史文化街区和历史建筑普查、划定和确定工作，并向社会公布，实施历史建筑测绘建档三年行动计划。加强城市历史文化挖掘，完成城镇重点地区城市设计，将城市设计要求纳入规划条件和设计方案审查环节，划定历史城区和历史文化街区、特色风貌街区，建设有历史记忆、文化内涵、地域风貌和民族特点的湘江古镇群、湘南和湘西特色小城镇。强化历史文化名城名镇名村街区保护与创新利用，修改完善保护规划，推进历史建筑保护利用试点示范。深入开展绿色社区创建行动，建立社区人居环境建设和整治政策标准，营造整洁、舒适、安全、美丽的环境。

3. 绿化美化亮化

持续推进园林城市（园林县城）创建工作，建设生态园林城镇。结合海绵城市建设，加强自然山体水系、古树名木和现有绿化成果保护，建立健全绿线管控和永久性绿地保护机制。推广乡土植物应用，建设一批具有湖湘地域景观特色的生态园林城镇。按照"300 米见绿，500 米见园"要求，推进"公园绿地 10 分钟生活圈"工程建设，着重增加老城区公园游园数量，通过拆违建绿、破硬植绿、留白增绿、立体绿化等方式，在中心城区、老城区、历史城区增加社区公园、街头游园等小微绿地。全面推进绿道建设，构建城镇绿道网络生态体系，并以此串联社区游园、综合公园、郊野公园、湿地公园、森林公园、防护绿地等大型块状绿地。推进城市照明节能改造工作，鼓励采用"微亮化"理念实施景观照明建设。

目标任务：至 2025 年，全省县市区出厂水水质符合《生活饮用水卫生标准》（GB 5749—2006）106 项指标要求，城市公共供水管网漏损率控制在 10% 以内；县以上城市（含县城）生活污水集中收集率达到 60%，进水 BOD 浓度大于 100 毫克 / 升的污水处理厂规模占比不低于 30%；县以上城镇生活垃圾焚烧发电处理量占无害化处理量的 60%，公园绿地服务半径覆盖率达到 75% 以上，全省县以上城镇人均公园绿地面积达到 13 米 ^{2}/ 人。

（四）美丽绿色村镇建设行动

1. 加强人居环境治理

加大农村住房建设设计、施工等指导服务，提升乡镇工作人员的能力和水平。加大农村建筑工匠培训力度，提高农村建筑工匠施工技术水平。编制农村住房设计图集，开展送图下乡，提高农村住房设计水平。开展农村住房建设试点，大力推广试点经验，因地制宜推广钢结构等装配式农房。加强农村人居环境整治，统筹推进乡（镇）村生活污水治理，大力开展乡镇污水处理设施建设，实现全省建制镇污水处理设施全覆盖；提升农村生活垃圾治理水平，实现农村生活垃圾收转运设施基本覆盖并稳定运行，构建农村生活垃圾治理长效机制。

2. 传承村镇风貌特色

科学引导小城镇多元特色发展，强化小城镇公共基础设施建设，提升社会公共服务，整治公共环境。加强历史文化名镇名村和传统村落保护发展，编制历史文化名镇名村和传统村落保护发展规划、突出规划引导，注重村庄风貌管控，保护村落格局，延续乡村历史文脉，做好历史文化名镇名村和传统村落保护利用和传承。大力开展"美丽家园"建设活动，引导家庭从改变生活和卫生习惯入手，自觉整治房前屋后环境，全面净化绿化美化家居环境。参与村容村貌治理，共同建设蓝天白云、清水绿岸、鸟语花香的美丽家园。

3.打造示范样板工程

以十八洞村建设为样板，坚持绿色发展观和共建共治共享的治理观，深入推进"美好环境和幸福生活共同缔造"活动，建立完善长效机制，积极开展试点示范，做好宣传引导，打造新时代社会治理新格局。推进县域新型城镇化试点，探索就地就近城镇化路径，基本建立集镇科学合理建设发展机制，形成布局合理、功能完善、特色鲜明、美丽宜居的发展格局。

目标任务：至2025年，全省乡镇政府所在地污水处理设施覆盖率达到100%；乡镇垃圾收转运体系基本建成，对生活垃圾进行处理的行政村比例达到100%。

（五）大力推进绿色建造行动

1.提升建筑能效水平

推广建筑节能、节水、节地、节材和保护环境的适宜技术，强化新建建筑节能，提升绿色施工水平。纵深推进既有建筑节能改造，完善公共建筑能耗监管体系，降低建筑运行能耗，推动浅层地热能、太阳能等新能源应用，实施合同能源管理，结合城镇棚户区改造、公租房建设、城镇老旧小区改造、抗震加固、农村危房改造等，建立城乡建筑用水、用电、用气、用热等综合监测平台。最大限度地节约资源与减少对环境的负面影响，包括降低噪音、防止扬尘、减少环境污染、清洁运输、文明施工、采用环保健康的施工工艺、减少填埋废弃物的数量等，提高施工人员的职业健康安全水平，实现"四节一环保"。建立全省房屋建筑与市政工程项目绿色施工评价管理系统。

2.加快绿色建筑发展

大力推进《湖南省绿色建筑发展条例》立法工作，全面依法推进城镇绿色建筑建设，政府投资的公益性公共建筑、2万平方米以上大型公共建筑、政府投资面积超过10万平方米的保障房项目、社会投资面积超过5万平方米的建筑项目，要按照绿色建筑一星级标准进行规划、建设和运营管理，设区城市应大力发展二星级以上绿色建筑。依据绿色建筑标准，明确底线控制要求，规范绿色建筑设计、生产、施工和运行管理。实施绿色建筑（建材）统一标识制度，规范第三方检测、认证、评价行为，依法公开绿色建筑（建材）标识及相关信息。建立绿色住宅品质评价和使用者监督机制，完善分户验收和交付验房标准制度，保障使用者权益。

3. 推进建筑业现代化

以"湖南省装配式建筑智造平台"为抓手，集中力量攻克装配式建筑关键工程核心技术，推动绿色建筑、装配式建筑、建筑节能、建筑信息模型（BIM）等技术的应用集成，通过绿色设计、绿色生产、绿色建材选用、绿色施工和安装、绿色一体化装修、绿色运营，推进建筑精益化建造。完善工程质量保障体系，加快推行工程总承包、工程全过程咨询工作，健全配套的发包承包、施工许可、造价管理、竣工验收等制度，实现工程设计、部品部件生产、施工及采购的统一管理和深度融合，优化项目管理方式，做大做强装配式建筑行业龙头企业和品牌企业，逐步实现装配式建筑全产业链标准化、产业化、集成化和智能化，为人民美好生活提供优质生态高质量的建筑产品。

目标任务：至 2025 年，城镇新建建筑节能标准施工执行率达到 70% 以上，城镇新增绿色建筑竣工面积占新增民用建筑竣工面积比例为 60% 以上，城镇装配式建筑占新建建筑比例达到 30% 以上；在建房屋市政工程符合《建筑工程绿色施工规范》且达标合格的占 50% 以上。

（六）实施城镇建设绿色管理行动

1. 健全绿色治理机制

健全城乡基层治理机制，提高人文化、绿色化、规范化、精细化管理水平。开展城乡环境治理活动，以城市社区为基本单元，以治理和改善群众身边、房前屋后人居环境的实事、小事为切入点，加大对公共场所不文明行为惩戒力度，不断提高市民文明素质和城市文明程度。开展房地产市场乱象整治，推动城市管理和服务力量下沉，强化住房城乡建设队伍能力素质建设，建立完善城市综合管理服务平台，制定城市管理系统建设导则及标准，建立城市违法建设治理长效机制。

2. 推行绿色运营模式

强化城镇容貌管控，开展以空中管线、建筑里面、户外广告、交通、经营环境秩序质量等为主要的整治行动，深入推进市容市貌整治，形成绿色低碳的生产生活方式和城市建设运营模式，全面实施美化、洁化、亮化、序化工程，突出城市安全发展空间布局，提升工程建设安全质量和各类市政基础设施运维保障能力，深入开展风险排查和隐患治理，聚焦精扫细保、精整细治、精管细护、精疏细导，推进市容市貌"治脏"，马路市场"治乱"，市政设施"治差"，交通秩序"治堵"，努力管出秩序、管出形象、管出群众满意度。

3. 完善绿色服务体系

统筹布局"城市、组团、社区"三级公共服务设施，重点补齐教育、医疗、养老等社区服务短板，推动"15分钟活动圈"全覆盖，优先安排水电路气、安防、环卫、照明及无障碍等基本民生类项目，有条件的同步配套公共服务、社会服务设施。完善以信用为核心的市场服务监管体制，形成功能完善、布局均衡、环境友好的生活服务体系。建立城市物业服务星级评定制度，打造物业绿色服务体系，着力构建绿色、和谐、幸福家园。

目标任务：至2025年，设市城市数字化管理覆盖率达到80%以上，公共建筑无障碍设计达到100%，设市城市新建住宅物业管理覆盖率达到100%。

（七）绿色低碳生活倡导行动

1. 绿色社区共同缔造

开展美好环境与幸福生活共同缔造活动，以城乡社区为基本单元，发挥基层党组织核心作用，构建纵向到底、横向到边、共建共享的城乡共同缔造体系，发挥社会组织自我教育、自我管理、自我服务的作用，推动以城乡人居环境建设和整治为抓手、载体，广泛发动组织群众参与城乡社区建设和管理，激发人民群众的积极性、主动性、创造性，实现决策共谋、发展共建、建设共管、效果共评、成果共享。

2. 倡导绿色低碳消费

鼓励出行优先选择步行、骑行、公共交通、共享交通等绿色出行方式，积极采用新能源公交车、新能源汽车，做到节约能源、提高效能、减少污染。建立绿色生活方式宣传推广平台，通过新闻媒体、展览展示、技术推广等方式，向全社会普及建筑节能知识，展示绿色建筑效益，倡导绿色住房消费。积极推广使用节能节水产品、绿色建材等节能环保低碳产品，引导绿色化产品和住房装配式装修向纵深推进。

3. 推进垃圾分类处置

深入开展城镇生活垃圾分类和建筑垃圾资源化利用，建立生活垃圾分类处置政策制度和技术标准。按照减量化、资源化、无害化的原则，建立生活垃圾分类回收机制，推动生活垃圾收运体系与再生资源回收体系有机结合，加快建设生活垃圾和再生资源回收站点、分拣中心、集散市场"三位一体"的回收网络，确保生活垃圾分类处置全链条畅通，持续推进餐厨废弃物资源化利用。建立健全建筑垃圾产生、收集、运输、处置、利用管理体系，构建建筑垃圾资源化利用技术标准体系，制定完善相关扶持政策，推动资源化利用项目落地，推广应用建筑垃圾再生产品，引导产业向纵深发展。

目标任务：至 2025 年，全省地级城市、湘西州吉首市基本建成生活垃圾分类系统。

三、保障措施

（一）坚持党建引领

要充分认识住房城乡建设绿色发展的重要意义，始终把党的全面领导贯穿于住房城乡建设绿色发展的各方面和各环节，建立市州负总责、县市区具体负责的工作机制，建立健全党委（组）统一领导、党政齐抓共管的工作格局。

（二）强化组织保障

省住房和城乡建设厅成立以厅党组书记、厅长为组长的"湖南省推进'绿色住建'协调领导小组"，办公室设建筑节能与科技处。各市州住房和城乡建设局要会同有关部门成立相应的推进机构，依据规划总体要求和重点工作，制定具体实施方案，明确年度实施计划、总体要求、实施步骤和政策措施，切实抓好组织实施和推进工作，并报省厅备案。

（三）建立评估制度

省住房和城乡建设厅建立住房城乡绿色建设体检评估制度和评价标准体系，对各市州完成情况实施"一年一体检，三年一评估"，对年度任务完成优秀的市州，给予通报表彰奖励。各市州住房和城乡建设局要建立健全住房城乡绿色建设社会公众满意度评价和第三方考评机制，对本区域住房城乡绿色建设年度任务完成情况实施评判。

（四）加大资金扶持

省住房城乡建设厅对绿色生态城市（社区）、人行道净化和自行车专用道建设、美丽乡村综合试点示范项目，以及建筑产业现代化、绿色建筑、建筑节能等综合试点示范项目和专项试点示范项目根据评估情况在财政资金安排上给予倾斜。各级住房和城乡建设部门要会同发展改革、财政、科技、国土资源等相关部门，制定支持政策，协同推动"绿色住建"发展。各地要充分发挥市场机制作用，鼓励各类社会资本参与绿色住房城乡建设。

（五）抓好宣传培训

建立住房城乡建设绿色发展理念宣传、培训计划，将相关知识纳入住房城乡建设领域专业技术人员继续教育培训的重要内容。鼓励高等学校增设住房城乡绿色建设发展相关课程，大力培养住房城乡建设绿色发展人才队伍。充分发挥新闻媒体作用，营造全社会共同关心、支持和参与住房城乡建设高质量发展的良好氛围。

第三节　资源持续发展

2017 年 10 月 18 日，习近平总书记在十九大报告中提出要加快生态文明体制建设，建设美丽新中国，坚持走可持续发展的道路。这要求在基于环境保护的基础上实现经济的稳定发展，将绿色环保的理念融入经济发展中去，从而打造一个高层次、多领域、更科学的经济发展体系，推动经济的绿色发展。湖南省作为中部发展较快的省份，长期致力于推动城市经济的绿色可持续发展，2017 年 12 月，由湖南省政府金融办、省环保厅、省财政厅等八部门联合出台了《关于促进绿色金融发展的实施意见》，为进一步支持供给侧结构性改革，培育经济发展新动能提供政策支撑。该实施意见制定的目标有："十三五"期间，全省单位 GDP 能耗下降 17%，能源消费总量年均增幅不高于 2.3%，累计节能 3200 万吨标煤以上，力争到 2020 年，能源消费总量控制在 2.2 亿吨标煤以内，煤炭消费总量低于 2012 年水平。力争到 2020 年，规模以上工业单位增加值能耗比 2015 年下降 20%；城镇新建民用建筑实现绿色建筑全覆盖，其中二星级以上绿色建筑占比达到 10% 以上；交通运输营运车辆、营运船舶单位运输周转量能耗下降 6.9%、3.3%，港口生产单位吞吐量综合能耗下降 3.2%；公共机构单位建筑面积能耗下降 8% 以上。统筹推进工业、建筑、交通、公共机构等重点领域节能，继续深入推进工业节能，全面推进建筑和交通节能，发挥好公共机构的示范作用，形成全社会节能合力，共同推动全省能源"双控"目标完成。力争到"十三五"期末，重点行业能效水平逐步提升，节能监督管理体系日益完善，能源"双控"目标全面完成，能源利用效率和水平继续位居全国前列。

一、低碳节能的产业发展方向

（一）节能减排方面

近年来，湖南省积极创造"两型"社会，加快省内经济健康发展，积极招商引资支持低碳环保事业的发展。据《湖南省"十三五"节能减排综合工作方案》的规定：节能方面，2012—2015 年湖南省单位 GDP 能耗逐年下降，分别为 6.87%、4.71%、6.24%、6.59%，预计到 2020 年全省能量增耗不超过 2380 万吨标准煤。减排方面，2017 年要减少省内化学品、污染物的排放量，加强企业环保意识建设，化学需氧量、氨氮、二氧化硫、氮氧化物、挥发性有机物排放总量分别比 2016 年减少 10.1%、10.1%、21%、15%、10%。

（二）产业结构方面

湖南省作为传统工业大省，第二产业长期以来都是省内的支柱产业，维持经济的平稳运行。近年来，湖南省委、省政府积极贯彻落实国家"十三五"规划要求，积极推进省内工业转型升级，加快第三产业的发展速度。2016 年湖南省三大产业占比由 2015 年的 11.5%：44.3%：44.2% 变为 11.5%：42.2%：46.3%，第三产业增长了 2.1 个百分点，对全年省内经济增长的贡献率为 58.2%，拉动 GDP 上涨 4.6%，产业结构正在由"二、三、一"向"三、二、一"转型。

二、资源利用过程中存在的问题

作为中部发展的重要城市，湖南省在发展绿色低碳经济中虽比沿海发达城市迟缓，但也正由起步期步入高速发展期。可持续发展模式作为国家重点提倡的一种经济发展模式，不仅是全面建成小康社会的基本目标之一，更是提升全人类生活质量的战略发展理论。湖南省近几年一直推行建设美丽湖南计划，将绿色、低碳、发展贯彻到实践中，但在实践过程中又存在着发展难题。

（一）资源短板问题

切实贯彻新发展理念，破解资源短缺问题一直是我国经济发展的目标，湖南省地处中国中部、长江中游，地域辽阔，但人均资源不足。据 2017 年 7 月政府官方统计显示，湖南省耕地面积占全国耕地总面积的 3.1%，人均占有的耕地面积仅为全国平均水平的 44%；省内煤炭在一次能源消耗结构中占比 70%，但总量严重不足，储存量仅居全国煤炭资源的第 18 位，大中型煤矿主要集中在郴州、株洲、衡阳、娄底等地，小型煤矿分散程度较广，采矿难度也较大，人均占有量更少；作为长江中游省份，水系较发达，省内著名的有湘江、资江、沅江、澧水四大水系，水资源总量为 1689 亿立方米，人均占有量为 2500 立方米，但近年来由于水质富营养化和重金属超标，导致实际可有效利用的水资源只占水能蕴藏量的 16.7%，如何合理有效利用现有资源实现"两型"社会与经济同步发展是当前应着重考虑的问题。

（二）产业结构模式问题

产业结构是各产业部门之间、各产业部门内部的组成，是经济结构的最基本组成方式。优化产业结构，实现产业结构的合理化对湖南省经济的增长具有很强的拉动作用。2008 年，湖南省内 GDP 首次破万亿大关，跻身全国前十，2017 年，全省 GDP 为 34590.56 亿元，同比增长 8%，经济增长总量和实力不断提升，然而与其他沿海省份相比，湖南省经济增长更多的是建立在能源消耗的基础上，虽然近年来，湖南省第三产业发展不断壮大，但长期以来，省内经济都是依靠传统第二产业发展，近期很难实现产业的优化转型，尤其针对能源缺乏的湖南，高能耗和大排放量给湖南省经济的调度和实现"两型"社会带来了巨大压力。据统计，湖南省六大高耗能行业占规模工业比重的 30%，对经济的拉动约占 3.2%，并且省内的产业基本上属于劳动密集型产业，高新技术产业、智能技术产业相对比较薄弱，在经济发展新常态下，湖南省应着力招商引资发展绿色高新企业，调整产业发展模式，实现经济绿色健康发展。

（三）能源消费结构问题

湖南省作为中部发展大省，长期以来都是依靠第二、第三产业推动省内经济增长，但是能源匮乏且能源消费结构不合理又阻碍了经济的增长。据统计，湖南省2017年规模工业综合能源消费量同比增长2.0%，省内六大高耗能行业能源消费量同比增长3.3%，其他行业基本维持稳定状态，能源消耗除了原煤消耗量同比增长4.4%、柴油消耗量增长4.6%以外，其他能源品种基本与2016年持平，与此同时，天然气消耗量同比增长6.4%，占全部规模工业能源消耗比重的1.8%，生物燃料消耗量同比增长16.0%，占全部规模工业能源消耗比重的1.4%。这与中国沿海城市相比，在完全实现资源节约型、环境友好型社会上还有差距，例如广东省在经济增长过程中，基本实现了石化能源的零增长，尤其在珠三角地区，煤炭的消耗量更是同比下降12%，而且广东省不断加大对于核电、风能、可再生能源的利用程度，在"十三五"期间实现绿色低碳经济发展，建设安全绿色的现代能源体系。

（四）技术创新能力问题

经济要发展，技术作支撑，这是长期以来维持经济稳定发展的宗旨。低碳经济的技术创新发展，主要是依靠能源在消耗过程中不断提升能源的利用率以及减少二氧化碳的排放量，尤其要注重在能源的利用上，提升对于生物燃料、可再生能源的利用程度，加大对清洁能源的利用率，逐步降低石化能源的消耗。提升研发、开采技术和创新能力又是解决低碳经济发展的关键，"十三五"规划期间国家重点加大对于沿海省份的核电、风能等清洁能源、可再生能源的发展，推进对于中部省份的清洁能源建设，国家对于沿海省份能源研发技术的投入也比中部省份大。能源利用率上，沿海省份由于技术、资金、地理位置等方面的优势，能源利用率也更高。据统计，2017年湖南省利用生物质（垃圾焚烧、沼气等）发电规模在800兆瓦以上，供气规模在12亿立方米以上，但生物质利用机械化水平仅相当于发达国家20世纪80年代水平，机械化程度不高，生物质利用程度偏低，资源浪费性严重。

三、资源持续发展的建议与路径

绿色、低碳的生产生活方式是湖南省经济持续发展的前提，正所谓既要金山银山，也要绿水青山，湖南省要坚持可持续的发展战略就必须加大资源节约型、环境友好型社会的建设力度，实现经济的又好又快发展。

（一）倡导节能减排的理念

我国最早在"十一五"规划纲要中提出了节能减排的倡议，主要是倡导人们节约物质以及能量资源，减少相关废弃物的排放，合理有效利用自然资源，提高资源的利用率。低碳经济的发展主要是在可持续理念的倡导下，通过产业升级、技术革新等方式达到资源的有效配置的目的。对于长期以来处于长江中下游地区的湖南省来说，资源相对匮乏，清洁能源的可利用程度低是阻碍省内经济绿色发展的关键。加大可再生能源以及低碳能源的投入只能从表面上增长低碳经济，然而关键所在只有加快相关技术的发展以及提高资源的利用效率才能降低低碳成本，从根本上提高低碳经济。另一方面要加大对于省内高耗能、高排放企业的节能减排的宣传，提升企业的意识，增强企业节能减排的自主创新能力，政府可以在必要时起到主导企业生产的作用，不定时对于省内企业进行能源耗费、污染排放的监测，并进行适时公布，对企业实行必要的奖惩措施，促进企业全方位发展。

（二）加快省内产业升级

当前，湖南省经济发展大部分还是依托省内第二产业的发展，第三产业紧随其后。产业结构优化的重要指标就是工业化的生产水平，传统的第二产业的发展不利于省内"两型"社会的建设，只有不断优化第二产业的生产方式，推进优势传统产业向"两型"社会方向发展，利用先进的技术水平提升产业，加快产业的转型才是构建低碳经济的重点所在。努力发展省内新兴产业，不断提升现有技术水平，加快信息化与工业化的深度融合，政府应加大省内新型企业的创新力度和企业技术革新，积极开展各种学研活动，与地方高校深入合作，实现节能、绿色、资源循环等技术的提升。第三产业的高速发展是产业结构迈向绿色、健康的保证，政府要不断加大第三产业在产业结构中的比例，重点发展现代服务业，为第三产业的发展提供优良的市场环境，并且运用合理有效的政府手段和技术支撑推动传统服务业的优化，加快文化创意服务的发展，构建行之有效的战略性新兴产业的发展模式。

（三）创建高效的新体系

长期以来，作为经济可持续发展的基础，绿色、低碳的生活方式普遍被大众所接受。标准的低碳经济发展体系又为生产生活方式提供了新的方向。当前，湖南省正着力提倡绿色、低碳的生活方式，并在积极构建新的低碳生活体系，但距离实现资源节约型、环境友好型社会还有一段差距。目前，从制定到完善绿色、低碳体系都是由政府各部门单独完成，交由上级审批，程序复杂且耗时长，政府相关部门可以考虑成立相关的工作小组，吸纳群众的建议制定相关的条文，并由此组建以"低碳经济可持续发展"为核心的相关委员会，直接对工作小组制定的相关措施进行审核和批准并进行及时公布，接受群众的监督和提议，要基本上做到分工明确、统一管理、及时公开，实现低碳经济新体系标准化统筹。对于现有的标准体系，要及时进行更新和处理，防止相关条文间的交叉重复，统一标准之间的分歧，做到前后的一致性。最后，将条文汇总成册，将相关行业、相关产品归集到相应的子目录中，形成一套新的标准体系，解决企业间、公民间长期以来对于低碳经济体系的纠纷，实现针对纠纷有据可依的情形，并且切实保障体系出台的规范性和权威性。

（四）提升低碳技术创新能力

技术创新能力是经济可持续发展的命脉，创新能力的高低直接决定了在社会生产生活中经济维持时间的长短。湖南省要加大低碳技术创新的能力，不断加强自主创新和技术研发水平，一是要精炼新能源的开发利用技术。灵活运用风能、核能、太阳能、水能、生物质等发电的技术创新能力，改变对于运用煤炭、石油等化石能源生产生活的方式，加快省内湘电、远大等高新技术企业的升级。二是提升省内绿色制造的竞争优势。随着湖南省绿色制造的崛起，一大批省内优秀绿色制造企业开始走向全世界，以电动牵引、电动车制造为主的株洲中车集团、时代电子等企业的低碳技术创新能力居全国前列，省内其他相关企业应认真学习其技术实操能力，提升自身的技术创新水平，政府应积极起到引导作用，提供相应资源供企业学习，提升整体水平。

三是实现企校合作，提升研发水平。湖南省不仅是经济大省也是教育强省，省内高校众多，湖南省应提供多渠道、多方式促进校园与企业合作，形成一套以校园为研发、企业为实训的联创低碳研究机构，不断健全低碳技术的研究体系，提升低碳技术的创新水平，为全省低碳经济的发展提供强科研支撑。

四、矿业发展过程中的绿色转型

为促进湖南省矿业绿色转型，更好服务高质量发展，2019 年 12 月底，出台了《关于全面推动矿业绿色发展的若干意见》。

（一）总体要求

1. 指导思想

坚持以习近平新时代中国特色社会主义思想为指导，深入贯彻党的十九大及十九届二中、三中、四中全会精神和习近平生态文明思想，牢固树立新发展理念，推动矿业绿色转型和高质量发展，加快构建完善的规划、标准、技术、政策体系和管理机制，不断提升矿业治理能力和治理体系现代化水平，真正走出一条绿色、安全、开放、协调的资源型矿业转型发展、创新发展新路，实现湖南矿业的"脱胎换骨"式转变。

2. 基本原则

坚持生态优先，把绿色发展要求落实到矿产资源探、采、选、冶、加工、运输、存储、利用、回收全过程；坚持规划引导，不断优化矿产资源保护、勘查和开发格局；坚持问题导向，对不同矿种、区域和行业分类施策，精准治理；坚持转型创新，由粗放掠夺式开发向科学有序开发转变，由以省内资源为主向用好用活外部资源转变，由简单变卖资源向精深加工转变，由单一矿山资源经济向高附加值矿业产业经济转变；坚持统筹协调，全面落实党政一把手监管责任，突出矿山企业主体地位，发挥行业协会自律功能，构建责任清晰、运行高效的工作机制。

3. 主要目标

到 2025 年，矿业结构大幅优化，涉矿加工企业向园区集中，规模以上企业比重提高到 80% 以上，"小、散、乱、污"矿山企业数量大幅度下降；资源利用水平大幅提升，矿山开采回采率、选矿回收率、综合利用率达到国家标准，废弃物减量化和资源化利用迈上新台阶；外部资源利用率大幅提高，保障水平进一步提高；矿业领域环境污染得到恢复治理，矿区生态环境极大改善；资源开发及选冶企业"三废"排放100%达标，全面建成绿色矿山。

（二）强化源头管控

1. 开展全省矿业现状调查评估

开展矿产资源国情调查和矿业企业调查评估，按照"一业一库、一企一档"原则，逐业逐企进行论证评估，全面掌握矿业发展和矿山环境状况。

2. 启动新一轮矿产资源规划编制

以国民经济与社会发展规划为根本遵循，严格落实国土空间规划和"三线一单"生态管控，科学编制新一轮矿产资源规划，建立负面清单制度，严格控制总量，强化管制措施，形成空间管控合力。

（三）开展集中整治

1. 开展重点生态保护区矿业活动专项整治行动

对位于各级各类自然保护地、生态保护红线范围内的矿业权、选冶加工企业进行清理整治，依法分类处置到位。

2. 开展矿山企业环保督察专项行动

对现有矿山企业进行排查，凡是达不到环保要求的，责令停产整顿；整顿后仍达不到要求的，依法关闭；对严重破坏生态环境的，直接关闭。

3. 开展矿产资源开发整合专项行动

市州人民政府制定本地矿产资源开发整合方案，按"三十六湾模式"或"花垣模式"，加快小型矿山整治和矿产资源开发整合，彻底扭转矿产资源开发"小、散、乱、污"的现状，实现矿产资源规模化、集约化开发利用。

4. 开展露天开采矿山专项整治行动

突出环保和安全要求，开展以砂石土矿为重点的露天开采矿山专项整治行动，依法关闭违反资源环境法律法规、不符合规划、污染环境、破坏生态、乱采滥挖的露天矿山。

（四）推进生态修复

1. 实施废弃矿山治理工程

加大历史遗留矿山地质环境、废渣尾矿和矿区水土污染治理力度，逐步改善矿区水土环境，实现矿区与周边自然环境相协调，土地基本功能和区域整体生态功能得到保护和恢复。

2. 落实企业主体责任

加大矿业领域环境污染治理力度，全面优化矿业全产业链生态环境。制定矿山地质环境治理恢复基金管理办法，强化监督检查，落实矿企责任。对未按规定开展生态修复治理的，责令停止开采活动。建立生态修复年度验收制度，并将验收结果作为采矿权人开采信息公示的重要内容。

3. 创新生态修复模式

鼓励社会资本参与矿山生态修复，把矿山生态修复与土地复垦、城乡建设用地增减挂钩相结合，推动矿业与文化、旅游、现代农业等产业深度融合，不断拓展领域，构建多方参与、合作共赢新格局。

（五）推进绿色勘查开采

1. 实施绿色勘查

落实绿色勘查技术规范和标准，严格勘查设计审查。大力推广新技术新方法新工艺新装备，减少地质勘查对生态环境的扰动。

2. 加快绿色矿山建设

加快制定绿色矿山标准及管理办法。新建矿山必须按照标准进行规划、设计、建设和运营。现有矿山必须在限期内达标，到期未达标的，一律停业整改。

3. 推广绿色工艺技术

鼓励开展生产废石和选矿尾矿综合利用，积极推广充填技术，对无法利用的矿山废弃资源及时回填采空区。

（六）优化矿业结构

1. 调整地质勘查重点

在充分利用外部矿产资源的前提下，把省内勘查重点转向民生所需矿产、新兴能源和战略性原材料矿产、环境治理所需矿产。积极拓展城市、农业、旅游、灾害和服务重点工程建设的水文地质、工程地质和环境地质等工作领域。财政资金原则上只投向公益性基础调查和必要的矿产预查。

2. 加快淘汰落后产能

禁止开采可耕地砖瓦用黏土矿，全面退出石煤和汞矿开采。严格限制煤、铁、钒、石膏、硫铁矿开采，砖瓦用黏土矿逐步退出，控制传统有色金属矿产开采规模，减少矿山数量，淘汰落后产能。

3. 推进产业升级改造

鼓励矿企加大资金投入，延伸矿业产业链条，引导地勘单位转型发展，发挥矿冶专业技术优势，强化资本技术融合，大力发展资源精深加工项目，优化产品结构，建设一批矿业开发示范基地和矿业产业园区。加快矿山数字化、智能化建设，大力发展"互联网＋矿业"，实现组织结构和管理模式现代化。

4. 培育新兴矿业经济增长点

以新能源、新材料和生物产业、高端装备制造业、民生改善和环境治理所需矿产为重点，打造绿色矿业产业集群。

（七）构建新型矿业市场体系

1. 深化矿业权出让制度改革

全面推行竞争性出让，除符合国家规定协议出让的特殊情形外，对其他矿业权一律以招标拍卖挂牌方式公开出让。进一步规范矿业权转让，加强国有及国有控股矿业权转让监督管理。

2. 探索开展矿产资源收购储备

鼓励企业探索开展矿产品收购储备。对省内严重短缺的煤、铁、铜等大宗矿产品，积极拓展国内外市场，增强调节能力。建强湖南有色交易平台，提高矿产品交易"湖南话语权"。

3. 提高矿业市场调控能力

建好用好矿业市场信息平台，收集分析发布国内外矿业市场及技术动态信息。建立动态监测和战略咨询制度，提供技术、市场、政策等决策服务。

（八）严格依法治矿

1. 严厉打击违法勘查开采行为

对无证勘查开采的，坚决取缔。对属自身原因导致采矿（勘查）许可证过期失效的，依法注销或公告废止。对越界开采的，依法处罚后责令退界并对矿山地质环境开展恢复治理，拒不整改的或整改不到位的，依法关闭。

2. 严格规范涉矿企业审批

强化规划系统管控，提高矿业权登记审批权限要求，严格矿产资源勘查开采审批，保障矿产资源国家所有者权益。除第三类矿产及矿泉水、地下热水、宝玉石外，新设采矿权（含探转采）的勘查程度须达到详查以上，且探明资源储量、矿山生产能力必须为中型以上规模。除矿产资源储量规模达到大中型以上的矿区深边部和安全生产需要、采矿权整合等情形外，一律不得批准扩界。

3. 推进矿地和谐发展

鼓励农村集体经济组织以股权形式参与属地矿产资源开发。创新贫困地区矿产资源开发占用农村集体土地补偿方式，探索建立矿山资产收益扶贫机制。统筹资源开发与矿区生态环境保护、矿区职工生活、产业转型发展的关系，着力解决矿城、矿山、矿工和涉矿山农民问题。

（九）完善政策体系

1. 优化矿产资源配置

对位于各类自然保护地、生态保护红线内的探矿权以及国家、省重点工程压覆的探矿权，可按资源相当原则评估置换，也可按成本补偿方式协议退出。对实行总量调控的矿种，其指标优先向绿色示范矿山安排。鼓励绿色示范矿山企业牵头整合资源。

2. 保障绿色矿业用地

制定矿业用地管理办法，允许采取协议出让、先租后让、租赁等方式供应矿业用地。优先保障主动进入工业园区的涉矿加工企业用地。支持绿色矿山开展国土空间综合整治和城乡建设用地增减挂钩项目，盘活利用存量工矿用地。

3. 加大财政支持力度

加大财政对民生所需、国家战略和省重点建设所急重要矿产的调查评价投入。制定矿业权退出补偿制度，对政府决定提前关闭退出的合法矿山和探矿权按照相关规定给予适当补偿。完善落后产能退出激励机制，对主动退出的矿业权，从行政审批、土地利用、矿业权出让收益（价款）退还、综合治理项目安排等方面予以支持。

4. 探索绿色金融支持

鼓励银行业金融机构研发支持矿业绿色发展的特色信贷产品，在环境恢复治理、重金属污染防治、资源循环利用、深精加工和高新产品研发等领域加大资金支持。鼓励政府性融资担保公司开发支持矿业绿色发展的担保业务产品，为绿色矿山企业和项目提供增信服务。

5. 加强科技创新支撑

制定矿业绿色发展科技攻关专项计划，建立绿色矿业科技创新项目库，依托地勘单位、高等院校和企业联合攻关，加快成果转化。加大矿业科技创新投入，建立一批科技示范基地、示范园区。

第四节　绿色金融创新

从理论上讲，所谓"绿色金融"是指金融部门把环境保护作为一项基本政策，在投融资决策中要考虑潜在的环境影响，把与环境条件相关的潜在的回报、风险和成本都要融合进日常业务中，在金融经营活动中注重对生态环境的保护以及环境污染的治理，通过对社会经济资源的引导，促进社会的可持续发展。

绿色金融就是金融机构将环境评估纳入流程，在投融资行为中注重对生态环境的保护，注重绿色产业的发展。随着人口增长、经济快速发展以及能源消耗量的大幅增加，全球生态环境受到了严重挑战，实现绿色增长已成为当前世界经济的发展趋势。在各国低碳经济不断发展的背景下，绿色金融遂成为全球多个国家着力发展的重点之一。

一、绿色金融发展实施意见

2017年12月，湖南省政府金融办、人民银行长沙中心支行、省财政厅、省发改委、省环保厅、省银监局、省证监局、省保监局8个部门联合下发《关于促进绿色金融发展的实施意见》（以下简称《意见》），为进一步支持供给侧结构性改革，培育经济发展新动能提供政策支撑。该意见包含5大类14

项内容。

《意见》提出，要逐步构建绿色金融组织体系，要求各相关部门积极引导金融机构绿色转型，培育绿色金融地方服务主体，夯实绿色金融基础设施，提高金融支持精准度。

《意见》要求加快创新绿色金融产品和服务方式。优化信贷结构和产品，拓宽绿色融资渠道，引导社会资本绿色投资，积极为循环经济、绿色制造、清洁能源和污染防治提供金融服务；鼓励新兴产业投资基金以国家绿色产业政策为导向、以绿色企业为主要服务对象、以专业担保公司为运作主体、以商业银行网络为基础，按照市场化原则引导社会资本扶持、支持促进绿色产业健康有序发展。

《意见》要求有效助推实体经济重点领域绿色化发展。支持工业提升绿色发展水平，发展绿色新技术、新产业、新业态、新模式，多渠道融资培育壮大低碳企业。推动绿色农业发展，支持农村水利工程、生产排污处理、宜居乡村、"秀美林场"、集中供水和电网改造升级等农业项目建设。推进绿色城镇建设。完善"三农"金融服务组织体系，以长株潭"两型"社会建设试验区为重点，加大对绿色城镇建设金融支持力度，建立绿色城镇金融改革机制，支持循环经济示范城市、近零碳排放区、国家级园区循环化改造、国家主体功能区等示范工程，实现集约、高效、绿色发展。

《意见》强调，要全面构筑绿色金融风险防范机制。加强环保部门、金融监管部门、商业银行、投资机构、担保公司、第三方中介机构之间的信息互通，发挥绿色保险市场化风险转移、社会互助、资金融通、社会治理等方面的独特优势，构建政策性融资担保体系，提升省市县政策性融资担保公司对项目环境效益、成本的定量分析能力和项目担保、再担保能力，合理分担绿色信贷风险。

《意见》就建立健全绿色金融政策扶持机制做出安排。发挥财政支持绿色金融发展的政策撬动作用，通过财政贴息、风险补偿、投资补助等手段，加快构建循环工业、循环农业和循环服务业的循环经济体系，以及以企业为主体、市场为导向、产融结合的技术创新体系，引导更多资金投向环保节能、清洁交通等产业。同时，精准对接芙蓉人才计划，大力引进绿色金融高端人才，以及环保技术与金融管理知识兼备的复合型人才，实施关键人才、领军人才培养使用计划。加大宣传和培训，普及绿色金融知识。

二、绿色金融发展现状与问题

第一，长株潭"两型"社会试验区是国家改革试点的优质试验田。湖南省生态文明建设立足国内外绿色金融时代旋律和"两型"社会发展，这是推动绿色金融发展的重要战略性机遇，为湖南省金融业实现后发赶超提供了巨大的平台。

第二，发展绿色金融是实现经济绿色转型的需要。目前湖南省已经制定了《湖南省生态强省建设规划纲要》《长株潭城市群生态绿心地区总体规划（2010—2030）》《湖南省循环经济发展战略及近期行动计划》等规划，每个规划都需要大量的资金投入。

最后，湖南省重化工产业结构特征依然明显。从第三产业规模看，2015年湖南省第三产业增加值占地区生产总值比重为43.9%，低于全国平均水平6.6个百分点，"二、三、一"的产业结构没有发生根本改变。从第二产业结构看，2015年六大高耗能行业占规模工业增加值比重的1/3，综合能耗占规模工业总能耗的79.3%，碳市场的启动必将刺激绿色金融市场需求更旺。湖南省绿色金融经过快速发展，尽管取得了一定成就，绿色金融体系日趋完善，但离成为绿色金融的强省还有一段距离。

（一）信息披露不完全

湖南省环保部门所发布的污染性企业的信息针对性不强，不能适应银行信贷审查的标准，使得绿色信贷的发展面临瓶颈，制约了绿色金融的深度发展。目前人民银行征信系统《企业基本信用报告》所能提供的"环保信息"涉及的企业范围还很窄，金融机构对大多数不属于国家监控范围的企业及项目的环保违规情况，只能通过实地调查或媒体报道获得，有的甚至难以获得，信息极不对称。

（二）财政激励及优惠措施不及时

中国的发展阶段还处于社会主义初级阶段，各方面制度、设施还在完善当中。绿色金融的监管、法律机制也尚不完全。比如在产业结构由高碳向低碳转变中，转型企业的经营成本往往会大幅上升而影响盈利，而财政补贴、税收减免和金融优惠等政策跟进较慢，影响金融机构开展绿色金融业务的积极性，有些"双高"企业利用我国绿色金融体系的漏洞继续扩大污染，使得环境问题没有得到有效的改善。

（三）规模和创新能力不足

尽管湖南省绿色金融发展较快，然而商业银行的绿色信贷余额规模依旧较小。截至 2017 年 4 月末，作为绿色金融先行者的兴业银行累计对 978 笔项目开展赤道原则适用性判断，其中适用赤道原则项目共计 316 笔，所涉项目总投资额达 12216 亿元。在湖湘投资金额占比仅为 1.8%，低于 2%。虽然省内金融业陆续推出了一些支持节能减排的金融创新产品，但与国内领先省份相比差距较明显。绿色金融产品创新力度不够，绿色金融产品和服务相对单一。

三、绿色金融创新举措

（一）创新绿色金融产品和服务

人民银行长沙中心支行按照总行的决策部署，大力发展绿色金融，助力湖南绿色发展，推动经济转型升级；宣传推广绿色金融理念，为绿色金融发展创造良好外部环境。与此同时，引导各金融机构创新绿色金融产品和服务，加大对绿色产业、节能环保等领域的金融支持力度，绿色信贷、绿色债券、绿色保险、绿色发展基金等创新型金融产品不断涌现。作为国内首家赤道银行，绿色金融是兴业银行最亮丽的名片。入湘以来，兴业银行长沙分行深耕绿色金融领域，寓义于利，持续发展，成为湖南省"两型"社会建设及节能环保事业的金融主力军。截至 2015 年末，该分行绿色金融业务融资余额 179.79 亿元，累计投放超百亿元，服务支持项目及企业达 87 个。该分行在绿色金融领域不断探索创新，创造了省内多项第一：落地首个能效融资业务、首推碳金融综合服务、首发低碳信用卡、首笔排污权抵押贷款、首个合同能源管理项目、首单金融租赁绿色项目融资、首家推出水资源利用和保护综合解决方案、首发绿色金融信贷资产支持证券等。该分行正式成立了环境金融中心，由分行企业金融总部与总行环境金融部双线管理,牵头负责湖南省绿色金融业务规划、营销组织、专业支持、业务评审、风险管理和特定领域专营等工作。近年来,该分行以市场为导向、以客户为中心,运用多元化融资工具,不断完善绿色金融产品体系。例如该分行为湘电集团落地 5 亿元私募债项目,就是其创新融资支持节能环保的典型,充分利用投资银行业务领域的渠道和专业优势,引入外部资金解决了湘电风力发电项目的融资需求,在助力企业转型升级的同时,也加速推广了社会洁净能源的使用。作为国内拥有最多金融牌照、以银行为母体的现代金融集团,该分行充分发挥自身综合化、集团化经营优势,实现绿色金融业务在各集团成员间的有效延伸与全面发展。例如作为"两型"社会建设的重点之一,湘江流域综合治理被湖南省委、省政府列为"一号重点工程",该分行围绕水资源保护和利用做足文章,深入调研湘江流域沿岸经济重镇,制定全流域治理综合金融服务方案,形成了完善的水资源保护利用金融服务体系,先后通过非标债权业务投入 10 亿元资金支持株洲清水塘老工业区重金属污染治理及转型升级,通过项目贷款投入 8 亿元支持常德穿紫河流域综合治理、1.2 亿元支持长沙六水厂供水项目改造,通过项目资产证券化投入 6.5 亿元支持岳阳市南湖水环境及王家河流域综合治理,通过融资租赁业务先后为长沙、岳阳、衡阳、永州、湘潭、株洲、常德等城市供排水管网建设及改造提供融资 47.5 亿元。

(二)实施绿色信贷政策,助力湖南绿色生产

华融湘江银行以绿色金融理念引导转型发展,把"绿色信贷"理念融入信贷政策之中,依据环保风险的程度,在严格贯彻落实宏观调控政策和监管政策要求的前提下,重点支持了低碳经济、节能减排、产业升级、保护环境的项目,发掘、培育、巩固了一批具有良好发展前景的优质中小企业客户。近年来,累计向湖南先进装备制造、新能源、电子信息、生物医药、高新技术、再生资源利用等行业发放贷款超过 120 亿元。浦发银行积极发展绿色金融,大力推动绿色经济和环保产业发展。2016 年 1 月 27 日,该行发行了我国首只绿色金融债券,发行规模 200 亿元,债券期限 3 年,年利率为固定利率 2.95%,超额认购 2 倍以上。2016 年 3 月 29 日,该行继续完成发行第二期 150 亿元绿色金融债券,债券期限 5 年,年利率为固定利率 3.20%,超额认购 1.5 倍以上。

为确保绿色金融债券募集资金能够专项用于绿色产业项目，同时投向的绿色产业项目产生最大的绿色环保效应，该行制定了绿色金融债券募集资金管理办法，对部门职责分工进行了清晰界定，并就绿色产业项目评估及遴选管理、内部资金管理、第三方认证和信息披露管理进行了规定。从投放项目类型来看，覆盖了《绿色债券支持项目目录》中的六大类，其中，节能、污染防治、资源节约与循环利用等领域的重大民生项目、具有重大社会影响力的环保项目占有较大比重，取得了较好的节能减排效果。浦发银行发行绿色金融债券所募集的资金将大力支持环保、节能、清洁能源等绿色产业项目，大力增加该行绿色信贷特别是中长期绿色信贷的有效供给，为提高经济绿色化程度、推进生态文明建设、促进经济社会可持续发展作出贡献。

（三）推动绿色金融领域的国际合作

中国人民银行 2016 年 5 月 6 日发布《2016 年第一季度中国货币政策执行报告》，"绿色金融"专栏指出，未来几年，绿色金融发展将迎来新的机遇期，重点是要通过贴息、担保等方式推动绿色信贷，建立绿色产业基金，进一步发展绿色债券市场，创新绿色股票指数和相关的投资产品，在环境高风险领域建立强制环境责任保险制度，积极发展碳排放权期货交易和各类碳金融产品，支持有条件的地方开展绿色金融试点，继续推动绿色金融领域的国际合作。

四、"一带一路"下的绿色金融

2017 年 10 月 18 日，习近平总书记在党的十九大报告中提出，加快生态文明体制改革，建设美丽中国，走可持续发展道路。这些要求表明在规划"一带一路"倡议时，需要着重突出生态文明理念，在"一带一路"建设初期，打造出一个系统、科学、绿色的金融体系，利用激励措施带动更多社会资金投入到绿色产业中去，将绿色发展理念融入金融领域中去，呼应环保发展理念及要求，促进绿色投资的发展。"十三五"规划中，我国做出加快构建绿色金融体系，助推绿色富国、绿色惠民的重大战略部署。湖南省积极响应国家政策号召，狠抓绿色金融建设，推动湖南省经济向绿色化的快速转型，加快包括环保、新能源等在内的绿色领域的开发与建设，培育出全新的经济增长点，实现"绿水青山"向"金山银山"的转换。

（一）"一带一路"政策下对湖南省发展绿色金融的推动作用

2016 年，由中国人民银行、财政部等部委联合印发的《关于构建绿色金融体系的指导意见》出台，意见指出，所谓绿色金融是指国家金融、保险部门为了响应国家有关"绿色、低碳、环保"的政策而制定出来的符合经济可持续发展的金融类产品以及服务。作为中部经济发展大省的湖南省相比于沿海城市在绿色金融发展上比较缓慢，但目前也正经历由初创期逐渐步入快速发展期。"一带一路"倡议的提出为湖南绿色金融的发展提供了动力，"一带一路"倡议明确规定要将环境保护纳入经济发展中，保护生态环境，积极推进经济的可持续发展。绿色金融的发展以及美丽湖南的建设正好与"一带一路"的主题进行了对接，将绿色发展融入金融体系的构建中，更有利于湖南经济的又好又快发展。

资源环境问题不断凸显，贯彻新发展理念，破解资源环境难题，构建绿色金融体系一直以来是我国经济发展的目标，而作为中部的湖南省在资源储备上就明显先天不足，湖南省人均占有的耕地面积仅为全国平均水平的44%，独特的地理位置也造成了省内缺煤少电，资源匮乏。环境保护上也存在诸多问题，作为省内第一大湖的洞庭湖近年来由于人为破坏造成了水质富营养化和重金属超标等严重问题。由于湖南省还处于工业化发展的黄金期，$PM_{2.5}$、耕地污染等问题也相比于其他省份严重。在"一带一路"的政策下，湖南省面临经济发展与环境保护的双重压力。如何实现资源节约型和环境友好型的"两型"社会与经济同步发展，领先于全国其他同等城市，任重而道远。

省内产业升级的需要。引领经济新常态，加快省内产业升级是实现绿色金融重要的一步。目前，湖南省省内产业结构还无法完全实现绿色金融。湖南省第三产业所占比重不高，2015 年省内第三产业增长 11.2%，远远落后于全国平均水平，其中传统的服务业所占的比重大于金融服务、保险服务等。二是省内的高耗能行业所占比重大。由于湖南省目前还处于工业发展中期，省内的基础设施建设尚未完成，据统计，湖南省六大高耗能行业占规模工业比重的30%，而且省内的产业仍基本依赖于劳动密集型，初级产品占比较大，高新技术产品相对较少，在经济发展新常态的当下，这种发展现状显然是落后的。对湖南省而言，急需加快产业升级，构建绿色金融体系，研发更多低污染高附加值的产品，助推湖南省更好地对接"一带一路"倡议，拉动经济快速且可持续增长。

国家相关政策的要求。"十三五"规划指出要努力构建绿色金融体系，加大绿色惠民、绿色强国战略的部署。国家发改委发布的长株潭试验区的试点建设，同样也要求经济要与环境同步发展。在这一阶段中必须要实现"两型"社会综合配套的改革，在生态文明建设、产业升级优化等方面形成可持续发展的态势；另一方面主要是在国家相关政策制度下，"两型"社会与经济发展的同步进行不能只局限于省内长株潭地区，要全面、综合地进行推广，推动全省的体制改革、产业优化，实现具有湖南区域特色的工业化、城镇化以及农村现代化，促进湖南省经济的全方位发展。

（二）"一带一路"政策下湖南绿色金融体系的优化措施

1. 创新绿色金融的机制和平台

绿色低碳产业是以低耗能、低污染为基础的产业，具有低能耗、低污染、低排碳等显著特征，但是也存在着收益偏低、周期长的缺点。为了解决这些弊端，政府应该做好积极引导的工作，采取贷款、财政贴息、发行绿色债券等来拉动绿色信贷的发展，加强机制和平台的创新建设，确保这些措施积极可行，实现绿色低碳产业也能获得丰厚的收益，以此来拉动绿色金融的蓬勃发展。同时，市场的作用也不容小觑，将市场资金与政府两者相结合，以此作为绿色项目的创新机制和平台，促进社会资本和金融机构的合作，在加速社会资金使用效率的同时，也将整体提升金融机构自身的风险管理能力。完善生态环境和社会风险信息公开制度，及时更新生态环境有关信息，增强公众对生态环境关注度。鼓励湖南地方政府联合社会资本，发起具有湖南特色的绿色发展基金，为湖南绿色产业的发展提供资金保障。同时，也吸引各种国际资本和社会资本共同发起民间绿色投资基金。各种绿色发展基金都要严格执行国家绿色发展战略，受相关政策和准则的约束，并统一按照市场化的方式对其进行投资管理。

2. 创建高效、先进的绿色金融新标准

一直以来，作为实现经济可持续发展的基础，绿色发展呼声日益高涨。

标准的绿色金融体系建设又为绿色金融产品和服务的规模发展以及业务的创新提供了新的发展方向。目前，湖南省不断完善现有的绿色金融体系，加强绿色金融产品、绿色金融标准化体系的建设，但距离形成符合"一带一路"发展的国际化体系标准仍然存在较大差距。可以适当考虑以"绿色、低碳、环保"为核心的工作小组组成相关委员会，负责制定和协调绿色金融标准，广泛收集群众意见，适时予以公开。要求做到分工明确，统一管理实现绿色金融标准化的统筹，并调整和更新现有的绿色金融标准体系，防止相关标准的交叉重合，统一同类标准之间产生的分歧，保证前后的统一性。最后，将统一的标准体系汇总成一套通用的体系目录，并将相关绿色产品和行业集中到相应的子目录中，以新版的目录为标准，从而可以解决长期以来不同部门不同组织对于绿色金融体系的纠纷，加强标准出台的规范性、科学性和权威性，保障体系公信可行。

3. 促使金融机构进行绿色化改革

金融是经济的命脉，"一带一路"倡议实施过程中，青山绿水的湖南要实现绿色化发展，就不容忽视金融机构对绿色化发展起到的推动作用。金融机构作为货币信用活动的中介组织，在绿色金融体系构建中起着至关重要的推动作用。湖南省政府要积极发挥带头作用，积极鼓励号召广大金融机构进行绿色化改革，促进绿色金融体的构建。我国先后成立了诸如亚洲基础设施投资银行、金砖银行等区域性的金融机构，这些机构在成立之时，一定程度上参考了赤道原则标准，符合生态环境风险管理制度的相关要求，并实现了绿色金融的理念与银行风险管理两者的完美结合。这些举措规定，湖南省内金融机构在向他方提供融资之时，应该优先考虑其决策对生态环境可能带来的影响，对于违反赤道原则标准的融资项目，放弃或者限制对其的资金支持。"一带一路"倡议实施中，就湖南省而言，各个项目运行的各个环节及标准，都要充分考虑环境标准，对不符合环境标准的项目，及时地干预促使其改善，严格把控风险的同时积极引导资金流向科技含量高、环境污染少、资源消耗低的绿色产业中，加速自身绿色化改革，为湖南省绿色金融发展提供强大动力。

4. 强化绿色金融的资金保障

作为世界上首个国家绿色发展银行，英国绿色投资银行致力于推动英国经济向低碳化绿色化转型，并对其提供强大的资金保障，大大加快了英国经济环保化进程。英国绿色银行强有力地推动了经济模式的转型，从这样的影响中看出，对绿色投融资市场来讲，特定资金的引入具有至关重要的示范引导作用。因此，在积极推进湖南省绿色金融发展之时，也应该积极吸引更多的资金投入到绿色产业中去，国家对于绿色产业的发展也应该加大投资力度，尤其鼓励地方绿色金融事业的发展。在"一带一路"倡议实施下，我国充分利用了诸如多边基金、全球环境基金、对外援助性资金等资金渠道，吸引资金流入绿色产业中去。对于湖南省而言，要积极促进社会资本以及国际资本相结合，发起绿色投资基金来带动地方绿色产业的健康发展。这些基金受控于国家绿色发展战略政策，按市场化方式进行投资管理。面对此类绿色投资基金以及活跃在全球环境保护与可持续发展领域的各类资金，湖南省都应该好好发挥其良好的示范效应，带动社会资金投入到"一带一路"中的绿色金融建设中去，为绿色金融的健康发展提供足够的资金支持。

第五章 湖南省区域绿色发展

第一节 典型区域绿色规划

一、长株潭城市群发展规划

（一）长株潭城市群生态一体化的缘起

所谓城市群生态一体化，即城市群内的各个城市间通过某种方式突破传统行政区划障碍，形成相对完整的生态治理单元，基于同一体系与机制相互合作，形成合力，从而实现对城市群内跨界污染的有效治理，提高城市群环境治理水平，改善其生态服务功能，为区域经济社会一体化发展奠定良好的环境基础。生态一体化涉及各平行政府间的相互融合，贯穿于生态环境规划、环境监测布局以及环境管理监督等完整的治理过程，需要从多层面探讨分析，构建起城市群生态一体化治理的创新路径。

长株潭城市群是以长沙、株洲以及湘潭三市为核心，辐射周边包括岳阳、常德、益阳、娄底以及衡阳在内的五市区域。作为湖南省经济活动最为活跃的地带，长株潭城市群的一体化进程始终受到湖南省决策层的高度重视。早在我国改革开放政策推行之时，长株潭的经济一体化便已初见端倪，其后陆续有学者提出建立"长株潭经济区"抑或组建"长株潭规划办公室"等建议，并针对性地开展了一些初步活动，但在 1986 年后由于意见分歧，该计划也暂时搁置；直至 1997 年，"长株潭座谈会"的召开才标志着长株潭一体化进程的重新启动；而在 1998—2005 年的短短八年间，由湖南省计委牵头，相继颁布并实施了多项规划，长株潭城市群一体化进程也取得了重大进展。2007 年，长株潭城市群获批为全国资源节约型和环境友好型社会建设综合配套改革试验区。

　　其中，"生态同建"与"环境同治"两个概念的提出更是赋予了长株潭城市群一体化新的内涵，反映了将经济与生态建设一体化的客观要求，即"长株潭城市群生态一体化"，其含义有二：一是构成长株潭城市群一体化的重要部分之一，则在其区域一体化发展的过程中，经济与生态建设必须同步推进；二是鉴于长株潭三市在地域上是由湘江为纽带而自然联结而成的生态整体，其生态建设与环境保护则必须统筹规划执行。

（二）长株潭城市群生态现状

　　长株潭城市群作为我国重要的发展区域之一，在其不断的发展建设过程中，无可避免地暴露出城市发展与生态环境间的矛盾，主要表现在以下几个方面：其一，大气污染防治任务依旧艰巨，以株洲清水潭、湘钢工业区为典型的重化工业区大气污染以扬尘和煤烟型为主，而长沙市芙蓉区、天心区等中心城区由于人口密集、交通繁忙，因而产生大量油烟污染与尾气排放，而南北走向的湘江谷地地形作用下，长株潭城市群大气污染相互叠加，空气质量堪忧；其二，水环境污染严重，连接长株潭三市的湘江主要污染源在于长沙市人口众多带来的大量生活污水排放、株洲与湘潭老工业区过去工业废水排放带来的重金属污染累积沉淀以及湘江丰水期航运活动频繁所造成的石油类污染物排放问题等，水污染的复合作用与叠加效应加剧了湘江治理的难度；其三，区域土壤环境污染蔓延，长株潭三市核心城区覆盖面广且地理空间布局上呈相连趋势，株洲、湘潭常年以冶金、火电以及化工的高排污产业为主导，累积沉淀的三废排放经沉降作用造成周围土壤的严重污染与扩散，重金属污染严重超标；其四，潜在问题突出，受经济利益驱使，城市用地的迅速扩张带来了生态"绿心"遭蚕食，电子垃圾、噪音等新的污染形式更为突出，大有加剧之势，亟须得到重视。

　　长株潭城市群在其区域生态一体化治理中所暴露出的问题：首先，地方政府招商引资行为盲目，在承接一些东南沿海的产业转移时，竞相降低其环境准入标准以获得这些"两高一资"（即高污染、高能耗、资源性）企业的青睐；其次，当前的长株潭城市群环境监管体制亦有缺失，体制设计不善使治理问题在生态同建与环境同治的事前、事中以及事后等各个环节极易出现矛盾与纠纷，不仅起不到事前预防的效果，连及时止损都尚有难度，同时环保部门执法力度不一、违法成本与守法成本不相平衡等现状也与监管体制的缺失须臾不可脱离；再次，交界生态功能区由于受到行政地域分割等影响，出现分别保护抑或一方开放、一方保护等相脱离局面，无法得到统一的治理与协同保护从而影响了生态一体化进程；最后，由于高污染企业所带来的治理成本高、难度大等问题，当前的长株潭城市群生态一体化治理所需资金数额较大，筹措存在难度，而现行的环境投融资体制以及传统的以政府单维主导为核心的环境体制都限制了整治资金的筹集，近、中期的生态一体化治理自然受阻。

（三）长株潭城市群生态一体化治理模式构建

长株潭城市群生态一体化治理模式应当是一种以政府为主导的合作架构，强调政府在城市群生态一体化治理中所扮演的重要治理角色，在此基础上鼓励企业、公民及非政府组织共同参与以实现协同治理。"协同治理"涵盖两层内涵：一是长株潭城市群内平行政府间协同治理；二是包含政府、企业以及社会公众等在内的多元主体协同合作治理。具体而言，包括以下几个方面：第一，政府与企业。目前就长株潭城市群生态环境治理现状而言，与企业合作方面仍有较大的发展空间可供挖掘，可以通过签订单边协议、合同委托等方式使部分企业在环境保护方面化被动为主动，如此能够大大提高环境治理成效。第二，政府与非政府组织。在多元主体参与的网络化治理逻辑之下，政府应当寻求与非政府组织在环境治理问题上的磋商解决，提供制度与政策上的支持，将其公益性志愿融入城市群生态一体化治理的实践中来。第三，政府与公民。从长株潭城市群生态一体化治理实践来看，其先后建立了环境信息公开制度与环境听证制度，都无一例外表明其听取公众意见的理性认知。然而实际上公民参与并非其主动行为而是政府依赖型的非自觉行动。因此政府必须以环境公众利益为切入点，寻求真正意义上的政府与公民的通力合作，从而真正实现以政府为主导、多元主体参与的网络化协作治理。此外，协作治理的另一要义在于府际协同治理，其中独立而具有权威性的跨区域生态治理机构成为生态一体化治理中的关键一环。如前所述，当前长株潭城市群生态一体化治理的梗阻之一在于地方政府的"经济人"取向造成了各自为政、主观上不合作的一体化危机。基于此，可通过一个直接向省政府负责并接受其指导的独立性跨区域生态治理机构，由其统一管理城市群层面的生态环境问题，以克服单一政府生态治理意愿缺失的现实，赋予其必要的权威则可以从制度层面保障地方政府间生态合作的有序而稳定推进。再者，良好的法治环境应当成为长株潭城市群未来生态一体化治理模式中的重要环节，法律的规范与协调作用毋庸置疑。因此，城市群综合协调治理模式所强调的法制化上至全国性的法律条文，下至各地区具体的环保制度在内的环境法规、政策等都应力求从机构设置、职责配置、权限划分以及责任追究等各个方面进行系统梳理与明确，以营造一个有法可依、有法必依、执法必严、违法必究的有序法治环境，从而谨防生态一体化治理走入抢救模式。

（四）长株潭城市群生态一体化治理模式构建的路径选择

1. 意识层面：加强生态意识教育，树立城市群生态一体化观念

长株潭城市群生态一体化治理模式的优化必须首先诉诸意识层面的改变，即理念先行，应切实扭转过去有所偏重的发展观，树立起生态文明理念，为城市群生态一体化治理创造良好的文化环境。首先，加强长株潭城市群区域内各地方政府及官员的生态意识教育，明确其在城市群整体发展中所应担负起的环境责任，在治理现有环境问题的基础上，切实树立起"环境保护优先"的可持续发展观，即为了长株潭城市群区域环境的整体利益与公共利益，作出宁可牺牲本行政区经济发展与以 GDP 为主导的政绩考核的决定，切实树立起生态一体化观念，如此才有望消解城市群经济发展与环境治理的矛盾问题。其次，加强长株潭城市群区域内各企业等市场主体的生态环保教育，企业作为长株潭城市群经济发展的重要贡献者，同时往往也是环境污染的主要相关责任主体，其中尤以重化工业企业为主。因此，提高企业及其内部员工的环保理念势在必行，使企业在享受其权利的同时承担起相关环境保护义务和社会责任。最后，增强公众（包括各种民间组织）环境意识。就当前长株潭城市群生态一体化治理的公民参与情况来看，公民参与环境管理意识淡薄，且很大程度受限于主管的行政部门，参与广度与深度均较弱。公民与社会团体作为城市群生态一体化治理多元主体的中坚力量，其环境管理参与的热忱高低很大程度上决定了一体化治理的成败。

2. 制度层面：推进并完善城市群生态一体化治理制度建设

长株潭城市群应坚持在本地区实际基础上制定相应的地方性法规与规章制度，可以从以下两方面着手：一方面，完善生态一体化治理的组织制度建设，强化跨区域的环境治理机构的地位与作用。当前长株潭城市群生态一体化治理困顿的重要弊病在于：现有长株潭区域"两型"试验区管委会作为城市群区域管理组织，在相关的地区法律文件中却并未对其性质及地位做出明确界定，使得其在履行环保政策、进行城市群环境治理的实践中往往受制于多方面因素；同时，当前的"两型"试验区管委会原则上主要负责从省级向市级合作的纵深推进，因此，相应的三市地方政府间合作则缺乏专门的组织与制度保障。针对这一问题，重视与加强跨区域环境治理机构尤为重要。具体而言，即在不改变行政区划界线的前提下，明确赋权于长株潭区域"两型"试验区管委会，并在相应的规章文件中予以地位保障，长株潭三市在此基础上达成原则性共识，建立起长期的磋商谈判机制，进而对城市群区域生态环境实际问题进行协调。另一方面，整合长株潭城市群区域内现有的法规制度。长株潭三市中只有长沙市有地方性法规的制定权，三市地区合作时常受制于各地具体实施细则与文件相冲突的现实矛盾。因此，长株潭三市地方政府应当从城市群整体的大局利益出发，对现行生态一体化治理的有关规章文件进行必要的梳理，做好冲突规章文件的清理整合工作，从而打破区域利益分割，便于城市群整体生态环境问题的一体化治理。

3. 行为层面：实现生态一体化治理多元主体的行为生态化

理念层面抑或制度层面的建设，最终仍要诉诸行为主体的具体实践行为中去，因此实现生态一体化治理多元主体的行为生态化将是长株潭城市群环境治理模式优化的最终落脚点。首先，必须力求实现政府及其官员的治理行为生态化。具体而言，即推动建立包含经济与环境等相关要素在内的综合政绩考评细则，即便是短期在任绩效考核亦是如此。将资源环境的核算纳入考评之中，具体而言，即可以将生态项目的规划与实施以及污染治理效果纳入指标之中，同时适当引入生态法律意识以及环保宣传的普及掌握情况等维度，如此必然能够规范政府以及官员一味追求 GDP 而忽视环境治理的"经济人"行为，进而引导和规范其行为模式向"环境治理优先"转变，协调好长株潭三市政府间由于地区经济利益冲突所造成的隔阂与矛盾，最大程度地优化城市群生态一体化治理成效。其次，实现企业行为生态化，对长株潭环境治理问题承担起必要的社会责任。毫无疑问，企业的经济生产活动对于该区域的生态环境意义重大，其中例如株洲与湘潭的重化工业企业必须率先完成生产方式转变，努力转变传统的生产、消费方式。对环境产权配置中的权利义务关系进行明确，从而严格规范污染者的污染排放行为，进而促使企业进行技术革新以实现污染控制，承担起保护环境的社会责任；除此之外，还应当鼓励企业通过发布环境责任报告、绿色采购等行为途径践行环境保护义务，自觉参与到生态一体化治理的建设中来。最后，实现长株潭城市群区域内公众行为的生态化，从而为生态环境公共事务治理奠定现实基础。生态环境的公共性特征以及环境保护的公益性等都从根本上决定了公众参与生态一体化治理的必要性与必然性。为改变当前长株潭区域公众环境管理参与程度低的问题，可以通过鼓励环保非政府组织独立、自由地开展专项环保活动以及环保科研工作，同时鼓励公民个人在了解环保情况的基础上采取环保行动，向环保主管部门以及相关机构反映问题，利用当前长株潭三地已有的环境听证会等平台，提出意见，参与决策。

（五）长株潭城市群生态绿心地区保护主要内容

伴随着区域一体化向纵深推进，经济的竞争与发展并不再以单一城市为主体，而更多地表现为具有集聚经济效应的城市群之间的角逐。2012年8月，国务院发布的《关于大力实施促进中部地区崛起战略的若干意见》中明确提出：促进长江中游城市群一体化发展，这无疑是作为长江中游城市群中重要一环的长株潭城市群又一历史性发展机遇。传统的一体化发展往往重视城市群内各城市的经济一体化发展而忽视其他方面的一体化进程，甚至将经济一体化发展建立在过度消耗资源与牺牲环境的基础之上。从长远来看，环境问题的凸显也严重制约了经济社会的进一步健康发展。面对跨区域环境污染事件的愈演愈烈，传统的以行政区划为边界的治理模式俨然已无法适应时代的发展。如何走出区域环境治理的"公共困境"已然成为城市群发展必须直面的难题之一，亦与其治理模式的选择休戚相关。

1. 生态绿心保护的责任主体

按照"省统筹、市为主"的原则,《湖南省长株潭城市群生态绿心地区保护条例》(以下简称《绿心条例》)明确了责任主体。湖南省人民政府统一领导生态绿心地区保护工作,统筹处理生态绿心地区保护工作中的重大问题。省长株潭城市群资源节约型和环境友好型社会建设改革试验区领导协调工作机构具体负责生态绿心地区保护工作的统筹、组织、协调、督查和服务。省人民政府林业主管部门负责生态绿心地区的林业建设和保护工作。长沙市、株洲市、湘潭市和涉及生态绿心地区的县(市、区)人民政府具体实施本行政区域内生态绿心地区的保护工作。

2. 绿心规划:让森林走进城市,让城市拥抱森林

生态绿心地区总体规划是依据《长株潭城市群区域规划》制定的生态绿心地区的综合性规划。涉及生态绿心地区的专项规划和城乡规划、土地利用总体规划等市域规划,应当与生态绿心地区总体规划相衔接。《长株潭城市群生态绿心地区总体规划(2010—2030)》(以下简称《绿心规划》)有5万多字,共18章,从总体布局到产业、环保、交通、基础设施、生态建设、历史文化保护等方面,无一缺失地进行了细致规划。《绿心规划》指出湖南中部、长株潭中心的这颗绿心,森林覆盖率高达55%,面积522平方千米,远超400余平方千米的维也纳森林公园,将成为世界上最辽阔、最开放、最优雅的第一"绿色客厅"。《绿心规划》的提出,给当下高歌猛进的城市化浪潮带来了弥足珍贵的色彩,也让随着如火如荼房地产开发而出现的钢筋水泥丛林,得以有了更多一度被忽视的久违绿色。作为大自然最天然的代表色,绿色是有魅力的,也是有感召力的。一座绿色的城市,才是真正值得守望和眷恋的城市。

3. 第二产业逐步退出"绿心"

"绿心"地区遵循第二产业退出原则,禁止第二产业进入禁止开发区与限制开发区,强制现有第二产业逐步退出。禁止发展污染工业、劳动和土地密集型的第二产业、高能耗产业、高密度房地产业等。设置严格的产业准入门槛,确保一三产业准入底线,在已有产业基础上调整、改造、提质、优化和转型一三产业,强制不符合"两型"标准和产业定位的一三产业退出。充

分利用自然生态资源的相对优势，与周边产业错位互补，重点发展高端、低碳第三产业，构建高效生态、低碳环保的绿色产业体系。

但是，保护"绿心"并不是要"封山育林"，而是要创新性发展利用。要引导低消耗、高产出、无污染及对交通、环境高度敏感的高端产业进入，建设精品型高端服务区，重点发展生态旅游、园艺博览、休闲度假等城市功能，并始终坚持人口规模、建设用地、生态保护空间、产业准入"四条底线"，使"绿心"成为利用生态资本的示范窗口。

4. 重大项目建设实行准入制度

生态绿心地区最大的连片绿地面积仅为 17 平方千米，生态绿心地区整体生态功能明显减弱，区内城乡建设用地达 75.5 平方千米，占比 14.4%，在建和待建项目 477 个，用地需求近 12 万亩。为解决好生态绿心地区开发秩序混乱、生态破坏严重的问题，省人民政府及其有关部门将对生态绿心地区的重大建设项目进行审批把关，规定重大项目准入制度。首先，要由省政府"两型"社会建设试验区领导工作机构出具建设项目准入意见书；需要占用、征收或者征用林地或者占用、开垦湿地的，由省政府林业行政主管部门审查同意；省政府发改、住建、国土资源、环保等有关部门办理立项、规划选址、用地审批、环境影响评价、节能评估等手续；省政府住建行政主管部门核发建设用地规划许可证、建设工程规划许可证、乡村建设规划许可证。生态绿心地区重大建设项目以外的其他建设项目，由长沙市、株洲市、湘潭市人民政府及其有关部门依法审批。可以说，《绿心条例》将绿心地区内的重大项目审批权全面收回到了省级层面。

5. 生态绿心地区全面实施植树造林、封山育林

在生态绿心地区全面实施植树造林、封山育林，扩大公益林面积，提高生态绿心地区森林覆盖率和绿化覆盖率；逐步进行林相调整、林分改造，加快生态修复提质，提升生态绿心地区生态服务功能。在生态绿心地区内除林相调整、抚育更新外不得采伐林木。因林相调整、抚育更新需要采伐的，应当经省人民政府林业主管部门或者其他主管部门审查同意后，依法取得林木采伐许可证。禁止在生态绿心地区进行砍伐作业。

6. 建立生态补偿机制

《绿心条例》明确了对于因保护生态绿心地区生态环境造成损失的单位和个人，省政府和长、株、潭政府将尽快建立健全生态绿心地区生态效益补偿机制，给予合理的经济补偿。省财政加大生态保护和修复投入力度，将长株潭地区重点森林生态公益林全部纳入财政补偿范围，补偿标准在原有基础上每亩提高 2 元，今后将视财力继续逐步提高生态公益林补偿标准。为重点支持生态绿心保护工作任务相对较重的湘潭市，2011 年至 2013 年，省财政每年安排专项资金 2000 万元，用于该市绿心保护工作。

7. 违反生态绿心地区总体规划及《绿心条例》的行为应负法律责任

对于有禁止行为之一，造成生态绿心地区内生态破坏的，将责令其停止违法行为，限期恢复原状或采取其他补救措施，并依程度处以相应罚款。如在河道采砂将处以 10 万元以上 30 万元以下罚款，经营水上餐饮又拒不停止营业的，将没收专门用于经营水上餐饮的设施、设备、工具等财物，并处 2 万元以上 10 万元以下罚款。

（六）几个主要问题说明

1. 绿心地区适用范围

长株潭城市群生态绿心地区是国务院批准的《长株潭城市群区域规划（2008—2020 年）》和湖南省人民政府批准的《长株潭城市群生态绿心地区总体规划》确定的长沙市、株洲市、湘潭市三市之间的城际生态功能区。生态绿心地区为长沙、株洲和湘潭三市的交汇地区，总面积 522.87 平方千米，辖区有 16 个乡镇、1 个示范区和 4 个街道办。"绿心"就相当于城市群"绿肺"，在景观美化、调节气候、缓解城市热岛效应、水源涵养、水土保持、生物多样性保护和生态屏障等多个方面将发挥十分重要的作用。2010 年省"两型"办委托湖南城市学院做了《长株潭城市群生态绿心地区总体规划》，该规划将生态绿心地区的功能定位为：长株潭公共生态服务客厅、城市群生态空间建设样板、生态资本创新利用示范窗口。

2. 生态绿心地区保护遵循的原则

（1）科学规划原则

科学规划是绿心保护的第一要素。没有规划，开发就会失去方向；没有规划，建设就会失去依据。如果说绿心地区开发与保护可以一步步来，生产、生活、生态可以逐步改善，规划则必须前瞻先行，正所谓"凡事预则立，不预则废"。只有坚持以绿心开发规划为先导，注重规划的科学性、协调性，才能以规划的高起点实现开发的高水平，努力走出一条又好又快的发展之路。

（2）生态优先原则

"生态优先"立为原则，是人类尊重自然的表现，体现出对"天父地母"的赤子良心。这首先意味着一种供奉，而不是自私自利的贪婪与索取。生态优先，意味着各种因素发生矛盾时，其他的因素都统统要给生态因素让路，无条件服从。进一步说，这优先的着力点，不是原封不动的消极保护，而是放在保护与修复生态环境上。

（3）严格保护原则

"绿心"，是维系长株潭乃至湖南省生态健康的"心脏"，而无序管理下的"绿心"则可能成为"心脏疾病"高发区：建设管理混乱犹如"心律不齐"，城市用地蔓延导致城乡争夺土地犹如"心肌缺血"。绿心地区的开发建设与生态保护矛盾突出，生态资源环境面临严峻的形势。只有采用严格保护措施，加大保护力度，才能有效保护我们的"绿心"。

3. 三级空间管制分区

《绿心条例》将绿心地区划分为"禁止开发区""限制开发区"和"建设协调区"三级空间管制分区，明确了三级管制分区控制要求。在生态绿心地区禁止开发区内，除生态建设、景观保护建设、必要的公共设施建设和当地农村居民住宅建设外，不得进行其他项目建设。在限制开发区内，除前款规定可以进行的建设以及土地整理、村镇建设和适当的旅游休闲设施建设外，不得进行其他项目建设。在建设协调区内，禁止工业和其他可能造成环境污染的建设项目，逐步退出现有工业项目。这意味着，被纳入生态绿心地区的区域，将不再发展工业项目，原有的项目也需在规定时间内逐渐搬离该地区。

4. 对 12 种行为做出禁止性规定

《绿心条例》从生态修复、生态保护、森林资源保护等方面，对 12 种行为做出禁止性规定。具体为：禁止采伐森林、林木；禁止猎捕野生动物；禁止占用、征收或征用禁止开发区的林地用于建设项目；禁止毁林开垦、采石、采砂、采土；禁止占用林地新建坟墓；禁止占用、开垦禁止开发区、限制开发区的湿地；禁止开采矿产资源；禁止擅自填埋自然水系；禁止河道采砂；禁止经营水上餐饮；禁止使用高毒、剧毒、高残留农药和除草剂；禁止设立垃圾填埋场。

二、岳麓区生态环境保护中长期规划（2015—2030）

（一）规划背景

优良的生态环境质量是岳麓区社会经济发展的最大优势。但是，在目前岳麓区快速城市化的进程中，生态环境问题逐渐凸显，生态环境质量面临严峻挑战，环境保护与治理的任务仍然艰巨。在社会经济稳定持续发展的同时，须以铁腕治理环境污染，保障经济社会与生态环境协调发展，满足人民群众对生态环境质量的新需求。

1. 重大意义

（1）加强生态环境保护是岳麓区实现可持续发展的基本保障。良好的生态环境和充足的生态资源是岳麓区实现可持续发展的基础和保障，岳麓区必须以"保护环境就是发展生产力"的理念，着力推进经济形态、产业结构、增长模式、城乡建设、社会治理的转型，使经济社会发展与资源承载力、环境承载力相适应。

（2）加强生态环境保护是岳麓区推进生态文明建设的重要内容。岳麓区在推进生态文明建设进程中，必须充分考虑人口承载力、资源支撑力、生态环境承受力，正确处理经济发展与人口、资源、环境的关系。只有加大保护生态环境的力度，才能走向社会主义生态文明新时代。

（3）加强生态环境保护是岳麓区推进"两型"社会建设的重要举措。推进岳麓区"两型"社会建设，在经济发展和城乡建设中要更加注重环境保护，促进资源集约节约利用，构建"两型"产业体系和"两型"体制机制，实现经济发展方式由传统粗放型向绿色经济、低碳经济、循环经济转变。

（4）加强生态环境保护是岳麓区打造生态岳麓的必然要求。岳麓区要统筹经济、社会、文化、环境协调发展，促进生产空间集约高效、生活空间宜居适度、生态空间山清水秀，积极倡导城市建设主动融入自然环境中，实现城镇建设与生态环境完美融合，打造环境优良的生态岳麓，实现经济生态、社会生态、自然生态和谐共生。

（5）加强生态环境保护是岳麓区民众幸福生活的迫切期待。岳麓区有着良好的生态环境优势，但大气污染、噪声污染和水体污染等问题尚未得到根本解决，并直接影响着人民群众的生活质量。提高人民群众对环境的满意度，保障人民群众的身心健康和高质量的生活品质，已经成为当前环境保护工作的重点。

2. 发展现状

岳麓区隶属于湖南省长沙市，位于古城长沙湘江西滨，是长沙的"西大门"，集山、水、洲、城于一体，拥有湘江、橘子洲、岳麓山等优质的生态资源。岳麓区地形地貌表现为全境丘、冈、平原地貌均有，大部分地区海拔高度为29～362米，地势起伏比较大。岳麓区属亚热带季风性湿润气候，其典型的植被类型为亚热带常绿落叶林，森林覆盖率达到52%，是长沙市首个全国生态示范区。在经济社会快速发展的同时，其环境保护工作同步得到加强，环境质量逐步提升。

（1）社会经济稳定持续发展

近年来，岳麓区全面加快"'两型'高地、科教强区、增长新极、河西靓城"的建设步伐，区域经济发展稳中有进，社会民生事业取得新的进步，综合实力得到显著提升。首先，经济总量稳步增长。2014年，全年实现地区生产总值（GDP）7740454万元，同比增长9.2%；完成财政总收入618608万元，同比增长19.0%。其次，经济结构逐步得到改善。2014年岳麓区三次产业结构比为2.4 ： 54.0 ： 43.6，第三产业在经济结构中的比重比上年增加2个百分点，达到43.6%，高于长沙市41.7%和湖南省42.2%的水平，第二产业的比重在逐年下降，体现出经济结构日益改善的趋势。第三，社会民生大力改善。2014年，全区城镇居民人均可支配收入34508元，同比增长10.1%；人均自有住房面积32.7平方米；城镇零就业家庭实现动态就业援助达100%，基本养老金社会化发放率达100%，基本医疗覆盖率达97.5%。社会经济的持续发展，人民生活水平的逐步提高，促使生态环境质量不断提升的需求日益强烈。

（2）生态建设与环境保护工作进展明显

近年来岳麓区按照"跨越赶超，创新发展"的总体要求，紧紧围绕"两型"社会建设主题，紧扣生态文明建设主线，大力开展生态建设、环境管理、环境创建和污染治理，全区生态文明建设取得显著成绩，基本实现了原生态全保护、污染全治理、监管全加强、创建全覆盖、机制全创新；基本做到了让老百姓喝干净的水，呼吸清新的空气，过宁静的生活；区域环境质量基本实现了"天蓝水碧、山青地洁、音静质优"。第一，生态环境保护稳步推进。2014年岳麓区共有国家级风景名胜区1处，市县级森林公园9个，省级湿地公园2个，全区森林覆盖率达到52%。建成区绿化覆盖率达48%，绿地面积3143公顷，其中公园绿地1351公顷；全区城镇人均公共绿地面积达22.92平方米，高于国家生态示范区一级标准。第二，绿色系列创建取得显著成效。近年来全区共创建节能环保社区26个（市级12个，区级14个），绿色学校30所（省级7所，市级10所，区级13所），全国环境优美乡镇2个，国家级生态村3个，省级生态村4个。第三，环境质量总体趋于稳定，局部有所改善。2014年全年空气质量优良率（以PM_{10}计）达到90%以上；饮用水源水质稳定达标，2014年辖区7个地表水水质监测断面达标率100%；城区环境噪声平均值在52~55分贝之间，稳定达标。第四，农村生态环境保护取得显著进展。岳麓区农村个体农户基本建有三级、四级化粪池，集镇建有适合当地特点的人工湿地处理系统，对生活污水进行了有效处理；基本建成户—村—镇—区四级固体废物收集体系，实现了农村垃圾收集的全面覆盖；雨敞坪、莲花等镇生态农村建设工程成果显著，特色鲜明。第五，环境保护基础设施有所加强。截至2014年底，岳麓区共建成岳麓污水处理厂（一期）、坪塘污水处理厂（一期）以及莲花、雨敞坪4座污水处理厂，日处理污水能力34.6万吨，污水处理率达90%以上。另外，含浦集镇污水处理厂及配套管网建设已经启动，并于2015年底完成，岳麓污水处理厂已经开展二期和提质改造建设；岳麓区共建垃圾站139处，其中市建120处，莲花镇、雨敞坪镇各2处，坪塘1处，天顶街道8处，含浦工业园6处，日收集垃圾达到1700吨。第六，环境保护监管能力得到加强。全区成立了生态环境保护委员会，38个区直部门和17个街镇为成员单位。建立健全了基层环保组织网络机构，各街道、镇成立了环保办，明确了行政一把手为本行政区环境保护第一责任人，配备了环保专干。区环境监测站在监测用房、实验设备和队伍建设方面均得到加强，环境监测能力有所提升，在空气质量、废气、废水、噪声监测方面具备了 82 个项目监测能力，并于 2014 年通过国家三级环境监测站标准的验收；近年来相继出台了《长沙市岳麓区环境保护三年行动计划》《长沙市岳麓区生态文明建设实施方案》《长沙市岳麓区"两型"社会建设环境准入的若干规定》等一系列环保政策文件和管理办法；环保监督能力逐步提升，2014 年在全区聘请了 30 名环保监督员，进一步推动了政府、企业、公众三方在履行环保责任和建设宜居岳麓上形成共识。

（3）生态环境问题依然存在

岳麓区在经济社会快速发展、快速城市化导致的人口增加过程中，生态环境保护尽管取得了显著的成效，但是生态环境保护仍落后于社会经济发展的速度，不能满足人民群众对生态环境质量的要求，主要表现在生态环境建设、环境质量、环保能力以及环保机制体制等方面不能适应生态环境保护的总体要求。

生态环境问题依然比较严重。石灰石、磷矿、采石场、砂场等非煤矿山停产后，出现的生态环境问题对周边环境产生长远影响；快速城市化过程导致的生态用地资源减少（30%），严重影响森林覆盖率，将对岳麓区乃至长沙市生态环境质量带来严重影响；城区绿化模式单一，生态环境人工化明显；城镇饮用水备用水源不足，应急措施缺乏，影响城镇居民饮用水安全；农村生态环境问题突出，安置小区"脏、乱、差"景象频现，缺乏针对集中饮用水水源地的防护设施。

部分区域的环境污染仍然存在。主要表现为：一是局部区域的水体水质超标，水环境容量不足。配套污水管网不完善（仅在城镇布设），雨污分流比例不高，现有排污管道的截污比偏低，部分地区存在截污盲区，导致部分生活污水直排入河，其中龙王港和靳江河入湘江口断面水质分别为劣 V 类和 V 类；工业园区快速发展，污水和固废集中处理设施滞后，部分工业废水直排入城市市政管网，导致工业废水对水环境质量造成影响；过境河流水污染难以得到有效治理，龙王港岳麓区段虽经治理，但仍为劣 V 类水质；农药、化肥、生产生活垃圾随意倾倒，规模禽畜养殖带来的农村面源污染（玉赤河）和城乡接合部存在的五小企业排放的工业废水（青山村）是导致局部水污染严重的重要因素；湘江长沙综合水利枢纽的蓄水将给湘江岳麓区段的水环境质量带来严重挑战。以上因素导致岳麓区主要水污染物排放总量居高不下，主要河段的水环境容量接近饱和，总量减排的形势非常严峻。二是大气污染不容忽视。细颗粒物（PM$_{2.5}$）引起的大气雾霾是最主要的大气污染问题，导致 2014 年空气质量优良率（以 PM$_{2.5}$ 计）仅为 60.5%，其中汽车尾气、扬尘是影响大气环境质量的重要因素；非清洁能源大量使用和餐饮油烟污染广泛存在，也是导致雾霾的因素之一；农村秸秆焚烧及城市户外露天烧烤，对局部大气环境质量造成较大影响。三是城区噪声污染问题突出。城区道路两侧交通噪声和社会生活噪声（安置小区的简易 KTV 环保投诉频繁）仍然是影响岳麓区城区声环境质量的主要因素，同时，建筑施工噪声、夜晚渣土车运输噪声也是影响居民生活质量的重要方面。四是土壤重金属污染隐患较大。长沙铬盐厂、坪塘老工业基地、蜂巢化工、麻田磷矿等工矿企业退出后，存在原场地重金属污染，对周边居民的生产生活构成长远影响；农业不合理使用农药化肥带来的农田重金属和有机物污染也将长期存在；废弃的露天矿区、矿渣造成的土壤重金属污染也将给居民生产生活带来安全隐患。五是固体废物产生量快速增加。岳麓区固体废物产生量逐年增加，2014 年已经达到 48.36 万吨，并对城乡生态环境带来影响；由于环境保护意识不足，城乡垃圾分类不彻底、乱扔乱堆、垃圾焚烧等现象依然存在；由于垃圾收集和中转场所的缺乏，部分区域的垃圾未得到及时转运和有效处理；城镇建筑垃圾和农村手工作坊固体废物处理不到位，并存在随意倾倒和到处堆放的乱象。

环保监管能力有待提升。近年来国家、省市区对环境保护工作的要求和标准不断提高，但与越来越高的要求相比，岳麓区在环境监察、监测、环境信息化建设以及着装配备等硬件建设上还远跟不上需要；工作人员无论是从数量还是质量上都与工作要求存在较大差距。环境信息基础设施建设落后，缺少规范性建设标准，高效、成熟的基础网络信息平台尚未建成；环保人员素质和环保意识有待提高，环保人员专业化水平程度较低，大部分街道和镇缺少环境保护相关专业人才；环境宣教和公众环保参与程度有待加强，宣教队伍能力建设与发展水平不平衡，总体力量较薄弱。

环境保护机制体制尚不完善。污染源长效监管机制、环境保护投入机制、环境保护激励机制、领导干部环保绩效考核机制等存在绩效考核占比不够、激励作用不够、公众参与度和考核结果客观性不足等问题；环境责任追究制度不健全，缺乏有效的环保问责监督机制和明确的环保问责标准，问责程序缺乏可操作性；环境管理体系不健全，缺乏有效的生态红线制度、环境功能区划、总量控制措施等管理制度；环保执法制度体系尚不完善，街道、镇环保执法力量有待提高。

3. 发展趋势

未来 15 年，岳麓区经济仍将处于较快的发展阶段，环境保护和治理的任务将更加繁重，需要从长远的角度和制度的层面制定岳麓区环境保护中长期规划，明确环保工作的长期目标，以确保岳麓区经济社会发展和环境保护相协调。

（1）未来一段时期是生态环境保护战略实施的有利时期。自党的十八大和十八届三中、四中全会提出加强环境保护、建设生态文明、全面推进依法治国的战略要求以来，生态环境保护得到国家、湖南省、长沙市以及岳麓区各级政府前所未有的重视，从生态文明建设纳入中国特色社会主义事业"五位一体"总体布局，到新《环境保护法》的正式颁布实施和国务院"大气十条""水十条"的发布，到省里湘江保护与治理一号工程，再到市里做出了环保顶层设计和实施"清霾、碧水、静音、净土"四大行动，改善生态环境将迎来最重要的战略机遇期。

（2）未来一段时期是生态环境保护面临严峻挑战的关键时期。岳麓区作为长沙市"两型"社会建设的核心区和首位区，在加快经济社会发展的进程中，其生态环境质量将面临极大挑战，生态环境保护形势更趋严峻，突出表现在经济的快速发展将使资源约束和环境污染问题日益凸显，人口数量持续增加使生态环境面临的压力加大；同时，城市化水平的提升将对生态环境保护、城镇环保处理设施和处理能力以及环境污染治理措施等提出新的更高要求。

（3）未来一段时期是生态环境保护内在需求升级的重要时期。随着"两型"社会建设的逐步推进和人民生活水平的不断提升，对环境质量的内在需求不断升级，生态环境问题成为广大群众高度关注的热点、焦点问题。在未来实施生态环境保护战略的新时期，必须从宏观战略层面切入，从提高群众对生态环境质量的满意度着手，做好顶层设计，从而实现经济社会发展与生态环境保护共赢。

（二）指导思想和发展目标

1. 指导思想

以邓小平理论、"三个代表"重要思想和科学发展观为指导，深入贯彻落实党的十八大和十八届三中、四中全会关于加强环境保护、建设生态文明、全面推进依法治国的战略部署和改革要求，按照区委"跨越赶超、创新发展"的总体要求，全力推进污染防治、生态保护、环境基础设施和环保能力建设等重点工作，努力探索生态文明制度建设新路径，全面加快"五个岳麓"建设步伐，全面提升区域生态环境质量，努力把岳麓区建成天蓝、水净、地绿、音静的全国生态文明示范区。

2. 基本原则

（1）保护优先。坚持以"两型"发展为导向，转变经济发展方式，以资源环境承载力和环境容量为基础，强化原生态环境保护，明确环境功能分区，落实生态保护红线，促进环境效益、经济效益和社会效益相统一。

（2）环境约束。突出环境保护在经济社会发展战略体系中的引导和约束作用，对于不符合产业政策、准入标准、环保要求的企业一律停止建设，逐步建立和完善生态安全保障体系、污染防控体系和环境保护体制机制。

（3）统筹规划。坚持环境保护规划与经济社会发展规划、土地利用规划、城乡总体规划相统筹，突出环境保护在经济社会发展战略体系中的引导作用。

（4）防治结合。坚持源头预防，把环境保护贯穿于规划、建设、生产、流通、消费各环节，提升可持续发展能力。提高治污设施建设和运行水平，加强生态保护与修复。

3. 发展目标

（1）总体目标

以《长沙市环境保护中长期规划（2015—2030年）》（长政函〔2014〕

221 号）为指导，依托岳麓区山水洲城的独特风貌，围绕"天蓝、水净、地绿、音静"，结合岳麓区实际，针对岳麓区的重要生态环境问题，通过生态安全体系建设、环境污染综合防控体系及环保机制体制建设，将岳麓区建设成绿带绕城、绿色覆区的生态岳麓，天蓝水碧、城乡一体的宜居岳麓，循环清洁、低碳发展的宜业岳麓，使岳麓区成为长沙市的生态核心区、湖南省的生态文明示范城区、国家级生态文明示范区，从而实现建设人与自然高度和谐的美丽岳麓的目标。

根据以上目标，在综合分析国家卫生城市、国家园林城市、国家环保模范城市、国家级生态市、国家生态文明建设试点示范区以及长沙市大河西先导区生态文明建设规划等指标体系基础上，结合岳麓区在全国和湖南省主体功能区划中的位置（重点开发区），初步确定岳麓区环境保护中长期规划的指标体系（附表 1）。该指标体系共包括 21 项，包括约束性指标和参考性指标两类，其中约束性指标为 7 个，包括城镇生活污水集中处理率，国控、省控、市控断面水质达标比例，城市生活垃圾无害化处理率，全年 AQI 优良率，主要污染物排放强度，单位 GDP 能耗，碳排放强度，其他均为参考性指标。

（2）阶段目标

第一阶段（2015—2020 年）：到 2020 年，森林覆盖率由现有的 52% 提高到 55%；化学需氧量（COD）和氨氮（NH_3-N）排放强度分别由 8.19 吨 / 千米^2、2.33 吨 / 千米^2 降低至 6.5 吨 / 千米^2、1.5 吨 / 千米^2 以下，集中式饮用水水源地水质达标率和城镇生活污水集中处理率均稳定在 100%；二氧化硫（SO_2）和氮氧化物（NO_x）排放强度分别由 1.59 吨 / 千米^2、4.21 吨 / 千米^2 降低至 1.5 吨 / 千米^2、4.0 吨 / 千米^2 以下，全年空气质量优良率（AQI）由 60.5% 提高到 75%；城市生活垃圾无害化处理率稳定在 100%；单位 GDP 能耗由 0.67 吨标煤 / 万元降低至 0.6 吨标煤 / 万元；碳排放强度降低至 700 千克 / 万元；生态环保投资占财政收入比例由现有的 5.57% 提高至 8%，环保项目公众参与率由现有的 95% 提高至 98%；第三产业占比由现有的 43.61% 提高至 50%。将岳麓区建成清洁环保的绿色生态区和长沙市的生态核心区。

第二阶段（2021—2025 年）：到 2025 年，森林覆盖率提高 1 个百分点，达到 56%；化学需氧量（COD）和氨氮（NH_3-N）排放强度分别降低至 5.0

吨/千米^2、1.0吨/千米^{2}以下，二氧化硫（SO_2）和氮氧化物（NO_x）排放强度稳定在1.5吨/千米^2、4.0吨/千米^{2}以下，全年空气质量优良率（AQI）达到80%；集中式饮用水水源地水质达标率、城镇生活污水集中处理率和城市生活垃圾无害化处理率继续稳定在100%；单位GDP能耗降低至0.55吨标煤/万元；碳排放强度降低至650千克/万元；生态环保投资占财政收入比例提高至10%，环保项目公众参与率提高至100%；第三产业占比达到55%。实现将岳麓区建成长沙市生态建设领跑区和湖南省生态文明示范城区的目标。

第三阶段（2026—2030年）：到2030年，森林覆盖率达到58%；化学需氧量（COD）和氨氮（NH_3-N）排放强度分别降低至4.5吨/千米^2、0.5吨/千米^{2}以下，二氧化硫（SO_2）和氮氧化物（NO_x）排放强度稳定在1.5吨/千米^2、4.0吨/千米^{2}以下，全年空气质量优良率（AQI）达到85%；集中式饮用水水源地水质达标率、城镇生活污水集中处理率和城市生活垃圾无害化处理率继续稳定在100%；单位GDP能耗降低至0.5吨标煤/万元；碳排放强度降低至600千克/万元；生态环保投资占财政收入比例提高至15%，环保项目公众参与率稳定在100%；第三产业占比达到60%。形成循环可持续的发展格局，实现建成国家级生态文明示范区的目标。

（三）明确环境功能分区

1. 水环境功能分区

依据《地表水环境质量标准》（GB 3838—2002）、《湖南省主要地表水系水环境功能区划》和《岳麓区水功能区划》，结合岳麓区地表水域实际情况，将岳麓区地表水域环境功能分为4类：饮用水水源保护区、农业用水区、景观娱乐用水区和工业用水区（附表2）。饮用水水源保护区执行《地表水环境质量标准》（GB 3838—2002）中的Ⅲ类以上水质标准，农业用水区和景观娱乐用水区执行Ⅲ～Ⅳ类水质标准。

2. 大气环境功能分区

依据《环境空气质量标准》（GB 3095—2012），结合岳麓区的区域空气环境质量特征及其城区空间分布特征，将岳麓区整体环境空气质量均划为二类功能区，执行GB 3095—2012中规定的二级浓度限值。

3.声环境功能分区

依据《声环境质量标准》（GB 3096—2008），结合自然生态环境和社会环境现状，将岳麓区声环境功能区划分为4类（附表3）。

（四）着力控制污染物排放总量

1.加强环境容量核算

（1）水环境容量核算。采用水环境容量计算模型，根据2010—2012年水文现状特点及2012年污染源排放清单进行计算，得到岳麓区3个重点排污单元现有枯水期地表水化学需氧量（COD）入河环境容量为5749.0吨/年，剩余允许入河排放量为747.8吨/年；现有氨氮入河环境容量为1584.6吨/年，剩余允许入河排放量为34.3吨/年。在核算的3个控制单元中，其中湘江（岳麓区段）COD和氨氮剩余环境容量分别为124.7吨/年、3.3吨/年；靳江河岳麓区段COD和氨氮剩余环境容量分别为373.6吨/年、24.3吨/年；而污染最严重的则属龙王港，当前该流域COD和氨氮均已无剩余环境容量，污染严重超标，需要对该流域严格限制涉污项目的投资建设或者通过截污措施提高环境容量。

（2）大气环境容量核算。采用A值法计算得到正常天气条件下岳麓区二氧化硫（SO_2）、PM_{10}、氮氧化物（NO_x）的环境容量分别为0.279万吨、0.326万吨、0.392万吨，大于现阶段各大气污染物的排放强度（460.66吨、629.12吨、2610.28吨），可以支持岳麓区的经济社会发展而不破坏生态平衡。然而在某些极端的气象条件下，包括没有大气湍流、冷暖气团交汇、风速较低等情况下，污染物质聚集在一起不易扩散，空气污染的形势可能出现恶化。为这些特殊情况做好应对措施，解决突发情况，对于改善岳麓区的大气环境有着极其重大的作用。

2.控制污染物总量排放

（1）严格水和大气环境污染物排放总量控制。在保证规划年（2015—2030年）期间污染物排放总量不增加的前提下，实行区域排放总量控制及调整，超标断面龙王港应实施优先总量控制措施，在"十三五"期间实现达标排放（排放量降至最大允许入河排放量以内）；橘子洲以西湘江小河流域以及靳江河流域在规划期内应严格控制污水达标排放，防止水污染加剧；同时以规划年（2015—2030）期间大气污染物排放不变或减少为原则，进行大气污染物总量控制。

（2）严格落实总量控制各项措施。认真落实国家规划环评条例，严格执行规划环评与区域环评，使环评从微观项目层面向宏观战略层面延伸，从宏观上控制排污增量；严格新建项目的环保审批，对新建项目继续适时适度提高准入门槛，严格控制高能耗、高污染和资源型项目；对未批先建的项目，要责令停止建设，处以罚款，公开曝光并责令恢复原状；强化项目的"三同时"监督管理，实现建设项目管理由重审批轻监管向审批、监管并重转变，积极推行建设项目施工期环境监理制度，建立健全环保审批、监理、监管全过程管理制度；加强污染物总量控制措施的对外宣传，实现公众监督和制度监督的有机结合。

（五）加快构建城乡生态环境保护体系

1. 严格划定生态保护红线

按照《国家生态保护红线—生态功能基线划定技术指南（试行）》，根据岳麓区自然生态功能、环境质量安全和自然资源利用等方面的需要，结合环境功能分区，划定岳麓区生态保护红线，具体分为一级管控区和二级管控区（附表4），实行分区管控，以维护区域生态安全及经济社会可持续发展，保障人民群众健康。

（1）生态保护红线一级管控区。主要包括岳麓区境内生态功能重要区、生态环境敏感区、饮用水水源一级保护区、自然保护区核心及缓冲区域，以及坡度大于25%的山地，相对高差大于30米的自然山地、林地等，面积约66.54平方千米，占岳麓区总面积的12.05%。生态红线一级管控区内严禁一切与生态保护无关的开发建设活动。

（2）生态保护红线二级管控区。主要包括基本农田保护区、风景名胜区、森林公园、饮用水水源二级保护区、重要湿地，以及河流和交通道路生态廊道、公园绿地等，面积约254.74平方千米，占岳麓区总面积的46.14%。生态红线二级管控区内严禁有损生态功能的开发建设活动，禁止建设产生污染的项目，限制城市化和工业化；所建项目须严格进行环境影响评价，并采取有效保护措施，确保不影响所在区域的生态功能。

2. 切实保护重要生态资源

（1）加强生态资源保护。对划入生态保护红线区域的山体、水体和湿地等生态资源进行严格保护。重点保护好以岳麓山、谷山、莲花山、大王山、凤凰山、桃花岭等为骨架的森林生态系统，完善风景名胜区、森林公园、湿地公园等景区管理体系和管护基础设施，对景区内与生态保护无关的建筑、生产活动等应逐步迁出。加强八曲河上游等源头区域生态保护，强化湘江及靳江河、龙王港等支流的流域生态保护与污染治理；加强湘江一、二级饮用水水源保护区的保护，彻底清理整顿排污口、游泳场及与水源保护无关的建筑物；重点保护好茅栗冲水库、泉水冲水库等饮用水水源地，实施饮用水水源保护区隔离保护措施，对水库周边污染源实施全面退出。加强湿地污染治理及生态恢复，建立持续的湿地监控、管理机制，扭转湿地面积萎缩和功能退化的趋势。

（2）推进矿区生态恢复。一是加快非煤矿山逐步全面退出。加大全区矿山开发秩序治理整顿和监管力度，建立健全监管和检测制度，加强执法能力建设，杜绝无证开采和一证多矿（井）现象；严格执行矿山准入、准出机制；加快推进剩余非煤矿山的逐步退出，到 2020 年实现全面退出。二是推进矿山废弃地生态恢复。逐步恢复矿区生态环境，重点加强莲花、雨敞坪、含浦、坪塘等街镇的矿山废弃地生态修复与污染治理，开展以"复垦还绿"为主的复垦措施，恢复植被，美化景观，防止水土流失。力争到规划期末，矿山废弃地环境恢复治理率和土地复垦率均达到 90%。

3. 加快推进绿地系统建设

（1）推进绿色生态网络体系建设。深入推进城乡造绿行动，构建生态植被良好、生态功能凸显、生态环境宜居的绿色生态体系，实现绿化总量增长、质量提升；大力开展莲花镇、雨敞坪镇的庭院绿化、集镇周边山林、环镇林带和防护林建设，构建林房一体、林路一体、林水一体的绿色生态网络。

（2）加强公共绿地建设。推进城区各类公园绿地规划和建设，加强社区公园建设，增加城区绿地面积和绿地结构占总面积（含水景）的份额，增加人均公共绿地面积，力争实现 500 米以内可到达城区绿地（1～5 公顷）、1000 米以内可到达城市绿地（>10 公顷），全区建成区绿化率达到 50% 以上。

（3）加强绿色廊道建设。加强主干河流生态廊道建设，重点加快建设湘江、靳江河、龙王港等绿色流域通道；全面开展道路两侧绿地建设，重点加强城市主干道绿色交通走廊建设，沿区内主要高速公路两侧各 100 米、城市快速路两侧各 50 米、国道两侧各 20 米、省道两侧各 10 米范围建设防护绿地，推进城市生态网络体系建设。

（4）加强居住区、单位附属绿地建设。对文化教育、机关事业单位和绿化基础较好的居民小区，积极开展园林式单位、园林式小区创建，提高庭院小区的绿化覆盖率和绿化景观效果；大力推广立体绿化，丰富城镇景观空间；工厂企业应在单位四周设置适宜宽度的防护隔离带，产生污染的工厂与居住区间设置不小于 50 米宽的绿化隔离带，重点加强岳麓科技产业园区内工厂企业的大门环境及围墙绿化、道路绿化、办公区绿化、车间及仓库周围绿化等建设。

4. 着力加强农村生态环境保护

（1）强化乡镇集中式饮用水源保护。建设乡镇地表水饮用水源示范工程，保障农村饮用水安全；大力推广农村清洁能源利用工程，全面推行改水改厕，积极推进集镇垃圾集中处理处置，完善排污管网等污水处理体系建设。

（2）强化畜禽养殖业关闭退出。严格执行禁养区有关规定，实行规模化畜禽养殖全面退出和分散式畜禽养殖户逐步退出。

（3）强化农村污水处理设施建设。全面推进莲花、雨敞坪、坪塘、含浦乡镇污水处理厂及其配套管网的新建、续建和维护，实施联户或分散式农户污水处理等措施，完善区、镇、村、户四级污水处理体系。

（4）强化农村工矿污染源整治。对历史遗留的、无责任主体的农村工矿污染源进行治理，消除工矿污染；依法对工矿企业实行排污申报和污染物排放许可制度，严格执行企业污染物达标排放和总量控制，加强执法力度，依据国家产业政策，提高环保准入条件，逐步淘汰污染严重、工艺和设备落后的生产项目；对产生污染的部分重点企业，引导进入工业园区，并进行技术改造、换代升级。

（5）强化农业面源污染整治与土壤修复。推广科学施肥及合理用药技术，减少化肥、农药、农膜用量；严格执行土壤环境功能区划及保护利用规划，完善土壤分区控制、利用和保护政策；基于土壤污染普查成果，选择100亩以上的种植基地推行土壤生态修复试点工程。

5.加快推进城乡生态环境一体化建设

（1）统筹城乡产业发展布局。坚持集中布局、避免分散污染的原则，将产生污染的重点企业引导纳入工业园区集中管理，淘汰落后及重污染企业，防止工业污染向农村转移；严把项目环保准入关、环境影响评价关、"三同时"管理关，从源头有效控制新污染源的产生。

（2）统筹城乡环保基础设施配套建设。通过完善乡镇集中式污水处理厂、乡镇垃圾中转站或垃圾处理场的建设，全面实现污水、垃圾处理设施与其他公共服务设施同时规划、同时建设、同时投入使用；完善生活垃圾村级收集设施、乡镇中转站建设，建立村收集、乡转运、区处理的垃圾处理模式；远离中心城镇的村庄建设生活垃圾卫生填埋场。

（3）统筹城乡环境综合整治。规范天顶、观沙岭、坪塘、洋湖、望岳、岳麓、学士等街道城乡接合部地区的环境管理；开展环境综合整治，增加绿地面积，加强景观设计，改善城乡接合部地区"脏、乱、差"景象。加强环境规划，加大环保基础设施投入，鼓励相邻城乡共建，共享污水治理、垃圾处理等基础设施。

（4）积极推进生态示范创建工作。以"两型"社会创建为契机，积极推进环境优美乡镇、绿色社区、生态文明村创建。对已经建成的国家级环境优美乡镇——雨敞坪镇、莲花镇，进一步加大生态示范村的创建力度，选择条件较好的村庄创建国家级、省级生态文明村。同时，开展农村清洁工程示范村创建和"'两型'示范家庭"评比活动，通过生态示范作用，带动全区生态环境建设，推进岳麓区城乡生态环境一体化建设。

（六）大力推进污染防控体系建设

1.稳步推进水污染防控体系建设

（1）加快城镇生活污水集中处理设施建设。全力推进城镇生活污水收集系统和地下市政设施网络建设，完成截污管网和提升泵站建设，实现城区配套管网全覆盖，污水全收集；加强初期雨水收集、净化系统建设，全面实现城镇雨污分流；规划近期完成岳麓污水处理厂和坪塘污水处理厂的提质改造，使出水水质达到地表 IV 类水标准；规划中长期完成岳麓污水处理厂（II期）建设，完善配套管网设施，并根据污水产生量适时提出现有污水处理厂扩容改造和新建污水处理设施规划，全面提升城镇污水处理水平；加快城区生活污水再生利用设施建设，以洋湖再生水有限公司为试点，大力提倡和鼓励中水回用。规划期末，城镇生活污水日处理能力达到 98 万吨以上，城镇生活污水集中处理率、农村集镇生活污水处理率和散户生活污水处理率均达到 100%。

（2）加强地表水污染治理。规划近期重点治理湘江西岸、龙王港、靳江河等流域，主要通过截污改造、淘汰关闭等措施治理流域污染，杜绝污水直排湘江现象，实现城区排污口全截污；加强流域沿岸生态绿化带建设，增强水源涵养、水土保持等生态功能，确保水环境功能区水质达标率达到 100%。规划中长期完成观音港、白泉河、靳江河、玉赤河、莲花河、桐溪港、八曲河等小流域环境综合整治工程，实施河段清淤、护坡工程、绿化工程，全面整治堤岸，完善水系景观建设。继续推进完成后湖片区截污盲区的改造，确保湘江长沙综合枢纽蓄水后的水质安全。

（3）加强工业污水治理。推进岳麓科技产业园工业废水集中处理厂建设；推进工业清洁生产，创建清洁生产试点企业；实施污染物达标排放与排放总量控制定期考核和公布制度，逐步淘汰工艺落后、污染严重的企业，依法关闭不符合产业政策要求、严重破坏环境的"五小企业"；强化农村地区工业污染防治，农村地区涉水污染项目一律引导进园区集中；开展镇、街道工业企业污染整治，实现观音港、桐溪港、白泉河、靳江河、玉赤河、莲花河、八曲河等流域或沿岸的所有镇、街道工业企业污染治理全面达标排放，对不能达标排放的坚决依法关闭。到 2030 年，所有工业园区污水治理稳定达标，工业用水重复利用率达到 90% 以上，工业废水排放达标率达 100%。

（4）加强农业面源污染控制。减少化肥农药施用量，推广生物农药和生物防治技术，建立安全用药制度，积极改善用肥结构，坚持有机肥和无机肥配合施用；积极发展生态农业和有机农业，以莲花镇、雨敞坪镇生态农业产业化发展模式为示范，逐步覆盖岳麓区全部涉农行政村积极推广生态农业发展模式，推广农业废物综合利用新技术，重点推广秸秆养畜，畜粪尿还田；

强化农村生活污水治理，全面推广四级化粪池处理生活污水工艺，完善乡镇污水处理厂和分散式农户污水处理设施。

2. 大力加强大气污染防控体系建设

（1）加强工业大气污染防治。全面改烧清洁能源，对已建成的使用高污染燃料的各类设施限期拆除或改造使用清洁能源；严格执行"禁燃区"要求，禁止新建使用燃煤设施的项目。加强重点行业二氧化硫、氮氧化物治理及温室气体排放管理；强化挥发性有机物治理，实施油气回收，新建加油站和储油站、新购油罐车一律安装油气回收装置。

（2）严格控制交通污染排放。严格实施机动车排气污染防治，积极推进高效尾气处理技术的研发和普及，强化尾气年检监管措施，严格执行机动车排气超标车辆强制报废制度；全面实施机动车环保标志管理，加速淘汰黄标车和高排放老旧机动车；提倡液化石油气、天然气、生物柴油等替代燃料的使用，提升燃油品质，到2020年在岳麓区范围内全面实施国Ⅴ标准；鼓励使用新能源汽车，制定相关政策，对购买使用零排放无污染的新能源汽车给予一定额度的补贴，政府机关、环卫等企事业单位公务员用车要率先推广新能源汽车；实施公交优先战略，大力推进绿色出行。

（3）加强扬尘污染防治。划分监管责任网格，实行扬尘网格化管理，加强道路保洁，减少二次扬尘污染；强化建筑工地、渣土运输扬尘污染控制标准化管理，开展工地扬尘在线监测预警管理试点工作，强化渣土巡查监管，推广绿色施工，创建绿色工地；采用先进科学的扬尘控制措施，扩大控制范围，完善市政道路建设（建设龟背形路面）。

（4）加强油烟污染控制。对涉餐饮单位进行重点监管，在宾馆酒店、餐饮企业、单位职工食堂等餐饮单位安装油烟净化装置，强化餐饮企业排污许可管理；城区范围内的纯居民住宅楼，不得设置产生油烟污染的饮食服务经营场所；规划作为商住楼，需要从事餐饮服务的场所，须解决油烟扰民问题；任何单位和个人不得在政府划定的禁止范围内露天烧烤食品或者为露天烧烤食品提供场地；2015—2020年期间，完成老旧社区天然气改造和老居民楼油烟管道改造。

（5）禁止垃圾秸秆焚烧。严禁焚烧垃圾和秸秆，在农村地区推广使用清洁能源。组建巡查执法队伍，切实加强对垃圾收集点的及时清理和日常检查，进一步加大垃圾秸秆焚烧的监管与查处力度；鼓励使用秸秆收贮和还田机械以及加强农作物秸秆综合利用。将农村地区禁烧工作作为岳麓区环境卫生十佳十差镇（街道）、村评比和生态镇（街道）、村创建工作的约束性指标，实行"一票否决制"。

3. 积极开展固体废物污染防控体系建设

（1）加强生活垃圾污染控制。完善生活垃圾收运系统，加强对现有垃圾收集站、垃圾运输车的提质改造，全面推广液压式垃圾站建设，并完善城区配套垃圾站建设，推动环卫设施设备建设与城市化建设同步进行，创建具有特色的示范区。全面推广并形成"户分类减量、村收集利用、镇少量中转、区储存转移"等符合农村实情、具有特色的农村垃圾收集处理体系，实现城乡生活垃圾处置全覆盖。2030 年规划建设一个处理规模为 6000 吨 / 日的岳麓区垃圾中转站，一个具有能源回收能力、安全、稳定的垃圾终端处理场所（焚烧厂、卫生填埋场）。到规划期末，全区垃圾回收率达到 95% 以上，城市生活垃圾无害化处理率达到 100%。

（2）加强工业固体废物污染控制。加强工业固体废物管理体系建设，推动企业开展清洁生产和环境管理体系认证，推行强制性清洁生产审核，强化固体废物源头控制和全过程监督管理；加强工业园区固体废物的集中处理和回收利用，实施工业固体废物分类收集、分类处理，逐步建立综合利用与安全处置相结合的固体废物处理处置体系。至规划期末，实现工业固体废物处置利用率达到 100%。

（3）加强危险废物污染控制。健全工业危险固体废物收集、清运体系，完善工业危险固体废物管理系统。积极实施危险废物申报登记制度、危险废物转移联单制度，严格控制危险固废的输入。建立从产生、转运到处置的全过程监管体系，对危险固体废物进行集中处置，严禁危险废物外排。加快建设岳麓区医疗废物收集系统，到 2030 年，全区及各镇所有医疗卫生机构医疗废物全部纳入收集系统，危险废物和医疗废物等固体废物收集率继续稳定在 100%。

（4）强化建筑垃圾和渣土的处置。鼓励和提倡建筑垃圾分类收集、处理和资源化利用。设立建筑垃圾、渣土堆放处置场所，制定建筑垃圾、渣土统筹管理制度，对储运、处置过程进行严格监管，防止乱倾、乱倒现象产生。渣土管理实行统一规划、统一管理、统一调配处置、统一车辆运输、统一收取渣土处置相关费用、统一安排运输渣土的道路清理。

（5）加强剩余活性污泥安全处置。加快建设与污水处理设施相配套的污泥处置设施，启动污水处理厂厂内污泥干化试点项目。实施区、镇级污水处理厂脱水升级改造、污泥堆肥和稳定化处理等工程。建立污泥处理处置的全过程监管体系，实施污泥从产生到最终处置的全过程监管。到2030年，全区污泥规范化处理率达90%以上。

4. 加快推进土壤污染防控体系建设

（1）开展土壤污染现状调查。组织开展岳麓区土壤污染调查，全面掌握全区土壤质量总体状况，查明污染源地区土壤污染类型、程度及成因，对土壤理化性质、重金属、有机污染物的污染情况进行综合评价。重点开展重污染工矿企业、重金属污染重点区域以及重点搬迁企业土壤环境质量调查。

（2）开展农用地土壤污染防控工作。强化岳麓区农用地污染防治和生态修复工作。以基本农用田、重要农产品产地、"菜篮子"基地为防治重点，开展农用土壤环境监测、评估与安全性划分；严格控制粮食产地和蔬菜基地的污水灌溉、污泥农用，农业灌溉水水质达到国家相关标准；推广科学施肥及合理用药技术，减少化肥、农药、农用膜用量。

（3）实施土壤污染治理，进行土壤修复。加大重金属污染治理力度，依法关闭、淘汰不能稳定达标的涉重金属污染企业；加快老工矿企业污染治理，完成遗留矿渣污染治理和土壤修复工程。在规划年内，采用投加石灰等技术，完成涵盖含浦街道、学士街道、莲花镇和雨敞坪镇4个街道、镇在内的重金属污染耕地修复治理试点项目；完成长沙铬盐厂、坪塘老工业基地等污染土壤修复工程和麻田磷矿、非煤矿山等污染治理和土壤修复工程，在此基础上建设长沙铬盐厂、坪塘老工业基地等环境污染警示教育基地。至2020年、2025年分别实现污染土壤修复率达到75%、80%以上的目标。

5. 着力强化声污染防控体系建设

（1）强化交通噪声污染控制。交通路网规划和干线道路选线应避开学校、医院、居住区等噪声敏感目标；推广使用低噪路面材料；合理规划利用城市主干道、快车道两侧用地；对城市主干道、快车道、高架桥和立交桥等道路两侧敏感噪声目标超标路段，采取种植绿化隔离带、安装隔音降噪装置减轻噪声污染。加强交通噪声污染控制执法，严格实行禁鸣、限行、限速措施，在敏感路段显著位置设立交通噪声自动监控显示屏，实现所有敏感地段满足声环境功能区要求。

（2）加强建筑施工噪声和工业噪声污染控制。严格限制建筑机械的施工作业时间，使用低噪声施工机械和采用低噪声作业方式；加强施工现场监督管理和执法工作，推进噪声自动监测系统对建筑施工进行实时监督，查处施工噪声超过排放标准的行为。加强工业噪声污染防治控制，建立噪声污染源申报登记管理制度，确保厂界噪声达标率100%。

（3）加强社会生活噪声污染控制。加强对达标率低的重要时段和敏感区域的噪声控制，强化对商业网点、文体活动、室内装修、娱乐场所、饮食行业等主要生活噪声源的管理；加强对高音喇叭、音响设备、机动车防盗报警器的监管；推进噪声环境治理示范区创建工作。

（七）构建完善环保制度体系

1. 大力推进环保绩效考核制度建设

（1）构建完善环保考核内容和指标体系。进一步完善考核内容和指标体系，突出客观性指标、动态指标和社会公众评价性指标的地位和作用。具体将考核指标分为四类：环境质量改善度指标，环境建设进展指标，环境与经济综合决策机制落实情况指标，社会评议指标。

（2）强化完善目标责任制考核机制。强化环境保护目标责任制，把环保目标、指标和工作任务纳入各级政府和部门的责任考核体系，逐级签订环保目标责任状，建立环境保护进展情况考评制度。定期将环境质量改善、主要污染物总量控制、重点环保建设工程、环保投入等目标任务分类下发至各街（镇）、园区和区直相关部门，实施差异性考核。将环保绩效考核结果纳入整个干部政绩考核中，与干部奖惩和选拔任用挂钩。逐步建立起以目标责任制为主要抓手，以环境指标考核为现实突破点，以政绩考核为依托的环保考核体系。

（3）加快构建离任环保考核审计制度和环保绩效考核监督机制。进一步提高环保审计在党政领导干部经济责任审计和离任审计中的比重，重点审计领导干部环保责任履行、环保项目建设、环保资金管理和辖区内环境污染事故及损害等情况，作为领导干部提拔任用的重要依据。开展工业点源污染项目、农村面源污染项目、污水处理项目、大气污染项目、噪声污染项目、垃圾处理项目等环保项目的专项审计，扎实落实环保政策和规定。逐步开展和推行自然资源资产离任审计和生态环境损害责任终身追究制。逐步建立环保离任审计专门队伍、严格审计程序以及具体的审计范围、目标，强化审计结果的运用。建立相应的环保绩效考核监督、检查机制，确保环保绩效制度的刚性和效力，减少和杜绝考核工作中弄虚作假现象。

2. 大力加强环境经济政策建设

（1）逐步完善环境资源有偿使用政策。开展重要自然资源产权登记，明确生态资源所有者、使用者、保护者的法定责任和权益。坚持政府调控和市场调节相结合，进一步推广水体、矿产、森林和湿地等自然资源有偿使用和使用权转让，实行保护者受益、使用者付费。在农村地区先行试点水资源使用权转让交易。对已实施收费的传统资源，如水、电、燃气等资源性产品进行价格改革，全面推行阶梯价格制度。

（2）全面优化生态补偿政策。一是客观评估生态功能区生态价值，制定基本农田、重要水源地、重要湿地和生态公益林等生态补偿标准。二是实行阶梯式补偿方式，生态补偿机制以街道（镇）作为补偿对象，分为"重点性补偿""基础性补偿"和"激励性补偿"三个部分。对岳麓区划定的生态红线一级管控区按标准实行全面生态补偿，对生态红线二级管控区实行部分生态补偿。对环境保护和生态修复任务较重的适度开发区域、生态平衡区域，按保护区面积、生态作用、经济发展等客观因素实行基本补偿。对各街道（镇）上一年度功能区生态投入和生态指标完成情况进行考核，实行激励性补偿。三是分阶段推进生态补偿制度的实施：试点阶段（2015—2020 年），在岳麓区特别重要生态功能区（湘江新区范围内生态工字形廊道和长株潭绿心保护区内涉及岳麓区的涉农行政村，靳江河及其支流流域的涉农行政村）开展生态补偿试点，生态转移支付的计算方法可参照《国家重点生态功能区转移支付办法》，逐步修改和完善生态补偿的政策体系以及生态转移支付的核算体系；推广阶段（2021—2030 年），根据试点阶段积累的经验，将生态补偿政策推广应用到岳麓区一般重要功能区、矿产资源开发、大气环境保护等领域。

（3）加快完善绿色环境经济政策。一是推行绿色信贷和环境责任保险制度。按照《长沙市企业环境行为信用评价管理实施细则（试行）》对辖区各企业实施环境行为信用评价，并配合银信部门利用信贷机制，对研发、生产治污设施，从事生态保护与建设，开发、利用新能源，从事循环经济生产的企业和机构提供贷款扶持并实施优惠性的低利率手段；对不符合产业政策和环境违法的企业和项目，停止信贷。继续推行环境风险企业管理制度，鼓励、引导涉重金属、危险化学品和危险废物等环境风险企业购买环境责任保险。二是实施绿色财政政策。促进公共财政投入项目与环境保护和经济可持续发展相结合，加大环境保护的财政投入。建立健全减排效能与财政拨付挂钩制度。政府采购应优先选择环境标志产品，并给予奖励；建立财政投入环境效率评估与审计制度；深化农村环保"以奖促治"和"以奖代补"政策；积极构建专项奖励机制，通过设立环境保护方面的专项奖金，奖励对环境保护有杰出贡献的单位和个人。

（4）严格执行排污权交易政策。严格执行排污许可管理和主要污染物总量控制，合理核定排污权。采取挂牌转让和协商转让的方式，提高排污权使用和交易价格，规范排污权交易范围、程序及主体责任，建立行之有效的市场机制和监管机制。鼓励减排企业转让富余排污权指标，开展排污权政府回购和储备工作，提高企业减排积极性。

（5）加快促进产业转型创新发展。建立完善以企业为主体、市场为导向、产学研相结合的技术创新和科技进步体系。依托梅溪湖国际功能区和岳麓科技产业园，建设国际研发中心和科技成果转化基地。大力实施高新技术和先进适用技术引进、消化、吸收、再创新工程，积极引导企业开展技术创新。严格项目环境准入，提高环保门槛。加快淘汰落后产能和设备，分批淘汰"两高一资"（高耗能、高污染、资源性）等非都市型产业，严格落实坪塘等老工业基地产业退出政策，开展退出企业的生态修复工作。调整优化产业结构，转变经济增长方式。一是全力优化第一产业布局，实现从传统型农业向现代都市型农业和生态型农业转变；以雨敞坪蔬菜基地、莲花现代农业公园为切入点，大力发展现代农业，培育若干专业化生产的农业区域，进一步推进农业产业化。二是加快第二产业生态化调整，构建新型工业化体系。重点对岳麓科技产业园进行生态化改造，实现园区经济效益、社会效益和环境效益的协调发展；依托湘江新区现有产业基础，做强工程机械、电池材料等现有优势产业，做大高端制造、新能源和新材料、电子信息等新兴战略产业。三是大力发展第三产业。推进发展现代服务业，对现代物流业、金融保险业、信息传输计算机服务和软件业、房地产业、商务服务业、现代旅游业、动漫产业等予以重点扶持。加快发展节能环保产业，制定低碳消费优惠政策。积极推广绿色建筑，加快促进"两型"住宅产业化，实现节能减排，改善人居环境。

3. 大力推进环保监管能力体制建设

（1）健全四级环境监管机构。完善"区—街道（镇）—社区（村）—企业"四级一体化监管的环保组织网络。区直相关职能部门配备环保专干；各街道（镇）建立环保办，明确分管领导，配备环保办主任和1~2名环保专干；各社区（村）明确环保专（兼）干，逐级落实环保工作职责。加强环境监管能力建设，环境监察、环境监测能力均达到国家三级标准。实施网格化监管，建立岳麓区智能环保平台，构建企事业单位监管信息、移动执法、环境应急、环境信访、环保审批及三同时验收、环境监测、排污申报及排污费征收等一体化管理体系。

（2）推进环境监测和监察数字化、信息化、标准化建设。完善移动执法系统和在线监控系统，构建岳麓区环境保护信息网络平台，推进"智能环保"体系建设，完善信息发布制度，促进环境信息共享。按照国家环境保护、环境监察、环境监测职能设置和标准化建设要求，强化区、街镇环保部门内设机构建设和专业人员配备，全面推进街镇环境监测监察机构标准化建设。

（3）加强环境应急能力建设。建立健全环境应急机制，加强环境应急队伍建设，强化环境安全管理，健全突发环境污染事故应急体系。一是完善环境应急管理机制。成立环境应急管理机构，强化领导责任制，落实环境安全责任追究制度；强化环境应急管理工作量化考核；健全环境安全隐患排查治理信息报送制度和隐患数据库、隐患排查治理分级管理和重大危险源分级监控制度；健全企业隐患排查治理制度。二是完善环境应急预案。重点区域、重点企业、化工园区编制完善环境应急预案，定期开展环境污染应急培训和演练。制订水、气、危险化学品、危险废物、外来物种入侵等环境安全预案。三是完善环境应急装备。对应急监测仪器装备、应急取证设备、应急监测人员防护装备、应急监测急救装备、应急监测通信设备和应急监测交通工具等进行完善和提升，构建水、大气、生态、土壤、危险废物和危险化学品污染事故等环境监测预警体系。

（4）加强环保科技队伍建设。高度重视全区环保队伍建设，根据工作需要，合理增加人员编制，加大专业人才引进力度，加强环境监察、监测队伍建设，充实人员力量。加大对环境科技研究的资金支持，重点用于岳麓区重大环境科技、管理和政策问题研究。加强环保科技人才队伍的培养力度，强化产、学、研合作。

（5）加强环境宣教能力建设。加强环境保护和生态文明的宣传与普及，不断增强全社会的资源意识和环境意识。一是积极构建多渠道的全民生态教育体系。将生态文明建设和新环保法解读纳入区委中心组的学习计划，将生态环境保护内容列入区委党校党政干部培训的教学大纲，提高各级领导干部的生态文明素养和意识，将生态文明知识、环境管理和环境保护法律法规纳入企业培训计划，增强企业干部职工的社会责任和生态责任，将生态文化知识和生态意识教育纳入公民道德教育，面向中小学生编制生态文明教育教材，提高广大群众的生态道德文化水平。充分发挥生态文明讲师团、环保志愿者和环保监督员的作用，积极开展新环保法和生态文明知识进社区、进学校、进企业、进机关、进园区的全民环保科普活动。二是积极开展形式多样的生态文明活动。坚持开展"六五"环境日宣传活动和专家讲师团及志愿宣传员巡回宣讲活动，进行专题生态环境文化活动；在区内推广和倡导环保电动车和自行车出行，提倡绿色低碳的生活方式和消费模式，引导全社会参与生态文明建设。三是强化舆论宣传引导。加强与各大主流媒体、区直相关部门和各街（镇）的合作联动，重点围绕"清霾、碧水、静音、净土"四大行动，把环保重点工作中的重要成绩、先进做法，通过媒体、网络、报刊等形式，及时、准确、优质地传播到社会大众中。

（6）增强社会公众参与。一是加强环境质量信息和污染源监管信息公开。定期公布全区空气质量、水环境质量和声环境质量，实行重点污染源强制公开环境信息制度。各级政府完善环境信息公开体系，依法公开发布环境质量、环境监测、突发环境事件以及环境行政许可、行政处罚、排污费的征收和使用情况等信息。建立重点污染企业环境信息强制公开制度，主动公开企业污染物排放类型、方式、浓度和总量及污染治理设施建设和运行情况。二是完善社会监督机制。通过媒体，曝光社会上存在的环境违法行为，警钟长鸣。推动环境公益诉讼，建立污染举报和治污奖励制度，鼓励公众开展环境诉讼，对有效举报污染和有力治理污染的社会团体、单位和个人实施奖励，为公众行使知情权、参与权和监督权创造条件。依托驻区高校、科研机构，发挥人才聚集优势，组建生态文明建设咨询团队。

（八）加快推进保障措施体系建设

1. 大力推进组织保障体系建设

（1）完善环境保护决策协调机构。成立长沙市岳麓区环境保护与生态建设统筹领导机构——"长沙市岳麓区生态环境保护委员会"（以下简称"环委会"），统筹、决策、指挥、调度全区生态环境保护工作。由区委书记任顾问，区长任主任，区人大常委会、区政府、区政协分管区领导任副主任，其中分管副区长任常务副主任，各街镇、园区管委会、区直相关部门行政一把手为成员，区环委会办公室设在区环保局，区环保局局长兼任办公室主任。其他环保工作领导小组撤销，由环委会办公室统一负责相关工作。环委会每年召开一次全体会议，研究部署环保工作，每半年召开一次会议，协调解决环保问题。

（2）构建党政同责环保工作新格局。探索建立环境保护党政同责机制，突出地方各级党委的环境保护领导责任，形成党委领导、政府负责、部门协同、公众参与、上下联动的环境保护工作格局。加强部门分工协作，各街道（镇）、园区、景区和区直部门行政正职为环保工作第一责任人，分管领导为直接责任人，环保部门担当环境保护工作牵头和监督管理责任；发改等部门严格制定符合环保要求的产业政策，严把产业准入关；工信部门组织淘汰落后产能，减少工业污染；城管、住建、规划、国土、公安、交通、工商、水务、农林畜、园林、财政及其他相关部门按照职能分工，明确工作目标，强化具体措施，认真履行环境保护责任。

（3）完善协作联动机制。严格界定各部门职责，理顺和规范各部门污染防治和环境保护的职能，协调湘江新区、高新区管理部门环境保护机制，避免产生污染治理和环境监管越位、错位、缺位现象。建立部门信息共享和联合监管机制，对环境污染违法案件统一部署、统一督办、统一整治。持续推进区域环境保护联防联控，通过环境保护合作协议等形式，强化跨部门、跨区域合作。

2. 积极推进资金保障体系建设

（1）加大政府环保资金投入。逐年增加区级财政环保投入，重点支持污染治理、生态建设和环保技术研发应用及环保监管保障等。安排专项经费用于污染防治和提升本地区环保监管能力的资金投入。加大农村环保资金扶持力度，安排农村环保资金，引导社会资源投入农村环保建设，推动农村环保问题的整治。

（2）鼓励社会资本参与环境保护。各级政府坚持科学引导、积极扶持、依法管理、保护权益的原则，实行"谁投资、谁管护、谁受益"的政策，采取财政补贴、以奖代补、技术培训、落实税费优惠政策等方式，鼓励、支持单位和个人参与污染治理和环境保护。推进环境污染第三方治理和环境监测社会化服务，鼓励投资多元化，引入市场竞争机制，多渠道筹集环境保护基础设施建设资金。鼓励单位和个人通过资金投入、实物投入、劳力和机械投入及其他投入方式参与污染治理和环境保护。

3. 强化法治保障体系建设

（1）严格推进环保执法有效实施。规范环保执法行为，紧扣行政许可、行政处罚、现场监督检查等关键环节规范行政执法程序。严格依法行政，贯彻新修订的《中华人民共和国环境保护法》，推行资源环境领域内的综合执法，构建联动执法机制，实行联合检查、联合督办、联合整治。健全环保行政执法和刑事司法衔接机制，探索建立人民法院、人民检察院、公安和环保等部门联动执法工作机制，大力推动环保与公安联合办案，形成打击环境违法犯罪合力，及时解决突出环境问题，维护人民群众的环境权益。

（2）强化环境污染问责机制。推动建立领导干部生态环境保护责任终身追究制度，对完成环保目标任务不好的，对突出环境问题长期得不到解决的，环境质量恶化的，干预环境执法的，因决策失误、监管不力造成重大环境污染事故和严重不良社会影响的，依法严肃追究政府、企业相关责任人责任；建立企业环保责任追究机制，对违法排污等环境违法行为，严格追究行政责任，涉嫌环境刑事犯罪的，依法移交司法部门追究其刑事责任；完善生态环境损害赔偿制度，将生态环境损害与公民损害同时列入赔偿范围；建立环境损害鉴定评估机制，合理鉴定和测算生态环境损害的范围和程度；建立环评中介机构环保责任追究机制，对因项目环评缺项导致环境污染事故或严重污染事件的，按照环境影响评价法的有关规定严格追究责任。

（九）精心组织实施近中期环保重点工程项目

规划实施近中期环境保护主要重点建设工程包括水污染防治、大气污染防控、噪声污染治理、土壤污染治理、生态安全体系建设、农村环境污染整治和环境管理与环保能力建设等 7 大类 19 个项目，具体内容见附表 5。

第二节　工业园区的绿色发展

2018 年 3 月，《湖南省人民政府办公厅关于加快推进产业园区改革和创新发展的实施意见》从优化园区功能布局、加快园区转型升级、提升要素保障水平、加快体制机制创新四个方面给予了指导意见和预期目标。

2019 年 10 月，2018 年省级及以上产业园区发展综合评价报告出炉。在国家级园区中，浏阳经开区、株洲高新区、益阳高新区、宁乡经开区、湘潭高新区总分排名前 5 位；在省级园区中，长沙雨花经开区、岳阳绿色化工高新区、宁乡高新区、娄底高新区、岳阳临港高新区总分排名前 5 位。据全省园区综合评价总体情况显示，2018 年全省 133 家园区（附表 6 列出了部分园区名单、批准日期、面积及主导产业）平均得分为 87.38 分，较 2017 年度上升 0.42 分。各园区最高得分 138.71 分，最低得分 21.55 分。从层级分布看，国家级、省级园区平均得分为 114.32 分和 83.69 分，分差较 2017 年度缩小 6.8 分。从地域分布看，长株潭地区、洞庭湖地区、湘南地区、大湘西地区园区平均得分（不含加减分）为 109.5 分、101.27 分、89.14 分、80.15 分。从园区类别分布看，高新类园区和经开类园区（含工业集中区）平均得分为 101.04 分、81.52 分。

此次通报表扬的园区名单中，除总分排名位于前列的省级先进园区外，长株潭地区排名前 3 位的省级园区有：湘潭天易经开区、长沙金霞经开区、韶山高新区；洞庭湖地区排名前 3 位的省级园区有：桃源高新区、汨罗高新区、益阳长春经开区；湘南地区排名前 3 位的省级园区有：江华高新区、永州经开区、资兴经开区；大湘西地区排名前 3 位的省级园区有：邵阳经开区、隆回高新区、双峰经开区。

一、浏阳经开区

2017 年浏阳经开区正式获得授牌，成为新一批国际绿色范例新城① 试点城市。该园区也是国内首家被列入国际绿色范例新城试点的工业园区。

浏阳经开区将在全球人居环境论坛指导下，在城市规划、建设和管理中全面导入国际绿色范例新城标准 3.0 体系，贯彻"环境、空间规划与开发、经济、基础服务、社会和文化"等六个维度的可持续城市发展理念，提升城市可持续发展水平。

（一）积小胜为大胜，彰显园区环保担当

打赢蓝天碧水保卫战，浏阳经开区一直在努力。2018 年以来，浏阳经开区各部门、各单位高度重视环保工作，围绕园区"建设一流现代化产业新城"的中心任务，勇于担当、开拓进取，从年初就按照市委市政府部署，组织实施了"强力推进生态环境大治理，坚决打赢蓝天碧水保卫战"三年行动计划（2018—2020 年），集中力量开展了系列专项行动。

经过全区共同努力，环保工作成效明显。截至目前，共组织综合执法 92 次，专项执法 14 次，出动执法人员 533 人次，检查对象 323 个，立案查处违法企业 1 家，责令整改 47 家。"三个月治标"目标已取得初步成效，园区老百姓的"绿色幸福感"越来越强。

---

① "国际绿色范例新城倡议"是在联合国环境规划署等国际组织和有关国家政府的大力支持下，由全球人居环境论坛在联合国总部发起的绿色低碳城镇发展计划。

据悉，浏阳经开区党工委、管委会从 2015 年就启动了园区环境保护三年行动计划（2015—2017 年），累计投入 1.4 亿余元，开展了雨污分流、中水回用、第三方在线监测等一系列环保工程。2017 年底，投资 3700 余万元的园区污水处理提质与加盖除臭工程顺利完工并投入使用，不仅排水水质从一级 B 提升为一级 A，而且有效解决了污水处理厂恶臭气体逸散而导致的环境问题，避免了臭气对周边居民生活的影响，在产生积极环境效益的同时带来良好社会效益。

为打赢蓝天碧水保卫战，浏阳经开区将严格按"三个月治标，三年治本"的指示要求，突出问题导向，坚持标本兼治，以"六控""十个严禁"为抓手，各司其职，各尽其责，严格标准，一个问题接着一个问题解决，一仗接着一仗打，积小胜为大胜，彰显浏阳经开区的环保担当。

（二）典型企业示范，痛下决心搞好环保

2017 年，园区企业上市公司九典制药投入 600 多万元，改造公司新废水处理站。日常监测采取多点、定时、定岗的方式，高密度监控各段运行情况，有效提升污水处理的能力。当年还顺利获得湖南省制药行业新排污许可证首家试点企业称号，公司新废水处理站扩建工程通过湖南省环境保护厅审批并取得验收批复。

在完善环保管理队伍上，九典制药设置环保实验室，成立环保车间。公司环保车间主任具有有机合成专业硕士学位，带领环保治理团队有力保障各项环保处理设施的正常运行。通过班组、车间、公司三级教育的方式，针对不同性质、不同类型的三废，按规定方式归类处理，让从源头上有序控制污染源成为员工的自觉行动。

二、岳阳绿色化工产业园

湖南岳阳绿色化工产业园规划范围包含原云溪工业园、巴陵石化和长岭炼化两大厂，规划核心区面积 15.92 平方千米。目前，湖南省石化企业逐步向湖南岳阳绿色化工产业园集聚，促进石化产业集群式发展，产业结构不断优化。在坚持绿色低碳发展道路上，园区已引进石化及配套企业 222 家，成为全市两个年产值过千亿元的园区之一，并获批为省级绿色园区，成功转型为省级高新技术产业园区。

（一）坚持绿色定位严控污染源头

积极采用清洁生产技术，利用无害或低害的新工艺、新技术，大力降低原材料和能源消耗，实现少投入、高产出、低污染，尽可能把对环境污染物的排放消除在生产过程中的产业聚集园区被定义为绿色园区。

产业集聚，烟囱林立的园区已经成为过去，宜居宜业已经成为园区发展的方向之一。2012年，以岳阳云溪工业园为前身，整合巴陵石化、长岭炼化两个龙头央企形成的园区，加上了"绿色"二字，正式更名为湖南岳阳绿色化工产业园。

"园区整合更名后，我们首先明确了功能定位、产业发展方向，从'控新'和'治旧'两方面着手，提高园区环境保护风险防控能力，减少污染源。"湖南岳阳绿色化工产业园管委会主任卢文波说，对入园项目严格遵守国家法律法规，执行严格的审查制度，国家明令禁止、产品档次低下、技术落后、污染严重的项目坚决不予入园；对在建项目坚决落实环保"三同时"制度，环保设施未建成或未验收达标的项目坚决不予生产；对生产企业，根据环境现状及风险分级，采取差别化对待，该整治的整治，该关停的关停，确保污染源头有防有治，有力推进园区绿色发展。

2018年3月20日，湖南岳阳绿色化工产业园举行2018年第一批项目集中签约仪式，共签约甲基吡咯烷酮项目、乙醇汽油项目、氯甲基硫氮茂项目、特种环氧树脂项目、新型高分子环保材料等项目8个。据了解，这些项目投资规模大，科技含量高，发展前景好。如投资2亿元的40万吨/年乙醇汽油及甲醇汽油、甲醇燃料项目，产品作为清洁新型燃料可广泛应用于车辆、船舶、锅炉等，每年可为国家节约大量石油资源。

（二）完善基础配套强化污染监管

湖南岳阳绿色化工产业园作为中南地区石化产业发展的主战场、省石化产业转移的主阵地和岳阳市"一极"建设的主力军，园区在不断优化功能布局的同时，逐步完善基础配套，推动园区新技术、新产业、新业态的蓬勃发展，全力打造创新创业型园区。

2017年5月，园区启动了第二套工业污水管网建设工作，项目总投资

1300 万元左右，主管架设长 4530 米，支管架设长 2085 米。目前，该工程已建设完成。2017 年 7 月，启动园区综合信息平台建设，在园区设置 8 个大气监测点。园区综合信息平台建成后，将对重点排污企业大气、废水排放进行在线实时监测、监控，能够更好地加强对企业水处理、排放的监管。

目前，第二套工业污水管网支管网及在线监控设施建设项目已启动招投标工作，计划 2018 年底完成建设。项目建成后园区污水收集系统将实行"一企一池一管"，并在企业取样池处安装在线监测设施，对各企业污水水质数据进行采集分析，及时提供真实、有效的水质监测数据，有效地约束和制止企业的违法、违规、超标排污行为。

在"共抓大保护、不搞大开发"的新形势下，湖南岳阳绿色化工产业园全面开展环保巡查督查工作，对发现屡屡超标排放、违法停用环保设施、存在突出问题不积极进行整改的企业敢于亮剑，协同有关部门依法采取最严厉的措施进行查处。对污染物排放超标或者重点污染物排放超总量的企业予以"黄牌"警示，限制生产或停产整治；对整治后仍不能达到要求且情节严重的企业予以"红牌"处罚，限期停业、关闭；对无治理能力且无治理意愿的企业，依法予以关闭淘汰，在园区形成打击环境违法行为的高压态势，让企业自觉守牢环保底线。

（三）在绿色低碳发展中实现蝶变

湖南岳阳绿色化工产业园目前已形成在云溪片区重点发展精细化工、催化剂等新材料产业，巴陵片区重点发展石油化工、化工新材料及深加工等产业，长岭片区重点发展炼油化工、芳烃等产业的产业园区，已形成了丙烯、碳四、芳烃、碳一等四条主产业链。园区先后获批为国家高新技术产业基地、国家火炬计划特色产业基地、国家新型工业化示范基地、国家循环化改造示范园区和国家低碳工业试点园区等，是全球最大的锂系聚合物生产研发和醋酸仲丁酯生产基地，亚洲规模最大、品种最全的炼油催化剂生产基地，国内最大的己内酰胺、环氧树脂生产基地之一。

2017 年，园区实现技工贸收入 1015 亿元，规模工业增加值 195 亿元，创税 112 亿元，分别占到岳阳市的近 1/4、1/3 和 1/2。2018 年一季度，园区实现技工贸收入 285 亿元，完成规模工业增加值 62 亿元，固定资产投资 18

亿元，实现税收 33.4 亿元。

当前，园区正与巴陵石化和浙江三鼎集团洽谈投资 150 亿元的 100 万吨己内酰胺及 60 万吨聚酰胺切片一体化项目，拟打造世界一流的己内酰胺全产业链基地。园区已出台《招商引资优惠政策暂行办法》，正拟设立石化产业发展引导基金，鼓励企业加快技术创新，促进园区转型升级。

三、工业园区绿色发展规划

（一）绿色发展，建设资源节约型、环境友好型社会，工业园区是主战场

工业园区是湖南推进新型工业化的重要平台，是对外开放、招商引资的重要窗口，也是实现湖南城乡统筹，推动资源节约型、环境友好型社会建设的重要载体。坚持不懈地抓好园区建设，推动园区经济快速、健康、协调、可持续发展，是湖南加快推进"四化"（四化是指新型工业化、农业现代化、新型城镇化、信息化），实现富民强省宏伟目标的战略选择。建设资源节约型、环境友好型工业园区，推动资源节约型、环境友好型经济发展，湖南省内各级工业园区，一定要紧扣"调整经济结构，转变发展方式"这个根本方针，迎接挑战、开拓创新，真正把产业园区建设成为新型工业化的示范区、经济转型升级的先行区，有几个方面的问题要特别引起重视。

1. 要始终坚持务实创新，扩宽工作思路

要切实增强园区发展动力，由要素驱动向创新引领转变；切实优化产业结构，由企业聚集向集群发展转变；切实提升规划建设层次，由建园兴业向城乡统筹、整体推进转变；切实注重园区发展的综合效应，由偏重速度、规模向建设"两型"转变；切实推进园区体制机制创新，由办企业搞服务向加强社会管理、全面提升创业环境转变。

2. 要始终坚持突出重点，推进集群发展

要凸显发展特色，增强综合实力。特别要防止同质同构、千园一面的倾向。选准最适合本地发展、最有潜质和上升空间的特色产业作为园区经济支柱加以培育和经营。要加强产业发展指导，引导园区走资源节约型、环境友好型、高端化、品牌化、集群化的发展路子。整合力量，形成规模优势，壮大核心竞争力。

3. 要始终坚持低碳、绿色，务求生态环保

要突出理念培育，积极塑造和提升资源节约型、环境友好型文化；突出产业培育，全力打造低碳产业体系；突出绿色招商，强力推进低碳产业项目建设；突出政策引领，努力形成低碳经济发展的良好氛围。

4. 要始终坚持制度创新，激活内生动力

注重优化服务，营造一流环境。工业园区作为"特区"和"试验田"，应大胆探索创业政策、招商方式、管理体制、资本运作、文化建设等方面创新。着力转变政府职能，努力建设服务型、创新型的责任园区，为园区企业提供高效廉洁的综合服务，为园区从业人员和广大居民提供舒适、优越的人居环境和宽松、和谐的创业氛围。

（二）绿色生产要求

建设绿色湖南，是湖南省委、省人民政府全面深入践行科学发展观，加快推进"四化两型"战略，抢占新一轮发展制高点，提升长远竞争力的重大举措，体现了全省人民的共同意志。为加快绿色湖南建设，制定了《绿色湖南建设纲要》，要求发展绿色生产。

1. 优化产业结构和空间布局

推动产业生态化和生态产业化。把生态产业和低碳产业作为新的技术制高点和新的经济增长点，重点改造提升传统产业，淘汰高污染、高能耗落后产能。发展生态优势产业、战略性新兴产业、现代服务业，建设高效益、集约化、生态型的产业园区，把产业园区建设成为生态产业的先行区和示范区。

围绕绿色转型升级进一步优化产业空间布局。按照重点开发、限制开发和禁止开发的不同要求，规范空间开发秩序。长株潭城市群要大力发展先进制造业和高新技术产业等"两型"产业，加快长沙、株洲、湘潭等老工业基地振兴，打造成中部乃至全国重要的经济增长极和现代化生态城市群。湘南地区要大力发展加工贸易和现代农业等，加强生态建设和环境保护，加快优势产业的"两型化"改造，打造成全省对外开放的引领区、产业承接的示范区和新的经济增长极。大湘西扶贫开发区要进一步加强生态建设和环境保护，以"两型化"要求推进特色优势产业发展，重点发展生态旅游和民族文化旅游业，建设成全国重要的生态文化旅游经济带和面向西部的区域商贸物流中

心。洞庭湖生态经济区要着力提升粮食综合生产能力，大力发展湖湘特色旅游，全力推动江湖产业集聚发展，不断完善现代综合交通体系，加快推进城乡一体化发展，着力强化生态安全保障功能。

2. 推行循环经济和清洁生产

在经济发展和产品生产过程中贯穿循环经济理念，努力促进"资源—产品—污染排放"的传统生产方式向"资源—产品—再生资源"的循环经济模式转变，降低单位产品能耗、物耗和水耗，最大限度地实现废物循环利用。发展生态农业，推广种养结合、农牧结合、林药结合等生态立体农业循环模式，每个市州建设 1～2 个循环经济农业示范区。发展工业循环经济，加强循环经济骨干企业、示范园区和基地建设，逐步在冶金、有色、机械制造、轻工纺织、化工、建材、石化、造纸等行业形成循环经济产业链。加强资源的综合利用和再生利用，推进工业"三废"综合利用项目建设。以长株潭城市群为重点，加快建好汨罗、永兴、清水塘等 6 个国家级和 24 个省级循环经济试点，建成 15 个具有特色的循环经济工业园区。逐步建立覆盖城镇乡村的资源回收利用体系，实现"城市矿产"的高值化、资源化利用。全面推行清洁生产，从源头上减少资源消耗和环境污染。积极支持企业开展 ISO14000 环境管理体系认证，鼓励工业园区、基地开展清洁生产审核，依法对污染物排放超过限定标准和污染物排放总量超过控制指标，以及使用有毒有害原料进行生产或者在生产中排放有毒有害物质的企业实施强制性清洁生产审核。

3. 培育绿色支柱产业

发展农林优势产业。按照高产、优质、高效、生态、安全的要求，提高粮、棉、油、畜禽、水产、水果等大宗农产品生产能力，确保粮食总产稳定在 600 亿斤以上。发挥农业多重功能，发展现代农业，确保农业资源得到高效利用与有效保护。推进农业标准化和安全食品生产，发展有机食品生产基地。推进农产品精深加工，培育一批"两型"农业龙头企业。扶持发展农产品加工园区，推动农产品加工走园区化、集群化发展路子，打造一批绿色知名品牌和驰名商标。营造速生丰产用材林和工业原料林、毛竹丰产林，培育乡土珍贵优质木材，增强木竹供给能力和资源战略储备。大力发展油茶丰产林，提高单位面积产量和加工利用水平，保持湖南油茶第一省地位。加强花卉苗木、经济林、生物质能源林、中药材等特色基地建设。积极发展林下经济，实行立体复合经营。培育壮大家具、林浆纸、木竹地板、林化、林药、森林食品、森林旅游等生态经济双赢产业。

发展低碳环保产业。大力运用高新技术和先进适用技术改造提升钢铁、有色、机械、石化、建材、轻工等传统产业，促进初级产品向精深加工产品转变，低附加值产品向高附加值产品转变，低技术含量产品向高技术含量产品转变，推进传统产业绿色转型。重点发展资源节约、环境友好的先进装备制造、新材料、文化创意、生物、新能源、信息和节能环保七大战略性新兴产业，实施千亿产业、千亿集群、千亿企业、千亿园区产业发展"四千工程"，使之尽快成为绿色经济新的增长点。

发展现代服务业。重点发展金融、保险、物流、会展、服务外包、创意设计、科技服务、信息服务等生产性服务业。全面提升市政公用事业、房地产和物业服务、社区服务、家政服务等生活性服务业。做大做强餐饮业，加快湘菜产业发展。大力发展观光旅游、乡村旅游、文化旅游、休闲度假等生态旅游业，着力打造一批精品旅游线路，加强旅游产品开发，构建多层次的旅游发展格局，把张家界建设成为世界旅游精品。发展壮大现代传媒、新闻出版、动漫、文化娱乐业，培育现代演艺、数字媒体、媒体零售、网络游戏等新兴文化业态。

四、绿色生产中存在的问题（以衡阳工业园为例）

衡阳市是全国26个重工业基地之一，有着坚实的工业基础。截至2015年，在衡阳市省级以上产业园区中，规模工业企业园区共有10个，分别是衡阳高新技术产业开发区、衡阳松木经济开发区、衡阳西渡高新技术产业园区、衡南工业集中区、湖南衡山经济开发区、衡东经济开发区、祁东经济开发区、耒阳经济开发区、常宁水口山经济开发区、衡阳大浦工业园区，其中衡阳高新技术产业开发区属于国家级。经过改革开放40多年来的发展，衡阳十大工业园区已形成规模，先后发展了先进制造业、新材料、电子信息、输变电、盐卤及精细化工、有色金属深加工、生物制药等高新科技优势产业。

（一）产业层次较低，治污能力相对落后

目前，衡阳市基础工业发展势头良好，但园区基础设施比较落后。主要

表现在产业层次较低，产业集聚度不高，高新技术产业还处于起步阶段，工业科技创新力度不够，增长方式较为单一，经济效益偏低等。虽然传统产业在不断扩张，但是却很难带动衡阳市经济快速增长，原因之一是没有充分发掘传统产业的优势和潜力，主导企业数量不多。各园区内都存在小规模的企业，这些企业的生产流程单一落后，设备更新慢，资源浪费率较高，清洁技术水平不达标，污染治理的投入偏低，治污效果不理想，导致污染物排放量较高，环境污染严重。研究表明，衡阳市企业排放的废水、废气、固体废弃物对当地地表水、大气层、土壤均造成了不同程度的污染，对当地居民的日常生活和身心健康存在潜在威胁。目前，衡阳市的工业化具有工业化初级阶段的某些特征，加快从工业化初期向工业化中期转变将是今后的一项艰巨任务。

（二）工业能源消费过高，高耗能行业占主导

能源是经济社会发展的重要动力，是提高人民生活水平的物质支撑。衡阳市工业能源消耗以煤炭为主，工业发展高碳特征突出，给高耗能产业发展带来了较大压力。煤炭是一种传统的基础能源，主要用于钢铁制造、电力生产及锅炉燃烧。2015年三季度全市规模以上工业一次煤炭消费量为348.84万吨。其中，电力、热力和供应业消耗煤炭最多，尤其是以二次能源转换投入的原煤为主。其次是制造业，煤炭消费128.56万吨，占36.85%，制造业中煤炭消耗较多的行业主要有：非金属矿物制品业（63.59万吨）、水泥制造业（50.79万吨）、化学原料和化学制品制造业（19.87万吨）、黑色金属冶炼和压延加工业（13.22万吨），这四大行业的煤炭消费量之和占规模以上煤炭消费量的49.45%。2015年三季度，在全市规模工业39个行业大类中，石油加工、炼焦及核燃料加工业、化学原料及化学制品制造业、非金属矿物制品业、黑色金属冶炼及压延加工业、有色金属冶炼及压延加工业、电力热力的生产和供应业六大高耗能行业能源消耗量为236.92万吨标准煤，占规模以上工业的比重为79.44%，同比下降6.22%。从不同行业来看，电力热力的生产和供应业、非金属矿物制品业、黑色金属冶炼及压延加工业、化学原料及化学制品制造业综合能源消费量分别为72.39万吨标准煤、60.31万吨标准煤、53.6万吨标准煤和28.47万吨标准煤，分别占全省规模以上工业综合能

源消费量的比重为 24.27%、20.22%、17.97% 和 9.55%。

（三）循环经济链条不系统，园区产业关联度较低

工业园区内关联产业企业在一定空间地域内聚集和扎堆，纵向成链、横向配套，并以产业关系为纽带紧紧连接在一起。在输变电产业中，目前衡阳本地参与特变电工配套合作的企业仅 10 余家，2014 年特变电工在本市的采购总量为 4500 万元，仅占公司外协件采购总量的 4% 左右。在汽车零部件产业中，衡阳市亚新科、天雁、风顺等 35 家汽车零部件企业，2014 年本地采购率不足 5%，其中天雁机械每年有 2.1 亿元的采购量，风顺车桥每年采购量为 3 亿多元，在衡阳本地的采购量均不足 1000 万元。在钢管加工行业中，衡钢集团的原料采购是内地采购，产品销售是向外销售，因此每吨钢管要比沿海企业多出几百元的运输成本，又因为钢管材料深加工的下游加工设施不完善，导致每吨钢管至少损失上千元。这些现象的存在直接导致了衡阳市工业生产能力的外溢，从而导致市场空间、新的经济增长点、龙头产业企业竞争力的外溢。

衡阳市工业园区缺乏对产业分工的具体原则和关联产业经济效应的规划和考虑，未重视新进企业的质量和产业关联度，只关心招商资金的数额，造成园区内企业产业集群不集中、优势不明显等现象。衡阳市大多数工业园区依旧停滞在单纯扩大生产规模的时期，园区内属于同一生产行业的企业数量太少，就会导致园区内部企业之间竞争力下降，不同园区之间生产流程技术创新交流、项目合作和企业管理沟通不足。企业所需要的生产要素，例如高技术人才、资金等流动动力不足，最终呈现出产业联系分散的情况，园区企业主体之间竞争和协作的动力不足，一些园区内部企业交流计划没有付诸实践，就更谈不上和其他园区企业之间的有效联系。从衡阳市整体工业园区来看，部分工业园区内企业间缺少有关循环经济的产业联系。

（四）缺乏有力的法律法规保障和政策体系支持

循环经济的相关法律法规能够为工业园区实行循环经济提供有效的法律保障和企业行为支持。虽然根据目前的实际情况，我国颁布了《循环经济促进法》以及各项循环经济示范园区管理办法，但还没有形成整体的法律法规系统。而且，对园区内部企业而言，相关鼓励企业发展循环经济的政策还不

成熟，比如与构建循环经济工业园区相关的税收和补贴政策、优惠鼓励制度、限定管理制度等，都存在一些问题：

一是目前的政策制度强调单个企业的排污情况，突出要求企业排放的废物量要低于标准水平，必须减少使用有毒有害物质。但在实际操作中，对企业而言，某些原材料是生产过程中必不可少的物质，其废弃物的排放量难以达到政府所要求的水平。在循环经济工业园区内，最终目标是废弃物减排和能源的循环利用，简单地要求单个企业或者少数几个企业降低废弃物的排放是远远不能实现最终目标的。政府应该强调整个园区各个企业通过构建产业链来达到废物资源化和有效能源循环利用的目的。可见，真正实现循环经济还有很长一段路要走。

二是征收排污税的体系存在不足。主要表现在污染物质的征收范围比较狭窄和征收污染排放税的比例较低。由于污染物的征收范围比较狭窄，很多散发毒气物质、工业废弃材料、工艺过程中的残渣、生活中不可回收的垃圾、强磁电辐射等污染有待被加入征收污染税的范围。同时由于征收排污税的比例较低，据数据表明，现行工业企业所缴的排污费相当于污染治理费用的10% ～ 15%，所以部分企业宁愿多缴纳排污费也不愿更换有损环境的设备，此种情况不利于企业主动治理污染。

三是目前国内主要实行资源税，而在环境保护方面缺少独立税种，因此企业的注意力都在资源方面，对环境治理和保护的意识相对薄弱。部分企业使用具有污染性质的原材料和工艺流程来生产产品，由于无需承担例如绿色环保企业在环境治理中类似的相应成本，因此价格比绿色环保产品的价格低，占据价格竞争优势，在产品市场上竞争力更强。但长期如此，会导致环保企业对环境治理缺乏信心，消费者会形成不正确的消费观念。

五、工业园区循环经济发展（以衡阳市工业园区为例）

（一）设定园区清洁生产规划，发展环境友好型企业

建立健全适应园区发展的清洁生产系统，做好园区的清洁规划管理，构建综合网络体系，把清洁管理工作与产业结合起来，充分利用好各种资源，使得资源能够最大化地服务于工业；设定技术咨询服务，只有对技术了解十

分透彻，才能更好地为生产服务。因此应制定清洁生产方案，以及相关的有害物质的排放审核制度，对于园区内企业的排放物做好严格的把关，尤其是一些排放污染物较多或是排放有毒物质的企业，必须对其实行审核制度。鼓励他们改善生产方式，完善工艺设备，在企业内部实行生产技术改良制度，改变原来高排污、低产出的生产方式，引进国外先进技术和高科技设备，学习清洁生产技术。同时，还应培养更多的机构来审核企业是否符合当前的清洁生产制度，严格把关，防止污染较严重的企业继续破坏园区的整体形象。

（二）加强优质高效能源的供给能力，严格控制耗能增量

煤炭作为基础能源，不仅消耗大量不可再生资源，而且效能偏低，还会造成环境污染。因此一方面要加快自身电力建设步伐和新能源如水力发电、生物质发电和余热余压等的开发和利用，另一方面，要尽快做好能源供应网络建设，要尽可能跟上全省能源消费结构逐步转变的步伐，以确保未来对石油、天然气、电力的有效使用。此外要制定能源消费的鼓励和限制政策，有效引导合理的能源消费品结构。一是提高能源利用效率。实现工业节能的关键是技术进步，因此加快重点企业技术改造，利用先进技术和设备挖掘节能潜力来影响能源消费结构，以便使低效率、高污染的煤炭消费所占比重下降。同时加速更新传统产能，排除落后的高能耗设备，优化生产体系，运用先进合理的生产流程挖掘节能潜力。针对能源转换中存在的问题，技术创新是能源转换环节的技术支撑，能够降低能源转换中的损失。二是严格控制能源消费增量。严格执行国家的能源消费标准，建立健全能源消费的评审制度，对于想要进入园区内的新行业或是已经进入园区的行业，进行严格的把关，实现能源最大化利用；也可以通过对能源价格实行梯度制，促使各企业建立节约能源的意识。

（三）加强工业园区的科学规划，建设特色型园区

从当前衡阳市各园区的发展情况来看，最突出的问题就是各园区的产业结构趋同化，每一个单独的园区都形成固定的配套发展模式，没有优势，也没有突出产品特色，这就导致在招商或是吸引商家投资时不能吸引外来企业，不仅如此，产业园区结构趋同的另一个影响就是使得产业链不能够形成规模效应，各园区的专业化水平较低。当一个工业园区都是千篇一律的发展模式

时，商家就会考虑该园区是否有继续发展的可能性，不利于吸引更多的投资者。因此，衡阳市工业园区在园区的改革上要朝着专业化、特色化方向发展，改革财税制度，园区内同产业的企业尽量向同一园区集中，形成产业集群，有利于各企业实现资源共享，形成规模效应，突出发展该产业的特色和优势。

（四）完善循环经济法律法规，形成工业园区发展的政策体系

一是针对工业园区排放废弃物造成环境污染，衡阳市政府应改革现有的排污收费制度，实行新的环境制度，从源头上对排污企业排放的二氧化物、氮氧化物等有毒物质实行征税，根据排放数量的多少，灵活变动征税比例范围。比较容易计算征税的污染，例如生产过程中消耗的燃油燃煤的废弃物以及生活污水等，以及不太容易计算征税的如噪音、温室气体、有毒气体、光辐射、电辐射、电磁波等，都要计入企业排放污染物的考核指标。这样既有助于政府限制企业排污的权限，又增加了政府的税收，消除了排污收费制度的缺点。二是完善工业园区循环经济发展的政策优惠鼓励体系。在减免和资金补贴方面，可以对园区内的企业实行减免或降低营业税、增值税等税收的征收比例；对于致力于新产品的研发，导致在一段时间内处于亏损状态的企业，允许其申请经济补贴；政府实行帮扶制度，积极宣传园区内的生态企业，针对当地的实际问题，制定相关的环保法规，明确生态人员职责。

第三节　重点流域绿色发展

为促进长江经济带创新发展、协调发展、绿色发展、开放发展、共享发展，根据长江经济带的区位特征、发展共性，国家提出将长江经济带打造为具有全球影响力的内河经济带、东中西互动合作的协调发展带、沿海沿江沿边全面推进的对内对外开放带、生态文明建设的先行示范带。长江经济带各省市区在符合国家总体战略定位的前提下，结合自身的地理位置、自然资源、基础条件、发展阶段，选取更加有效、更加可行的战略定位，更好地融入长江经济带建设。

作为长江经济带"龙腰"的湖南，保护母亲河，保护生态环境，坚持绿

色经济发展，是湖湘人民饮水思源的责任使命，也是深入贯彻落实习近平总书记"共抓大保护、不搞大开发"重要指示的体现。

一、湖南省长江经济带绿色发展

2018 年 5 月 11 日，中国共产党湖南省第十一届委员会第五次全体会议通过《中共湖南省委关于坚持生态优先绿色发展深入实施长江经济带发展战略大力推动湖南高质量发展的决议》，《决议》指出，必须全面贯彻新发展理念，坚持"绿水青山就是金山银山"，把生态优先、绿色发展的要求落实到产业升级、通道建设、开放合作、乡村振兴等重点领域，加强改革创新、战略统筹、规划引导，以长江经济带发展推动高质量发展。要把保护和修复长江生态环境摆在压倒性位置，全力打好以长江生态保护修复为重点的污染防治攻坚战，守护好一江碧水，推动长江经济带绿色发展。

（一）加强生态环境保护和治理修复，坚决打赢污染防治攻坚战

坚持从生态系统整体性和长江流域系统性出发，突出水污染治理、水生态修复、水资源保护、水安全保障，实施污染防治攻坚战三年行动计划，统筹山水林田湖草系统治理，做到全局和局部相配套、治本和治标相结合、渐进和突破相衔接，持之以恒推进生态保护和污染防治，筑牢"一湖三山四水"生态屏障，让"一湖四水"的清流汇入长江，努力打造长江经济带"绿色长廊"。

1. 深入开展洞庭湖生态环境专项整治

全面落实《洞庭湖生态经济区规划》，巩固提升洞庭湖水环境综合治理五大专项行动成果，实施洞庭湖生态环境专项整治三年行动计划（2018—2020 年），加快推进农业面源污染防治、城乡生活污染治理、工业污染集中整治、船舶污染防治、湿地生态修复等十大重点领域整治，突出大通湖、华容河、珊珀湖、安乐湖、东风湖等重点片区整治。加强对洞庭湖区超标排污、非法采砂、滥捕滥猎、侵占湿地等环境违法行为的集中整治，大力推进退林还湿、退养还清工程，逐步实现黑臭水体治理、畜禽养殖粪污处理、沟渠塘坝清淤、湿地功能修复全覆盖，提高城乡生活污水和垃圾处理率、农村安全饮水普及率、血吸虫病防控率。通过综合治理，使洞庭湖生态环境明显改善，到 2020 年，洞庭湖湖体水质总体达到Ⅲ类标准。

2. 统筹推进"四水"联治

继续实施湘江保护和治理"一号重点工程",顺利完成第二个"三年行动计划(2016—2018 年)",研究谋划第三个"三年行动计划(2019—2021 年)"。扎实抓好株洲清水塘、郴州三十六湾、娄底锡矿山、衡阳水口山、湘潭竹埠港等湘江流域重点片区污染整治,加快推进产业转型,依靠创新实现绿色发展。以湘江治理为重点,系统推进资江、沅江、澧水流域水污染治理、水生态修复、水资源保护和防洪能力提升,实施好养殖污染整治、非法采砂整治、船舶污染整治、城镇与园区污水处理提升等重大工程。到 2020 年,湘资沅澧"四水"干流和主要支流水质稳定在Ⅲ类标准以上,总体达到优良。

3. 加强长江岸线专项整治

严格落实国家《长江岸线保护和开发利用总体规划》,以壮士断腕的决心和超常规的举措集中开展长江岸线专项整治。实行严格的岸线保护政策,按照关、停、并、转的要求,强力推进长江岸线港口码头专项整治。全面开展入河排污口整改提升、饮用水水源地专项整治、化工污染专项整治、固体废物排查整改等整治行动。加强源头治理,强化控源截污、清淤清污、垃圾清理等措施。

4. 实施生态修复和环境保护工程

优化国土生态空间布局,严守资源利用上线、生态保护红线、城镇开发边界、环境质量底线、永久基本农田保护线。建立健全生态保护红线制度,2020 年前完成生态保护红线勘界定标。实施生态涵养带建设工程,加强水土保持综合治理,建立覆盖"一湖四水"全流域的生态涵养带,山水林田湖草生态基底自然原貌基本恢复。以洞庭湖区域为重点,推进湿地生态保护和修复,加快实施国家湿地保护恢复工程、退耕还湿,积极稳妥清退欧美黑杨,到 2020 年,完成洞庭湖区域湿地修复 3.7 万公顷。严格执行《湖南省饮用水水源保护条例》,落实饮用水水源保护区的各项管理措施和保护要求。大力开展国土绿化行动,加强国家公园、自然保护区建设和野生动植物保护,到 2020 年,全省森林覆盖率稳定在 59% 以上。

5. 持续推进农村人居环境综合治理

落实国家《农村人居环境整治三年行动方案》,以建设美丽宜居村庄为导向，以生活垃圾治理、厕所粪污治理、生活污水治理、饮用水水源地保护、养殖行业环境整治为重点，以县级行政区为单元，推进农村环境综合整治全省域覆盖。坚持不懈推进"厕所革命"，大力开展农村户用卫生厕所建设和改造。加强畜禽养殖污染防治，严格执行畜禽养殖分区管理制度，加快推进畜禽适度规模标准化养殖，实施绿色水产养殖。推进农村污水垃圾专项治理，建设覆盖城乡的污水和垃圾处理设施。加快整县推进农村环境综合整治，到2020年，全省村庄饮用水卫生合格率达到90%以上，生活污水处理率达到60%以上，生活垃圾无害化处理率达到70%以上。

6.加强大气和土壤污染治理

全面落实国家大气、土壤污染防治行动计划，深入推进大气和土壤污染治理。实施"蓝天保卫战"三年行动计划，推进大气污染联防联控，推动产业转型升级，推广应用清洁新能源，倡导绿色低碳生活方式，构建大气污染防治立体网络。到2020年，全省14个地级市环境空气质量优良天数比例达到83%以上。实施化肥、农药零增长行动。矿产资源开发活动集中的县市开展尾矿库专项整治行动。对全省耕地重金属污染重点地区开展检测和修复治理试点。

（二）坚定不移走生态优先绿色发展之路，大力推动经济高质量发展

正确把握生态环境保护和经济发展的关系，大力实施长江经济带发展战略，坚持质量第一、效益优先，加快建设实体经济、科技创新、现代金融、人力资源协同发展的产业体系，加快新旧动能转换，推动经济高质量发展。

1.深化供给侧结构性改革

坚持在发展中保护、在保护中发展，推动质量变革、效率变革、动力变革，深化要素市场化配置改革，着力在"破""立""降"上下功夫，不断提高供给质量和效益。大力破除无效供给，综合运用市场化法治化手段，推动水泥、煤炭、烟花、造纸等领域过剩产能退出和落后产能淘汰，着力处置"僵尸企业"，统筹做好职工安置、资产债务处置、兼并重组等工作，积极推动化解过剩产能。大力培育新动能，强化科技创新，推动传统产业优化升级，深入推进"互联网＋"行动，大力发展新兴产业，扎实开展产业项目建设年活动，着力抓好"五个100"项目，不断增强发展后劲。大力降低实体经济成本，落实已出台的各项减税降费措施，进一步降低制度性交易成本、税费成本和融资、用电、人力、物流等成本。

2. 增强创新引领能力

坚持发展是第一要务、创新是第一动力、人才是第一资源，紧盯经济发展新阶段、科技发展新前沿，把培育发展新动能作为打造竞争新优势的重要抓手，深入实施创新引领开放崛起战略，推动现代化经济体系建设。大力推进科技创新，实施重大科技工程项目攻关，推进区域科技协同创新，加快科技成果转化，大幅提升自主创新能力，推动科技创新综合实力进入全国前列。大力推进产品创新，培育发展新型市场主体，实施工业新兴优势产业链行动计划，积极支持新产品开发，着力推动品牌发展，加快长株潭衡"中国制造2025"试点示范城市群建设。建设现代产业基地，提升现代产业体系，加快建设制造强省。深入实施芙蓉人才行动计划，强化人才支撑。到2021年，全省初步形成以现代农业为基础、新兴产业为先导、先进制造业为主导、现代服务业为支撑的现代产业体系。

3. 加快发展开放型经济

充分发挥湖南省"一带一部"区位优势，以长江经济带建设为重要平台，大力实施五大开放行动，加强同"一带一路"建设有机融合，统筹沿江和内陆开放，培育国际经济合作竞争新优势。优化沿江产业布局，利用岳阳通江达海优势，规划引导长江和湘江内河岸线港口资源整合，推动江河湖联通，发挥黄金水道作用。深化长江经济带旅游协作，打响"锦绣潇湘、天下洞庭"旅游品牌。坚持引进来和走出去并重、对外开放和对内开放并重、引资和引技引智并重，优化营商环境，有效引进境内外资金、技术、人才和管理，吸引跨国公司区域总部、营运中心和研发中心落户湖南。深化重要改革和制度创新联动，推动建设长江全流域统一开放、有序竞争的现代市场体系。

4. 推进长株潭城市群高质量发展

以长江经济带高质量发展为引领，依托各自的区位条件、资源禀赋、经济基础，推动长株潭城市群差异化协同发展。强化长株潭城市群在长江中游城市群的重要地位，加强与长三角城市群、长江中游城市群、成渝城市群等多领域合作，加快融入沿江产业发展链。加快推进长株潭一体化发展，推进三市城市群规划、基础设施、产业发展、公共服务、要素市场、环境保护一体化。加快长株潭"两型"社会试验区、长株潭自主创新示范区和湘江新区、岳麓山大学科技城、长沙临空经济示范区、马栏山视频文创产业园建设。整合技术、人才、创新等平台资源，推动劳动力、资本、技术等要素跨区域自由流动，促进产业协同发展、企业协同创新、环境协同治理，构建长江中游地区经济活动组织和资源配置中枢，建设全国重要创新创意基地。

5. 协同打好三大攻坚战

探索协同推进生态优先和绿色发展新路子，统筹打好防范化解重大风险、精准脱贫、污染防治三大攻坚战。管控政府债务，扩大民间投资，优化投资结构，把投资重点引导到生态保护、环境治理和绿色发展上来，坚决守住不发生区域性系统性金融风险的底线。深入实施乡村振兴战略，打好脱贫攻坚战，发挥农村生态资源丰富的优势，加大生态补偿力度，吸引资本、技术、人才等要素向乡村流动，大力发展优势特色绿色产业，把绿水青山变成金山银山，带动贫困人口增加就业、增收脱贫。

（三）加强组织领导，深入推动长江经济带发展战略实施

按照党中央决策部署，加强组织领导，创新体制机制，持续发力、久久为功，着力推动长江经济带发展战略在湖南深入实施、落地落实。

1. 强化组织领导

全省上下要牢固树立"一盘棋"思想，坚定信心、勇于担当、狠抓落实，认真研究解决长江经济带发展战略在本地本部门落实中的新情况新问题。省推动长江经济带发展领导小组要充分发挥统领作用，统一指导长江经济带发展战略实施，统筹协调跨地区跨部门重大事项，确保省委、省政府决策全面落实。各级党委、政府要正确定位，主动担责，积极对接融入长江经济带发展。各级党政一把手要负总责。各有关部门要加强协调配合、主动对表、积极作为，加大对市州支持力度，形成统分结合、整体联动的工作合力。加强新闻宣传和舆论监督，营造良好氛围。

2. 健全责任体系

全面落实河长制、湖长制，建立以党政领导负责制为核心的责任体系，按照组织体系到位、制度体系到位、责任落实到位、监督检查和考核评估到位的要求，完善省市县乡村五级河长体系，明确各级河长和相关部门职责，加快构建责任明确、协调有序、监管严格、保护有力的河湖管理保护机制，协同推动河湖保护管理工作。

3. 创新体制机制

建立生态补偿与保护长效机制，探索涵盖"一湖四水"的全流域横向生态补偿机制，与相邻省份开展跨省流域生态补偿机制合作，激发生态环境保护内生积极性。建立区域协调合作机制，主动加强与长江经济带沿线城市特别是长江中游城市群的联动，共同推进环境治理、基础设施对接、市场统一等工作。构建政府为主导、企业为主体、社会组织和公众共同参与的长江大保护体系，大力倡导绿色生活方式，鼓励支持各类社会组织和青少年等广大志愿者参与长江经济带的环境保护和生态修复，加大人力、物力、财力等方面投入。充分利用互联网、大数据等现代信息技术，加强生态环境监测，建立健全资源环境承载能力监测预警机制。完善经济社会发展考核评价机制，对限制开发区、禁止开发区域和生态脆弱的国家扶贫开发工作重点县，实行生态保护优先的绩效评价。

4. 加强依法治理

加强生态环境保护立法，加快制定出台《洞庭湖保护条例》，修订完善《湖南省湘江保护条例》和《湖南省长株潭城市群生态绿心地区保护条例》。各市州结合本地实际，制定相关条例和规章。完善环境资源公益诉讼制度。强化环境综合执法，加强执法检查，严肃查处破坏损害生态环境的违法犯罪行为。开展长江经济带生态环境保护审计和领导干部自然资源资产离任审计。

5. 强化督查检查

建立完善工作责任制，明确责任主体，抓住"关键少数"，层层传导责任压力。明确分解工作任务，列出时间表和路线图，确定责任部门。对重点任务和重大政策要铆实责任、传导压力、强化考核，推动工作落地生根。加大督查问责力度，落实领导责任制，绝不允许搞上有政策、下有对策，更不能搞选择性执行，对失职失责领导干部要严肃追责，确保工作落实到位。

2019 年 2 月 25 日，湖南省审议通过《湖南省长江岸线生态保护和绿色发展总体方案》。进一步对照长江经济带发展要求，分析湖南省长江岸线保护和利用面临的形势与挑战，提出的实施生态修复保护、水环境污染治理、港口布局优化、防洪能力提升、最美岸线建设五大保护举措和绿色发展的"5+1"总体方案，为湖南省长江岸线大保护提供具体方案，为岳阳市经济社会发展提供新动能，带动区域绿色发展。

二、湘江流域生态规划

湘江是长江的重要一级支流、湖南的母亲河，浩荡 900 千米，流经湖南 8 个市 67 个县。流域地处长江经济带与华南经济圈的辐射地带，区域内城镇密布、人口集中、经济发达、人文厚重、交通便利，是湖南省经济社会发展的核心地区。过去，湘江两岸工矿企业林立，养殖密集，污水无序排放，重金属污染物消纳量一度占全省七成，成为我国污染最为严重的河流之一。

早在 2013 年，湖南就将湘江保护与治理作为一号重点工程，启动实施 3 个 3 年行动计划。多年来，湖南堵源头、治沉疴、畅河道、调结构、建制度，湘江流域一个个污染负荷高、历史欠账多的重点区域"脱胎换骨"。湖南还着力推进"一江一湖四水"系统联治，持续打好蓝天、碧水、净土保卫战，统筹推进山水林田湖系统治理，像保护眼睛一样保护生态环境，像呵护生命一样呵护生态环境，绿色发展成绩"湘"当出色。2015 年，湘江流域退耕还林还湿试点工作启动调研；2017 年，流域 8 市试点工作全面铺开。湘江干、支流 157 个考核断面中，2019 年的优良水质断面比例达 98.7%，较 2012 年提高 10.6 个百分点。

（一）湘江流域概况

湘江在湖南境内干流全长 670 千米，拥有大小支流 1300 多条，年平均径流量 722 亿立方米。整个流域属于太平洋季风湿润气候，地貌以山地、丘陵为主，资源禀赋优良，矿产丰富，植被丰茂，森林覆盖率达 54.4%。湘江流域是湖南省新型工业化、新型城镇化、农业现代化的集中区和引领区，聚集了全省 70% 以上的大中型企业，已形成以先进装备制造、化工、钢铁、有色冶金、新材料、电子信息、生物医药为主的特色产业集群。2010 年流域地区生产总值 12205 亿元，规模工业增加值 4842 亿元，人口总量 3774 万人，分别占全省的 76.7%、82.2% 和 57.3%，城镇化率 47.2%。

从自然条件看，流域降水时空分布不均，旱涝灾害较多，影响流域发展；从发展水平看，流域农业现代化水平依然较低，重化工业比例过高，现代服务业发展不足，产业结构欠优，城乡二元结构矛盾明显，公共服务差异较大等问题亟待改善；从资源环境看，流域资源分布不均，水资源利用效率不高，重金属污染严重，农村面源污染有进一步加剧趋势；从体制机制看，流域统筹协调管理体制尚未建立，上下游联动协作机制有待形成，需要加快建立健全生态环境保护与开发建设统筹兼顾的发展机制；从宏观环境看，转变发展方式的要求十分迫切，发展低碳产业的国际压力越来越大。

（二）湘江流域科学发展规划

1. 指导思想

坚持以科学发展观为指导，以建设资源节约型和环境友好型流域为目标，以科技创新和体制创新为动力，以顶层规划引导、生态环境整治、产业结构调整为抓手，突出流域水资源综合利用和防灾减灾体系、生态环境保护体系、特色城镇体系、"两型"产业体系、综合交通体系和历史文化旅游带建设，深化改革开放，转变发展方式，主动对接主体功能区规划，构筑湖南的黄金水道、产业主轴、文化长廊、生态家园，构建长江中游的重要生态屏障，打造"东方莱茵河"，为全国内河流域地区科学发展提供示范。

2. 发展目标

科学进行功能分区，形成明确功能定位，促进区域生态环境与经济社会全面、协调、可持续发展。到2020年，率先建立生态文明与经济文明高度统一、制度创新与科技创新双轮驱动，人水和谐相处的流域科学发展模式，建成健康湘江、富庶湘江、和谐湘江和丰盈湘江。表5-1为湘江流域科学发展主要目标表。

（1）健康湘江。突出资源节约和环境友好，加快环境整治和生态修复，建设山清水秀、生态优美的流域生态带。到2020年，流域单位地区生产总值能耗稳步下降，单位工业增加值水耗大幅降低，城镇污水处理率和垃圾无害化处理分别达95%和100%。

（2）富庶湘江。着力提高发展水平，加快流域产业升级和布局优化，全面提高经济总量、均量和质量，改善居民生活水平，建设经济发达、生活富裕的流域经济带。到 2020 年，流域人均地区生产总值达 92100 元，人均财政总收入 6450 元，城镇居民人均可支配收入 42600 元，农村居民人均纯收入 19600 元。

（3）和谐湘江。加快流域社会基础设施建设，提高居民社会保障水平，建设安居乐业、幸福文明的流域宜居带。到 2020 年，流域城镇登记失业率控制在 4.5% 以内，城镇保障性住房覆盖面 25% 以上，城乡三项保险参保率达 100%。

（4）丰盈湘江。综合开发利用流域水资源，加快河道整治和航电枢纽建设，提高可用水量，建设水量充沛、水运发达的流域交通带。到 2020 年，流域水运货运量占综合运输货运量的 15%，千吨级以上航道里程达 717 千米，总用水量 185 亿立方米。

表 5-1　　　　　　　　　湘江流域科学发展主要目标表

指标名称	序号	二级指标	单位	2010 年	2015 年	2020 年	指标性质
健康湘江	1	单位工业增加值用水量降低	%	——	[30]	[30]	约束性
	2	农业灌溉用水有效利用系数	%	0.44	0.49	0.55	约束性
	3	单位 GDP 能耗降低	%	——	[16]	[16]	约束性
	4	湿地面积	万公顷	33.0	34.7	35.5	预期性
	5	城镇污水处理率	%	84	90	>95	约束性
	6	单位 GDP 二氧化碳排放量下降	%	——	[17]	[17]	约束性
	7	森林覆盖率	%	54.4	>55	>56	约束性
	8	集中式饮用水源水质达标率	%	87	>95	100	约束性
	9	城市空气质量达到二级标准以上比例	%	86	>90	>90	约束性
	10	城镇垃圾无害化处理率	%	79	>90	100	约束性
富庶湘江	11	人均 GDP	元	29600	52200	92100	预期性
	12	人均财政总收入	元	2836	4280	6450	预期性
	13	工业化率	%	43	45	48	预期性
	14	城镇化率	%	47	55	60	预期性
	15	城镇居民人均可支配收入	元	16400	26400	42600	预期性
	16	农村居民人均纯收入	元	7600	12200	19600	预期性
	17	流域旅游总收入占全省比重	%	60	63	65	预期性

指标名称	序号	二级指标	单位	2010年	2015年	2020年	指标性质
和谐湘江	18	城镇登记失业率	%	4.2	<4.5	<4.5	预期性
	19	城镇保障性住房覆盖面	%	8	>20	>25	约束性
	20	城乡三项保险参保率	%	78	>95	100	约束性
	21	每万人病床数	张	38	40	42	预期性
	22	高等教育毛入学率	%	37	45	50	预期性
丰盈湘江	23	水运量占综合运输量比重	%	10	13	15	预期性
	24	千吨级以上航道里程	千米	439	500	717	预期性
	25	总用水量	亿米^3	173	178	185	约束性

注：1. 主要数据来源于统计测算或专项规划。

2. 表中 [ ] 表示五年累积数据。

（三）湘江流域生态环境综合治理规划

1. 总体目标

通过湘江流域生态环境综合治理，逐步改善与修复湘江流域生态环境存在的主要环境问题，保障流域人民群众的宜居生存环境、生产环境，使流域工业污染源、城镇生活污染源及农村面源污染得到全面治理和控制，历史遗留污染治理取得重大进展，流域水体水质、土壤、环境、大气质量、生态环境质量等得到有效改善，饮用水源保护区水质得到充分保证，污染事故得到遏制，安全隐患基本消除，湘江流域生态环境状况取得根本好转。

通过湘江流域生态环境综合治理，促进全流域在经济发展中积极应对气候变化控制要求，逐步调整产业结构，发展绿色经济、低碳经济等，控制温室气体排放，并增强适应气候变化的能力。

2. 规划远期目标（2025年）

（1）质量目标

水环境质量：湘江流域集中式饮用水源一级保护区河段水质满足《地表水环境质量标准》（GB 3838—2002）Ⅱ类标准，水质达标率100%；湘江干流包括省控与国控检测断面水质水环境功能区达标率［《湖南省主要地表水系水环境功能区划》（DB 43—2004）］达到98%；直流水系水环境功能区达标率达到95%。

大气环境质量：湘江流域大气环境目标全面达到《环境空气质量标准》（GB 3095—96）要求。其中自然保护区、风景名胜区和其他需要特殊保护的地区满足一级标准；其他区域均满足二级标准要求。

（2）湘江流域生态修复目标

湘江流域受重金属污染河段水生态得到基本修复；工矿区历史遗留固体废物得到安全处置；中重度污染耕地得到修复改良；水源涵养林建设区森林覆盖率提高到80%~90%以上，湘江流域二线防洪堤防洪标准提高到一百年一遇，彻底根除湘江流域"内涝"问题。为将湘江打造成湖南"莱茵河"，有必要对湘江进行更高水平的生态环境治理。

（3）资源利用目标

到2025年，万元GDP能耗较2015年下降5%，万元GDP综合能耗下降至0.65吨标准煤。工业用水重复利用率达到95%，工业固体废物综合利用率达到90%，矿产资源综合回收率提高到60%。

万元GDP取水量降到140米^{3}以下。农田灌溉综合灌溉水利用系数提高到0.75，城镇供水综合漏失率降低到8%以下，城镇居民生活用水定额控制在115升／（人·天）。城镇排水中水利用率达到15%以上。

（4）温室气体减排目标

到2025年，单位国内生产总值二氧化碳排放比2005年降低45%。

（四）湘江流域生态补偿机制

由于缺少全省范围的横向水生态补偿机制，水资源保护者"获得感"不足，不利于遏制水环境的持续恶化。李克强总理在2017年政府工作报告中提出"全面推行河长制，健全生态保护补偿机制"。近年来，湖南省委、省政府重点推进湘江流域生态补偿机制，出台了《湘江流域生态补偿（水质水量奖罚）暂行办法》，实施成效较为显著。2017年2月，省委、省政府发布《关于全面推行河长制的实施意见》，建立了省、市、县、乡四级河长制体系，为湖南省全面推行水生态保护横向补偿机制奠定了组织基础。依托河长制全面推行水生态保护横向补偿机制，对统筹协调湖南经济社会发展与生态保护、确保水体生态安全具有重大战略意义。

1.纵向补偿方式难以有效解决跨区域的水资源保护问题

（1）当前，湖南河流源头水环境保护形势依然严峻，迫切需要通过实施横向补偿机制激励中上游地区保护水生态环境。比如郴州东江湖是重要饮用水水源地，但2014年一级保护区内违规建成了98栋木质别墅，当地政府及有关部门尚未依法处置。与2013年相比，2016年洞庭湖Ⅲ类水质断面比例从36.4%下降为0，出口断面总磷浓度升幅达97.9%。水污染的外部性成本较低是导致上下游生态保护与经济发展利益出现分歧的重要原因。

（2）湖南省水资源区域协同保护机制不完善，跨区域协商成本较高，导致横向水生态保护补偿的组织实施较为困难。具体表现为：省内河流跨越多个市（州）县，水生态补偿中的受偿方和补偿方不存在行政隶属关系，彼此的环保意识、经济发展水平存在较大差异，在缺少省级河长制统一协调的情况下，各地很难在补偿标准、补偿方式、资金管理等方面达成共识；湖南省尚未出台《水生态保护补偿条例》，跨行政区域的水生态保护补偿缺乏相应的法律约束，通过地方政府协商补偿效率低、成本高。

（3）湖南省水资源确权登记尚未完成，水资源生态价值核算体系尚未建立，导致市场化补偿机制的推广应用受到限制。具体表现为：水生态产品（服务）的定价机制不健全，水资源的生态价值、污染治理保护成本、水资源保护者的机会成本难以量化确定，地区之间协商不一致导致了生态保护补偿机制运行的失灵；水生态保护补偿的市场化机制培育不足，水权交易、排污权交易等市场化补偿方式难以有效实施，水资源的公共产品属性则加剧了对水资源的过度使用和污染物排放。

（4）湖南省水生态保护补偿资金以财政纵向转移支付为主，资金来源和补偿方式单一，难以形成长效机制。目前，水生态补偿资金主要来源于中央和省级纵向转移支付，资金量与资金的时效性受多种因素制约，无法进行长期、系统性安排。这种仅靠政府财政"输血式"的补偿方式已显现出不可持续的困境，甚至导致上游区域"捧着金碗讨饭吃，饿着肚子保生态"。因此，急需将生态保护受益地区纳入生态补偿主体之中，形成受益者付费、保护者得到合理补偿的运行机制。

2. 全面推行水生态保护横向补偿机制

依托河长制全面推行横向水生态保护补偿机制具有两大优势：一是河长制的"一把手推动"有助于促进每条河流的生态补偿实现"一盘棋推进"；二是河长制的多部门及市州联动机制有助于横向水生态保护补偿落在实处，实现"一江水同治"。

（1）河长制的实施

①试点经验（湘江）

2015 年，为了湘江的保护与治理，湖南省水利厅提出全面创新湘江流域管理与保护机制，并出台河道分级管理意见，研究起草《湘江流域"河长制"实施方案》。2016 年湖南省水利厅在《湖南省水利厅深化水利改革领导小组2016 年工作要点》文件中提到，推进株洲市、长沙县、洪江市河湖管护体制机制创新试点，出台湘江流域河长制实施方案，开展湘江流域河长制试点，健全河道保洁巡查督查工作。

"一部法"统领。2013 年 4 月 1 日正式实施《湖南省湘江保护条例》，这是我国第一部江河流域保护的综合性地方法规，明确湘江保护遵循"保护优先、统筹规划、综合治理、合理利用"的原则，实行"政府主导、公众参与、分工负责、协调配合"的机制，实现"保证水量、优化水质、改善生态、畅通航道"的总目标。条例的实施，强化了推行河长制的法治保障。

"一盘棋"推进。按照"山水林田湖"系统治理思路，分别明确不同时期工作重点。近期，主要是"抓源头、畅河道、建制度"；中期，主要是"强治理、重监管、调结构"；远期，主要是"优化、巩固、提高"。同时，省委、省政府将流域各市湘江保护工作纳入了对市州党委政府的绩效考核内容，从严进行考核。这些都为湖南省明确河长制目标任务、工作重点提供了操作性很强的工作蓝本，确保了河长制绩效考核的有机融合。

"一江水"同治。省直 26 个部门、湘江沿线 8 个城市协调联动，紧密配合，坚持开源与节流并重、截污与治污并举、机制建设与体制创新并进，同治"一江水"。区域、部门的紧密配合，为落实河长制"坚持党政主导、部门联动"管理机制提供了范本，全社会支持推行河长制的氛围已经初步形成。

②实施过程

2016年年底，在中央全面深化改革领导小组第28次会议通过《全面推进河长制的意见》后，湖南省迅速响应，于2017年2月出台了《湖南省委、省政府关于全面推行河长制的意见》（以下简称《意见》）和《湖南省实施河长制行动方案（2017—2020）》（以下简称《方案》）。《方案》对全面推行河长制的工作目标、工作任务、工作措施等进行了细化要求，确立了以省长担任总河长的省、市、乡、县四级河长体系。《意见》明确了以下五大保障措施：加强组织领导，制定河长制工作方案，明确河湖名录，在2017年底建立河长制责任体系；落实工作责任，建立河长制会议制度、信息共享制度、工作督察制度等相关制度；严格考核问责，根据不同河流存在的问题制定考核标准和考核办法，考核结果纳入各级党委政府年度绩效考核内容，作为领导干部综合考核评价、自然资源资产离任审计、生态环境损害责任追究的重要依据；加大资金投入，统筹安排相关专项资金，拓宽融资渠道；加强社会监督，公布河长名单，在河湖显著位置竖立河长公示牌，接受群众监督和举报，引导群众参与河长制相关工作中来。2017年3月，湖南已经通过新闻媒体向大众公布了省、市两级河长名单，省长许达哲任总河长，两位副省长任副总河长。4月，县、乡两级河长名单全面公布。同时，各市也在抓紧落实全面推行河长制的相关工作，有些地方还进行了深化。如湘潭市全市5个县（市、区）、3个园区已制定并下发了本地区河长制实施方案；市、县、乡三级均已成立河长制工作委员会和河长办，搭建了工作平台；全市已建立5千米以上河流、10平方千米以上湖泊（含中型水库）河湖名录和市、县、乡三级河长体系，全面推广河长制。同时打造湘潭市河长制升级版，实现全市水系治理全覆盖，除5千米以上的河流及中型水库外，各县市区、乡镇班子成员和更多的干部群众担任区域内的湖长、库长、渠长、溪长、塘长等，实现既要保护好河流"主动脉"，更要保护好"毛细血管"，做到水资源保护不留死角。为助推河长制，湖南还面向社会公开招募湘江流域"民间河长"，以及时收集河流治水相关信息，宣传治河政策，带动周边群众护河、节水爱水，定期参与水源地保护与河道综合治理等护水行动，促进湘江河流水质持续改善。2017年《意见》颁布后的短短几个月里，湖南各级市、县等都在加紧河长制的建设，其主要体现在制定具体的实施方案，落实并公布河长名单，打造河长制升级版等，其成效还有待观察。不过，《意见》指出的五大保障措施还未具体落实，相关的考核细则、问责办法等也还没有具体文件予以规定。湖南省的河长制还需要在考察其他地方的实践中进入法制化轨道。

③考核标准

湖南省河长办正式印发《2019年度湖南省河长制湖长制工作考核细则》，明确四大考核项清单和目标要求。考核细则主要根据各市州落实河长制湖长制进展情况进行评分，考核对象为市州党委政府及各市州河（湖）长，重点考核河（湖）长履职、河长办工作、重点任务完成情况、河湖治理成效等工作。考核细则进一步明确市级河长办的工作职责，将围绕市级河长办组织与协调、督察与督办、开展宣传培训、河湖长制平台建设、信息报送等情况进行考核。重点任务完成情况方面，主要对农村饮用水水源地保护、工业园区排查整治、洞庭湖水环境治理落实、畜禽污染防治、长江岸线港口码头专项整治、加强船舶污染治理、城乡污水处理能力、黑臭水体治理、河道采砂管理、坝前垃圾清理和河道保洁等工作完成情况进行考核；河湖治理成效方面，主要根据断面水质达标情况，开展样板河湖建设、第三方评估等。考核细则明确，由省河长办会同省河委会成员单位组织实施。考核实行百分制，创新做法、典型经验为附加分项。为充分激发和调动各地的积极性、主动性和创造性，考核结果纳入省政府对市州、县市区政府真抓实干督查激励考核内容。对在年度考核中排名全省前列的市州、县市区根据考核情况，通过相关水利专项给予一定奖励，并在下年度安排治水项目建设相关资金时，按提高10%的额度予以奖励。与2018年度相比，河（湖）长履职、河长办工作等考核项目更加明确、清晰。除常态考核市级河（湖）长巡河湖频次外，进一步强化河（湖）长履职，在推动解决河湖突出问题、省总河长令完成情况、问题整改落实情况、推动基层河（湖）长制工作落实等方面进行考核，如因市级河（湖）长履职不力，出现重大问题被相关部门约谈问责或省级以上媒体通报的，将被扣分。

（2）流域生态保护补偿机制试行（以湘江为例）

2019年湖南省财政厅、省生态环境厅、省发展和改革委员会、省水利厅联合印发《湖南省流域生态保护补偿机制实施方案（试行）》，在湘江、资水、沅水、澧水（以下简称"四水"）的干流和重要支流，洞庭湖流域的汩罗江和新墙河，珠江流域的武水流域，建立水质水量奖罚机制和横向生态保护补偿机制。明确将在湘江、资水、沅水、澧水干流和重要的一、二级支流，以及其他流域面积在 1800 平方千米以上的河流，建立水质水量奖罚机制、流域横向生态保护补偿机制。对市州、县市区的流域断面水质、水量进行监测考核，水质达标、改善，获得奖励；水质恶化，实施处罚。如，当某地的出境断面水质优于 III 类标准，或者比入境断面水质有改善，给予相应奖励；相反则给予相应处罚。同时，某地所有出境考核断面水量必须全部满足最小流量，否则扣减考核奖励。实施流域横向生态保护补偿机制。流域的跨界断面水质只能更好，不能更差。如果上游的出境断面水质相比上年同期提升了，那么下游对上游进行补偿；如果水质下降了，上游给下游补偿。市州之间按每月 80 万元、县市区之间按每月 20 万元的标准相互补偿。鼓励上下游市州、县市区政府之间签订协议，建立流域横向生态保护补偿机制。《方案》发布 1 年内建立流域横向生态保护补偿机制，且签订 3 年补偿协议的市州、县市区，省级给予奖励。《方案》明确，到 2020 年，全省 85% 以上市州、60% 以上县市区建立流域横向生态保护补偿机制。各市州、县市区政府承担本行政区域内水环境质量保护和治理主体责任，省级主要负责引导建立跨市州的流域横向生态保护补偿机制。考核处罚和扣缴资金由省财政统筹用于流域生态补偿奖励。各市州、县市区获得的流域生态补偿资金，由当地政府统筹用于流域污染治理、流域生态补偿。

①流域生态补偿的目的

湘江为长江主要支流之一，发源于广西，蜿蜒于广西、湖南两省区，最后流入洞庭湖，汇入长江，全长 817 千米，流域面积为 92300 平方千米。湘江流域大部分位于湖南省境内，省内干流长 670 千米，流域面积为 85383 平方千米，水系跨永州、郴州、衡阳、娄底、株洲、湘潭、长沙、岳阳等八个市，是我国重要的粮食生产基地、水产生产基地，也是省内实施直饮水工程的重要水源。因此湘江流域水环境保护对于湖南省来说意义非凡。近几年来随着湘江水资源紧缺和水污染问题的日趋严重，为了保证湘江水资源的合理开发和可持续发展，为了建设一个生态环保的湘江流域鱼米之乡，越来越多的人呼吁建立湘江流域生态效益补偿机制。湘江流域生态效益补偿的本质是对维护和增强生态功能的贡献者、特别牺牲者给予经济或其他形式回报和弥补，其意义重大，表现为：

可以使上游生态保护行为持久、永续。零陵以上的上游地区所进行的生态保护和建设如植树造林、城市绿化建设、积极完成重点水污染物排放总量削减和控制计划、行政区域边界断面水质达到阶段水质目标等是一种具有很强正外部经济效应的活动，其成果是一种公共性很强的物品。如果对保护者不给予必要的补偿，就可能会出现两种情况：一是保护者可能出于保护生态环境的崇高目的，自觉约束自己的行为和生产、开发活动，虽然有利于生态保护，但会造成保护者经济利益的损失，保护生态环境者陷入贫困，无力继续进行生态保护；二是因保护生态环境而损失了利益的人，为了维护家庭的正常生活、生产和发展的需求，他们就不会从保护生态环境的角度去限制自己的生产和开发活动，很可能再次进行破坏生态环境的生产和开发活动。这两种情况都将导致生态保护这种公共产品出现供给的严重不足。而政府因财力精力所限，不可能完全提供生态保护这种公共物品。因此，应该对产生正外部效应者即从事生态保护和建设的单个经济主体给予相应的补偿，使生态保护不再停留于政府的强制性行为和社会的公益性行为，而是投资和效益对称的经济行为，使环保成果转变为经济效益，激励人们更好地保护生态环境。因此，从环境经济学角度看，它是一种将社会经济活动产生的环境正外部性内化的机制，是一种激励生态保护行为的重要手段。

协调上游老百姓的生存权、发展权与环境权。环境保护过程中难免会发生短期利益与长期利益的矛盾。如湘江上游为保护水质而丧失发展甚至生存的基本条件，直接导致工业发展缩水，农业发展受限，政府税源萎缩，部分群众生活水平下降，等等。为保护和肯定每个人的生存权和发展权，最好的解决办法就是通过补偿的途径，给利益损失人创造另外的生存和发展机会，并且保证新的条件要在原有基础上得到改善和提升。这样才能一方面保障了因提供生态保护这种公共物品而失去经济发展机会的弱势群体的利益，另一方面又充分调动了当地百姓生态保护的积极性。我国环境法有许多规定，如

《自然保护区条例》第5条关于处理自然保护区与当地经济建设和居民生产、生活关系的原则规定，第27条关于自然保护区核心区内原有居民迁出的，由自然保护区所在地的地方人民政府予以妥善安置的规定。《草原法》第35条关于在草原禁牧、休牧、轮牧区，国家对实行舍饲圈养的给予粮食和资金补助的规定，第39条对因建设使用国家所有的草原的，对草原承包经营者给予补偿的规定，第48条对实施退耕还草的农牧民，按照国家规定给予粮食、现金、草种费补助的规定，以及《野生动物保护法》第14条因保护国家和地方重点保护野生动物，造成农作物或者其他损失的，由当地政府给予补偿的规定都应该属于这种性质的补偿。因此，从环境法学角度看，它是通过制度化设计规范人们的生态环境保护行为，协调其背后的利益关系，促进社会公平的工具。这种制度之所以是能实施的，在于它考虑到了实施者本身的利益。应该指出的是，任何一项政策的制定和实施，如果减少了政策实施者的利益，那这项政策往往是难以推行的。

②流域生态补偿的主体和内容

生态补偿的主体和内容是生态补偿所涉及的关键问题，它主要包括谁来补偿、补偿给谁和如何补偿。

补偿主体和补偿对象。根据自然资源的公共物品属性，在湘江流域生态补偿的问题中，虽然所涉及的地域和流域面积非常大，但是其保护和受益主体相对明确，关系也不复杂，所提供的生态服务产品的消费可以较为容易地做到排他，但是具有非竞争性。从这个角度看，湘江流域所提供的生态服务功能主要是由湘江流域即衡阳以下沿线地区所享受，当地政府和中央政府是受益者的集体代表，因此他们应当是湘江流域生态补偿问题中提供补偿的主体，特别是下游受益的地方政府，即岳阳、长沙、湘潭、株洲、衡阳、永州、娄底、郴州市人民政府。之所以把政府作为生态补偿主体，主要是因为政府是公共利益的必要提供者。公共利益对公众来说是现实的，它表现为公共物品的多层次、多样化、整体性的利益能满足公众的需求。这些需求与私人物品能满足公众个人的需求相区别。后者可以通过在市场中进行自由选择、自主决定而得到实现；而前者则需要集体行动、有组织的供给方式才能得到满足。政府作为代表和维护公共利益的公共部门，在提供公共产品和公众服务过程中，其核心作用是不可替代的，但是，政府不是上帝，政府能力毕竟是有限的。政府不可能也没有必要成为公共物品唯一的提供者，它可能通过有效的、激励性的制度如对参与、维护和增进公共利益者给予补偿来鼓励其他社会主体参与供给。

补偿对象。即补偿给谁是补偿主体中最复杂也是最关键的，否则无法调动人们生态环境保护和建设的积极性。由于湘江流域生态效益的受益主体的广泛性和模糊性，因此它的"购买"主体不一定特定化。但是，它的"效益源"——生态服务功能提供区是可以确定的。《全国生态环境保护纲要》中的三大类生态环境保护区即重要生态功能区、重点资源开发区和生态良好区，《全国生态环境建设规划》中规划的八个类型区域即黄河上中游地区、长江上中游地区、"三北"风沙综合防治区、南方丘陵红壤区、北方土石山区、东北黑土漫岗区、青藏高原冻融区和草原区以及《国民经济和社会发展第十个五年计划生态建设和环境保护重点专项规划》中规划的建设和保护区，是确定补偿经济对象的依据。参照以上，我们可以确定，在湘江生态补偿中，接受补偿的主体应是上游提供生态服务功能的地方政府、企业法人和社区居民等，即零陵以上的上游地区，因为在提供生态服务功能的过程中，不仅相关法人和自然人承担了机会成本损失和额外的投入成本，地方政府也由于限制发展而承担了一定的机会成本损失。

补偿标准和补偿方式。生态补偿数量的计算和确定是生态效益补偿实现的前提，关系到补偿的效果和补偿者的承受能力，因而是生态补偿的关键环节。如果补偿主体国家所提供的补偿数量过少，未能满足落后贫困地区的基本要求，落后贫困地区不会加大生态建设力度；被补偿主体被征收补偿的数量过多，超过财政承受能力，发达地区不愿意提供补偿；只有当补偿数量能够让补偿者和被补偿者双方满意和接受时，生态补偿才能有效进行。但问题是，补偿标准的计算和确定是生态补偿机制中的一大难点，因为这里涉及对生态效益的计量问题。目前，国际上生态补偿标准尚未有一个成熟完备的测算体系，理论和实践上都有待完善。从理论上讲，生态补偿的标准应是生态保护所产生的外部收益，难题是实践中外部收益很难直接进行量化或货币化。在现实的政策设计中，特别是在解决正外部性的生态补偿政策中，我们可以从成本弥补的角度来考虑补偿的标准。这种成本的弥补可以分为两个层次：

第一层，由于上游所处的地理位置的特殊性，国家对其自然资源或生态要素利用的法律约束更严格，如对上游水质要求比下游更高，这种限制使当地政府和社区居民部分或完全丧失了与其他享受者或受益者平等的发展权利，从而出现由于生态利益的不平衡而产生的经济利益的不平衡。因此，生态补偿政策应该对这种发展权利的丧失进行补偿。

第二层，由于对上游水源涵养地区生态保护的要求比下游更为严格，因此水源涵养地区生态服务功能的主要提供者要比下游的人付出更多的生态保护或建设成本。生态服务功能的受益者应对这些由于保护责任不同而导致的额外的生态保护或建设成本给予补偿。因此，湘江流域生态补偿的范围和标准可以分为两个部分：生态建设和保护的额外成本、发展机会成本的丧失。以湘江上游来说，已经发生或潜在的成本包括：一是生态建设和保护的直接成本，如开展工矿企业污染治理费用、加强生态环境建设和保护的成本、增加的森林植被管护成本，等等；二是损失的发展机会成本，如上游农民减收、工业发展的缩水和县级财政收入受损等情况；三是已实施的具有生态补偿性质的政策及投入；四是生态建设与保护的资金缺口。当然，在实际操作中可能存在困难：保护者付出的额外成本与其应承担的成本可能较难区分；保护者损失的发展机会成本尽管可以参照许多指标如国家或地区的平均利润率、平均 GDP 增速、保护者的生活水平与受益者生活水平差距等，但仍存在较大的不确定性。但这并不影响我们以此来确定补偿标准的政策，否则，生态补偿无据可循。两部分补偿的具体标准数值，可以在国家的经济发展水平、受益者的经济承受能力和其对生态效益的需求、保护者的需求间寻求平衡点，以达到既考虑国家或受益者的经济承受能力，又使生态效益资源的生产者或保护者获得合理的补偿。关于补偿标准问题，看起来好像只是一个事实问题，由补偿主体决定和计算就可以了，但实际上，它不仅属于事实上的问题，而且还是法律上的问题，应当加强理论探讨并在此基础上，制定出相应的法律规则，以便于遵循。通常的生态补偿方式是资金的转移支付。在现实中，由于存在诸多制度上的障碍，这种单一的资金补偿方式往往无法满足需要，也可能不容易操作。因此，可选择更为灵活的其他方式来实施。如调整源区、上游地区的产业结构，将产业项目支持列为建立生态补偿的重点；根据生态建设的需要，将环境友好工业、生态旅游、绿色农业等新产业、新能源的发展列为重点支持范围。

三、洞庭湖生态规划

2018 年 12 月 3 日，经国务院同意，国家发展和改革委等 7 部委联合印发了《洞庭湖水环境综合治理规划》（发改地区〔2018〕1783 号），标志着洞庭湖水环境治理规划上升为国家重大规划。规划坚持远近结合、久久为功。规划近期集中力量解决洞庭湖区供水安全保障、流域水污染防治和水生态修复三大问题，远期改善流域水环境质量，提升洞庭湖生态系统功能。

从范围来看，规划共覆盖 27.16 万平方千米，包括洞庭湖流域以及洞庭湖区荆州市江北部分，其中洞庭湖生态经济区 6.05 万平方千米。从目标来看，规划包括近期、远期和展望 3 个阶段。近期到 2020 年，规划区水生态环境质量恶化趋势得到遏制，生态系统功能有所改善。远期到 2025 年，洞庭湖区生态系统实现良性发展。展望到 2035 年，建设美丽洞庭湖目标基本实现。

从内容来看，在治理任务上突出了三个方面：一是供水安全保障，包括合理配置水资源、强化水源地保护、巩固提升农村饮用水安全水平、完善城市供水设施体系等。二是水污染防治，主要包括生活污染治理、防治工业点源污染、严格控制农业面源污染等。三是水生态保护与修复，主要包括强化河湖和湿地生态系统保护、连通河湖水系、维护生物多样性、推进森林生态系统建设等。

第六章 湖南省绿色绩效评价

党的十九大报告指出，"推进绿色发展"是"加快生态文明体制改革，建设美丽中国"的重点任务。加快形成绿色发展方式是生产观的深刻革命，是贯彻落实新发展理念的必然要求，是突破资源环境束缚的必要途径，是创造良好生活环境的重要抓手。而实现绿色发展的基础是对绿色发展指标体系的研究，通过构建科学合理的绿色发展评价体系，对城市绿色发展的水平和效益进行科学、客观的评价，使绿色发展有了科学的界定和实现途径，对推动城市绿色发展具有重要的实践意义。通过城市绿色发展评价体系的运用，可以客观评价城市绿色发展状态，科学分析城市绿色发展过程中存在的不足，并提出有针对性的对策建议，为城市绿色发展指明方向。因此，为了了解绿色发展的状况和更好地制定绿色发展战略，都必须把绿色发展评价放在首位。

第一节 绿色发展评价体系

随着绿色发展的推进进程，国家层面和很多科研院所都投入到绿色发展评价体系的构建中，以期更科学合理地从不同地域、不同层面对全国各地的绿色发展进行评价。

一、中国绿色评价体系

根据中共中央办公厅、国务院办公厅关于印发《生态文明建设目标评价考核办法》的通知（厅字〔2016〕45号）要求，国家发展改革委、国家统计局、环境保护部、中央组织部制定了《绿色发展指标体系》和《生态文明建设考核目标体系》，作为生态文明建设评价考核的依据，于2016年12月12

日发文给相关部门。

　　绿色发展指数指标体系采用综合指数法进行测算，"十三五"期间，以2015年为基期，结合"十三五"规划纲要和相关部门规划目标，测算全国及分地区绿色发展指数和资源利用指数、环境治理指数、环境质量指数、生态保护指数、增长质量指数、绿色生活指数等分类指数。绿色发展指数由除"公众满意程度"之外的二级指标个体指数加权平均计算而成。公众满意程度为主观调查指标，通过国家统计局组织的抽样调查来反映公众对生态环境的满意程度。调查采取分层多阶段抽样调查方法，通过采用计算机辅助电话调查系统，随机抽取城镇和乡村居民进行电话访问，根据调查结果综合计算公众满意程度。该指标不参与总指数的计算，进行单独评价与分析，其分值纳入生态文明建设考核目标体系。

　　国家负责对各省、自治区、直辖市的生态文明建设进行监测评价，对有些地区没有的地域性指标，相关指标不参与总指数计算，其权数平均分摊至其他指标，体现差异化；各省、自治区、直辖市根据国家绿色发展指标体系，并结合当地实际制定本地区绿色发展指标体系，对辖区内市（县）的生态文明建设进行监测评价。各地区绿色发展指标体系的基本框架应与国家保持一致，部分具体指标的选择、权数的构成以及目标值的确定，可根据实际进行适当调整，进一步体现当地的主体功能定位和差异化评价要求。

（一）绿色发展指数介绍

　　（1）资源利用（29.3%）：包含14个二级指标，能源消费总量（1.83%）、单位GDP能源消耗降低率（2.75%）、单位GDP二氧化碳排放降低率（2.75%）、非化石能源占一次能源消费比重（2.75%）、用水总量（1.83%）、万元GDP用水量下降（2.75%）、单位工业增加值用水量降低率（1.83%）、农田灌溉水有效利用系数（1.83%）、耕地保有量（2.75%）、新增建设用地规模（2.75%）、单位GDP建设用地面积降低率（1.83%）、资源产出率（1.83%）、一般工业固体废物综合利用率（0.92%）、农作物秸秆综合利用率（0.92%）。

　　（2）环境治理（16.5%）：包含8个二级指标，化学需氧量排放总量减少（2.75%）、氨氮排放总量减少（2.75%）、二氧化硫排放总量减少（2.75%）、氮氧化物排放总量减少（2.75%）、危险废物处置利用率（0.92%）、生活垃圾无害化处理率（1.83%）、污水集中处理率（1.83%）、环境污染治理占GDP比重（0.92%）。

（3）环境质量（19.3%）：包含10个二级指标，地级及以上城市空气质量优良天数比例（2.75%）、细颗粒物（PM~2.5~）未达标的地级及以上城市浓度下降（2.75%）、地表水达到或好于Ⅲ类水体比例（2.75%）、地表水劣Ⅴ类水体比例（2.75%）、重要江河湖泊水功能区水质达标率（1.83%）、地级及以上城市集中式饮用水水源水质达到或优于Ⅲ类比例（1.83%）、近岸海域水质优良（一、二类）比例（1.83%）、受污染耕地安全利用率（0.92%）、单位耕地面积化肥使用量（0.92%）、单位耕地面积农药使用量（0.92%）。

（4）生态保护（16.5%）：包含10个二级指标，森林覆盖率（2.75%）、森林蓄积量（2.75%）、草原综合植被覆盖度（1.83%）、自然岸线保有率（1.83%）、湿地保护率（1.83%）、陆域自然保护区面积（0.92%）、海洋保护区面积（0.92%）、新增水土流失治理面积（0.92%）、可治理沙化土地治理率（1.83%）、新增矿山恢复治理面积（0.92%）。

（5）增长质量（9.2%）：包含5个二级指标，人均GDP增长率（1.83%）、居民人均可支配收入（1.83%）、第三产业增加值占GDP比重（1.83%）、战略性新兴产业增加值占GDP比重（1.83%）、研究与试验发展经费支出占GDP比重（1.83%）。

（6）绿色生活（9.2%）：包含八个二级指标，公共机构人均能耗降低率（0.92%）、绿色产品市场占有率（高效节能产品市场占有率）（0.92%）、新能源汽车保有量增长率（1.83%）、绿色出行率（城镇每万人口公共交通客运量）（0.92%）、城镇绿色建筑占新建建筑比重（0.92%）、城市建成区绿地率（0.92%）、农村自来水普及率（1.83%）等。

（二）绿色发展指数计算方法

绿色发展指标按评价作用分为正向和逆向指标，按指标数据性质分为绝对数和相对数指标，需对各个指标进行处理。具体处理方法是将绝对数指标转化成相对数指标，将逆向指标转化为正向指标，然后再计算个体指数。绿色发展指数采用综合指数法进行测算，分以下步骤进行。

（1）数据收集、审核、确认

按照《绿色发展指标体系》规定，计算绿色发展指数所需数据来自 13 个部门的年度统计，各部门负责提供数据，并对数据质量负责。对于各部门报送的数据，需要经过认真审核和确认，确保基础数据准确无误，并对部分地区没有数据的地域性指标进行认定。

（2）绿色发展指标转换为绿色发展统计指标

为了实现 55 个绿色发展指标的地区间可比，需要将部分绿色发展指标转换为可以直接计算个体指数的绿色发展统计指标。其中，44 个绿色发展指标不需要进行转换，直接参与个体指数计算。11 个需要转换的绿色发展指标分为以下两种情况：一是根据《绿色发展指标体系》规定，需要将 8 个绝对数指标转换为地区间可比的相对数指标；二是资源产出率等 3 个没有 2016 年分地区数据的指标，按照负责部门的意见，暂时使用与原指标高度相关的指标替代。

（3）数据缺失指标的处理

①地域性指标数据缺失的处理

缺失近岸海域水质优良（一、二类）比例、草原综合植被覆盖度、自然岸线保有率和海洋保护区面积等 4 个地域性指标以及相关负责部门认定的其他地域性指标，相关指标不参与总指数计算，其权数在一级指标分类内按比例分摊至其他指标，所在的一级指标权数保持不变。

②其他指标数据缺失的处理

受污染耕地安全利用率、自然岸线保有率和绿色产品市场占有率（高效节能产品市场占有率）3 个指标，由于 2016 年 31 个地区均暂无数据且无相近指标可以代替，因此对上述 3 个指标的个体指数赋最低值，其权数不变，参与指数计算。

二、中国省际绿色发展指标体系

中国省际绿色发展指标体系于 2010 年建立，2011 年进行调整，2012 年开始测算，中国城市绿色发展指数体系于 2011 年建立。北京师范大学经济与资源管理研究院、西南财经大学发展研究院和国家统计局中国经济景气监测中心三家单位合作编著了《2015 中国绿色发展指数报告——区域比较》，

2015 年中国省际绿色发展指数由经济增长绿化度、资源环境承载潜力和政府支持度 3 个一级指标及 9 个二级指标、60 个三级指标构成；中国城市绿色发展指数由经济增长绿化度、资源环境承载潜力和政府支持度 3 个一级指标及 9 个二级指标、44 个三级指标构成，全面测度了我国 30 个省（自治区、直辖市）和 100 个城市的绿色发展水平。

中国省际绿色发展指数（2017/2018）仍采用此指标体系进行测算。该体系对此前的指标体系进一步进行了修正。整个指标体系仍然由 3 个一级指标（经济增长绿化度、资源环境承载潜力和政府支持度）、9 个二级指标组成，但是三级指标由此前的 60 个增加到 62 个。在《2017/2018 中国绿色发展指数报告——区域比较》中采用"中国绿色发展指数评价指标体系"，对 2017 年和 2018 年中国 30 个省（自治区、直辖市）的绿色发展指数进行测度与分析，报告发现我国绿色发展在实践过程中出现了一些值得关注的新变化。

第一，总体而言，中国绿色发展水平呈现出明显的空间异质性。从中国绿色发展指数地理区域划分的角度看，东部水平最高，西部和东北部水平居中，中部水平相对较弱。东部地区 2017 年及 2018 年绿色发展指数稳居第一；2017 年东北部绿色发展指数位居第二，西部位居第三，而 2018 年西部绿色发展指数位居第二，东北部位居第三；相比其他区域，中部地区 2017 年及 2018 年绿色发展指数始终处于最末，绿色发展水平亟待提高。

第二，不同区域绿色发展驱动力存在差异。从绿色发展指数的三个一级指标来看，多数东部省份主要依靠经济增长绿化度和政府政策支持度驱动绿色发展水平提升；多数西部省份则凭借着较高的资源环境承载潜力获得了相对较好的绿色发展水平，但经济增长绿化度的制约仍十分明显；东北三省的绿色发展水平进步较大主要得益于经济增长绿化度的驱动效应以及不断改善的资源环境承载潜力；相比西部和东北地区，多数中部省份在绿色发展上缺乏突出优势和核心驱动力。

第三，省级绿色发展水平具有发散特征，但部分区域之间呈现收敛。从各省（自治区、直辖市）绿色发展指数来看，排名靠前的省（自治区、直辖市）与排名靠后的省（自治区、直辖市）差距较大，排名靠前的省（自治区、直辖市）得益于较强的经济基础、区位优势和政府的高度支持，预计未来仍将保持领先位优势并进一步拉大差距；而排名靠后的省（自治区、直辖市）受制于较差的经济基础、地缘劣势和相对脆弱的生态环境，未来上升途径可能较为曲折。在部分区域之间，特别是西部和东北地区的绿色发展指数具有收敛态势，二者整体的绿色发展水平已十分接近。

第四，从各级指标对绿色发展的贡献来看，不少不具有先天资源环境禀赋优势的地区（比如上海、浙江）反而具有较高的绿色发展水平，这主要得益于经济社会在转型升级过程中提升了绿色增长效率、促进产业集约高效发展并不断增强政府能效，从而促进经济社会高质量发展；而不少具有先天资源环境禀赋优势的地区（比如青海、甘肃）的绿色发展水平反而陷入"低端锁定"，原因在于尚未将资源环境禀赋优势转换为经济优势，没有形成经济增长的新动能，从而出现了"绿色"与"发展"之间的失衡。

以上两套指标体系，一套绿色发展指数由国家发展改革委、国家统计局、环境保护部、中央组织部等部门联合制定，采用综合指数法进行测算；另一套由科研院所制定，采用极差标准化法进行测算。两套评价体系尽管指标体系结构上有所区别，测算方法也不同，但均是通过长期的研究和积累后得出的科学合理的评价体系，在对我国绿色发展的评价上，可以从不同角度和侧面反映各省的绿色发展水平，为各省绿色发展的现状和未来的发展重点提供科学合理的数据支撑。

第二节　湖南省绿色发展评价体系及指标解读

一、湖南省绿色发展评价体系介绍

从 2016 年 11 月湖南省统计局出台《湖南省绿色发展指标体系》的征求意见稿开始，历时 11 个月，通过三次广泛地征求各相关部门及各行业专家意见、收集 6 年的历史数据、试算等工作，终于完成。整个指标体系由 7 个一级指标、55 个二级指标组成，同时还公布了各指标所占的权数（表 6-1）。这套指标体系将用于《湖南省生态文明建设目标考核办法》的年度考评工作，对应的生态文明建设目标考核体系见附表 7。

表 6-1　　　　　　　　　　　　湖南省绿色发展指标体系

一级指标	序号	二级指标	计量单位	指标类型	权数（%）	数据来源
一、资源利用（权数=29.88%）	1	能源消费总量	万吨标准煤	◆	1.89	省统计局、省发改委
	2	单位 GDP 能源消耗降低	%	★	2.78	省统计局、省发改委
	3	单位 GDP 二氧化碳排放降低	%	★	2.78	省发改委、省统计局
	4	非化石能源占一次能源消费比重	%	★	2.78	省能源局、省统计局、省电力公司
	5	用水总量	万立方米	◆	1.89	省水利厅
	6	万元 GDP 用水量下降	%	★	2.78	省水利厅、省统计局
	7	单位工业增加值用水量降低率	%	◆	1.89	省水利厅、省统计局
	8	农田灌溉水有效利用系数	–	◆	1.89	省水利厅
	9	耕地保有量	万亩	★	2.78	省国土资源厅
	10	新增建设用地规模	万亩	★	2.78	省国土资源厅
	11	单位 GDP 建设用地面积降低率	%	◆	1.89	省国土资源厅、省统计局
	12	资源产出率	万元/吨	◆	1.89	省发改委、省统计局
	13	一般工业固体废物综合利用率	%	△	0.93	省环保厅、省经信委
	14	农作物秸秆综合利用率	%	△	0.93	省农委
二、环境治理（权数=17.69%）	15	化学需氧量排放总量减少	%	★	2.78	省环保厅
	16	氨氮排放总量减少	%	★	2.78	省环保厅
	17	二氧化硫排放总量减少	%	★	2.78	省环保厅
	18	氮氧化物排放总量减少	%	★	2.78	省环保厅
	19	危险废物处置利用率	%	△	0.93	省环保厅
	20	生活垃圾无害化处理率	%	◆	1.89	省住房和城乡建设厅
	21	农村对生活垃圾进行处理的行政村比例	%	△	0.93	省住房和城乡建设厅
	22	污水集中处理率	%	◆	1.89	省住房和城乡建设厅
	23	环境污染治理投资占 GDP 比重	%	△	0.93	省住房和城乡建设厅、省环保厅、省统计局
三、环境质量（权数=17.69%）	24	地级及以上城市空气质量优良天数比率	%	★	2.78	省环保厅
	25	细颗粒物（$PM_{2.5}$）未达标地级及以上城市浓度下降	%	★	2.78	省环保厅

续表

一级指标	序号	二级指标	计量单位	指标类型	权数（%）	数据来源
三、环境质量（权数=17.69%）	26	地表水达到或好于 III 类水体比例	%	★	2.78	省环保厅
	27	地表水劣 V 类水体比例	%	★	2.78	省环保厅
	28	重要江河湖泊水功能区水质达标率	%	◆	1.89	省水利厅
	29	地级及以上城市集中式饮用水水源水质达到或优于 III 类比例	%	◆	1.89	省环保厅
	30	受污染耕地安全利用率	%	△	0.93	省农委
	31	单位耕地面积化肥使用量	千克／公顷	△	0.93	省农委、省统计局、省国土资源厅
	32	单位耕地面积农药使用量	千克／公顷	△	0.93	省农委、省统计局、省国土资源厅
四、生态保护（权数=13.14%）	33	森林覆盖率	%	★	2.78	省林业厅
	34	森林蓄积量	万立方米	★	2.78	省林业厅
	35	湿地保护率	%	◆	1.89	省林业厅
	36	陆域自然保护区面积	万公顷	◆	1.9	省环保厅、省林业厅、省农委
	37	新增水土流失治理面积	万公顷	◆	1.89	省水利厅
	38	新增矿山恢复治理面积	公顷	◆	1.9	省国土资源厅
五、增长质量（权数=12.24%）	39	人均GDP增长率	%	◆	1.89	省统计局
	40	居民人均可支配收入	元／人	◆	1.89	湖南调查总队
	41	第三产业增加值占GDP比重	%	◆	1.89	省统计局
	42	战略性新兴产业增加值占GDP比重	%	◆	1.89	省统计局、省经信委
	43	研究与试验发展经费支出占GDP比重	%	◆	1.89	省统计局、省科技厅
	44	城镇化率	%	△	0.93	省统计局
	45	光纤宽带家庭覆盖率	%	△	0.93	省通信管理局
	46	亿元GDP生产安全事故死亡人数	人／亿元	△	0.93	省统计局、省安监局
六、绿色生活（权数=9.36%）	47	公共机构人均能耗降低率	%	△	0.93	省机关事务管理局
	48	绿色产品市场占有率（高效节能产品市场占有率）	%	△	0.93	省发改委、省经信委、省质监局、省工商局、省农委

续表

一级指标	序号	二级指标	计量单位	指标类型	权数（%）	数据来源
六、绿色生活（权数=9.36%）	49	新能源汽车保有量增长率	%	◆	1.89	省公安厅
	50	绿色出行（城镇每万人口公共交通客运量）	万人次	△	0.93	省交通运输厅、省统计局
	51	城镇绿色建筑面积占新建建筑比重	%	△	0.93	省住房和城乡建设厅
	52	城市建成区绿地率	%	△	0.93	省住房和城乡建设厅
	53	农村自来水普及率	%	◆	1.89	省水利厅
	54	农村卫生厕所普及率	%	△	0.93	省卫生计生委
七、公众满意程度	55	公众对生态环境质量满意程度		—		省统计局

注：

表中标★的为《湖南省国民经济和社会发展第十三个五年规划纲要》确定的资源环境约束性指标；标◆的为《湖南省国民经济和社会发展第十三个五年规划纲要》和《中共湖南省委、湖南省人民政府关于加快推进生态文明建设的实施意见》等提出的主要监测评价指标；标△的为其他绿色发展重要监测评价指标。根据其重要程度，按总权数为100%，三类指标的权数之比为3：2：1计算，标★的指标权数为2.78%，标◆的指标权数为1.89%，标△的指标权数为0.93%，前6个一级指标的权数分别由其所包含的二级指标权数汇总生成。

二、湖南省绿色发展评价体系的指标解读

（1）绿色发展指数采用综合指数法进行测算。"十三五"期间，以2015年为基期，结合"十三五"规划纲要和相关部门规划目标，测算分市州绿色发展指数和资源利用指数、环境治理指数、环境质量指数、生态保护指数、增长质量指数、绿色生活指数6个分类指数。绿色发展指数由除"公众满意程度"之外的54个指标个体指数加权平均计算而成。

计算公式为：

$$Z = \sum_{i=1}^{N} W_i Y_i \ (N=1, 2, \cdots, 54)$$

其中，Z 为绿色发展指数，Y_i 为指标的个体指数，N 为指标个数，W_i 为指标 Y_i 的权数。

绿色发展指标按评价作用分为正向和逆向指标，按指标数据性质分为绝

对数和相对数指标，需对各个指标进行无量纲化处理。具体处理方法是将绝对数指标转化成相对数指标，将逆向指标转化为正向指标，将总量控制指标转化为年度增长控制指标，然后再计算个体指数。

（2）公众满意程度为主观调查指标，通过省统计局组织的抽样调查来反映公众对生态环境的满意程度。调查采取分层多阶段抽样调查方法，通过采用计算机辅助电话调查系统，随机抽取城镇和乡村居民进行电话访问，根据调查结果综合计算 14 个市州的公众满意程度。该指标不参与总指数的计算，进行单独评价与分析，其分值纳入生态文明建设考核目标体系。

（3）省级负责对各市州的生态文明建设进行检测评价，对于有些市州没有的地域性指标，相关指标不参与总指数计算，其权数平均分摊至其他指标，体现差异化。各市州可根据湖南绿色发展指标体系，并结合当地实际制定本地区绿色发展指标体系，对辖区内县市区的生态文明建设进行检测评价。各市州绿色发展指标体系的基本框架应与省保持一致，部分具体指标的选择、权数的构成以及目标值的确定，可根据实际进行适当调整，进一步体现当地的功能定位和差异化评价要求。

（4）绿色发展指数所需的数据来自各市州、各相关部门的年度统计，各相关部门负责按时提供数据，并对数据质量负责。

第三节　典型区域绿色发展绩效评价

一、湖南省绿色发展评价结果

2019 年 4 月，湖南省统计局、省发改委、省生态环境厅、省委组织部联合下发了《关于发布 2017 年市州生态文明建设年度评价结果的通报》（湘统〔2019〕19 号），发布了 2017 年全省各市州生态文明建设年度评价结果。通报显示：湖南省各市州 2017 年绿色发展指数排在前六位的分别是郴州、张家界、长沙、湘潭、永州、常德。湖南省 2016 年各市州生态文明建设年度评价结果（表 6-2、表 6-3）中，排名前六位的为郴州、湘潭、怀化、长沙、株洲、常德。可见郴州在湖南省贯彻生态文明建设年度评价制度以来，已连续两年在绿色发展指数上居于首位，长沙、湘潭、常德尽管在排位上出现了一些变化，但是仍然在14个市州中排于前列。

表6-2 　　　　　　2016年生态文明建设年度评价结果

地区	绿色发展指数	资源利用指数	环境治理指数	环境质量指数	生态保护指数	增长质量指数	绿色生活指数	公众满意程度（%）
长沙	81.29	78.58	86.33	80.63	68.13	90.94	87.55	82.81
株洲	81.15	79.35	81.95	87.48	71.76	83.99	82.87	87.53
湘潭	81.87	79.12	88.50	88.86	66.91	84.09	83.03	90.70
衡阳	80.15	80.73	88.19	85.78	67.71	77.78	73.01	83.49
邵阳	77.16	79.97	74.94	84.76	75.98	67.98	71.67	85.91
岳阳	77.83	75.72	84.91	81.73	70.14	75.49	77.66	91.24
常德	80.99	85.35	84.48	83.34	71.07	76.21	76.24	92.57
张家界	79.27	78.72	77.41	91.99	78.74	72.63	69.89	91.89
益阳	76.01	73.04	83.08	73.64	78.75	72.47	77.37	89.57
郴州	83.68	81.37	85.05	90.73	86.20	79.83	76.66	92.25
永州	80.04	78.46	83.09	93.15	78.25	69.19	71.21	91.32
怀化	81.78	79.88	86.77	96.13	77.29	69.66	73.46	91.50
娄底	79.80	80.74	83.08	93.01	70.04	69.87	72.27	80.31
湘西自治州	77.69	78.45	73.72	93.76	81.52	64.16	64.75	90.98

表6-3 　　　　　　2016年生态文明建设年度评价结果排序

地区	绿色发展指数	资源利用指数	环境治理指数	环境质量指数	生态保护指数	增长质量指数	绿色生活指数	公众满意程度（%）
郴州	1	2	5	6	1	4	6	2
湘潭	2	8	1	7	14	2	2	8
怀化	3	6	3	1	6	11	8	4
长沙	4	10	4	13	12	1	1	13
株洲	5	7	11	8	8	3	3	10
常德	6	1	7	11	9	6	7	1
衡阳	7	4	2	9	13	5	9	12
永州	8	11	8	3	5	12	12	5
娄底	9	3	9	4	11	10	10	14

地区	绿色发展指数	资源利用指数	环境治理指数	环境质量指数	生态保护指数	增长质量指数	绿色生活指数	公众满意程度（%）
张家界	10	9	12	5	4	8	13	3
岳阳	11	13	6	12	10	7	4	6
湘西自治州	12	12	14	2	2	14	14	7
邵阳	13	5	13	10	7	13	11	11
益阳	14	14	10	14	3	9	5	9

注：本表中各市州按照绿色发展指数值从大到小排序。若存在并列情况，则下一个地区排序向后递延。

附注：1. 生态文明建设年度评价按照《湖南绿色发展指标体系》实施，绿色发展指数采用综合指数法进行测算。绿色发展指标体系包括资源利用、环境治理、环境质量、生态保护、增长质量、绿色生活、公众满意程度等7个方面，共55项评价指标。其中，前6个方面的54项评价指标纳入绿色发展指数的计算；公众满意程度调查结果进行单独评价与分析。

2. 单位GDP二氧化碳排放降低率、受污染耕地安全利用率和绿色产品市场占有率（高效节能产品市场占有率）等3个指标，2016年暂无数据，为了体现公平性，其权数不变，指标的个体指数值赋为最低值60，参与指数计算。

3. 公众满意程度为主观调查指标，通过湖南省统计局组织的抽样调查来反映公众对生态环境的满意程度。调查采取分层多阶段抽样调查方法，通过采用计算机辅助电话调查系统，随机抽取城镇和乡村居民进行电话访问，根据调查结果综合计算14个市州的公众满意程度。

4. 公报数据由湖南省统计局会同有关部门负责解释。

二、湖南城市绿色发展绩效评价

（一）长沙绿色发展绩效评价（2016年）

2019年2月14日，长沙市统计局、市发展和改革委员会、市生态环境局、市委组织部、市"两型"社会建设综合配套改革办公室联合发布《2016年区县（市）生态文明建设年度评价结果公报》，公布了2016年各县区（市）绿色发展指数，岳麓区获得第一。

生态文明建设年度评价是督促和引导各地区推进生态文明建设的"指示器"和"风向标"。年度评价工作按照《长沙市绿色发展指标体系》实施，绿色发展指数采用综合指数法进行测算。绿色发展指标体系包括资源利用、环境治理、环境质量、生态保护、增长质量、绿色生活、公众满意程度等7

个方面，共 56 项评价指标。其中，前 6 个方面的 55 项评价指标纳入绿色发展指数的计算；公众满意程度调查结果进行单独评价与分析。

从 2016 年生态文明建设年度评价结果看，各区县（市）绿色发展指数值从高到低的排序依次为：岳麓区、开福区、天心区、望城区、芙蓉区、雨花区、浏阳市、宁乡市、长沙县。在构成绿色发展指数的 6 项分类指数方面，资源利用岳麓区排名第一，环境治理望城区排名第一，环境质量雨花区排名第一，生态保护雨花区排名第一，增长质量岳麓区排名第一，绿色生活开福区排名第一。在公众满意程度方面，浏阳市排名第一。

（二）常德绿色发展绩效评价（2017 年）

湖南省统计局、省发改委、省生态环境厅、省委组织部联合发布的湖南省 2017 年市州生态文明建设年度评价结果的通报中显示：2017 年常德市生态文明建设公众满意程度为 91.48%，位居全省第 1 位；绿色发展指数为 79.27，居全省第 6 位。绿色发展 6 个分项指数中环境治理指数排位靠前，居全省第 3 位；绿色生活指数、资源利用指数、增长质量指数在全省处于中游偏上水平；环境质量指数、生态保护指数排位相对靠后，位居全省第 9 位、第 11 位。与 2016 年相比，尽管公众满意程度和绿色发展指数有所下降，但是在全省的排位不变，环境治理指数排位由 2016 年的第 7 位上升到第 3 位。

（三）湘潭绿色发展绩效评价（2017 年）

2017 年，湘潭推动水、大气、土壤治理三大战役，解决了一大批急需解决而又长期难以解决的环境问题。争取到国省专项资金 2.35531 亿元，推进了一大批水、大气、土壤重点项目建设。下发了市人民政府 2 号令，要求狠抓特护期大气污染防治和环境保护重点工作，坚决打赢环境治理攻坚战，堪称湘潭史上最严的环保追责决定。大气方面，全面整治企业排放、工地扬尘、秸秆焚烧、汽车尾气等污染源，全年淘汰黄标车 3336 台，成为全省第二个完成年度目标任务的地市，加快湘钢、湘潭电厂、吉利汽车等工业企业污染大户的治理改造，空气质量综合指数、二氧化硫、$PM_{2.5}$ 和一氧化碳浓度均值同比下降。水和土壤方面也全面推进，制定出台《湘潭市土壤污染防治行动方案》，竹埠港示范治理项目有序推进，竹埠港滨江新城建设全面推进，生态文明建设翻开了新的篇章。

第七章 湖南省绿色发展对策与实施途径

第一节 绿色发展战略对策

坚持"绿水青山就是金山银山",以"一湖四水"为主战场,把生态优先、绿色发展的要求落实到长江经济带发展的各个领域。要以"生态优先,绿色发展;统筹协调、系统保护;空间管控、分区施策;强化底线、严格约束;改革引领,科技支撑"为指导思想,加快重点领域、关键环节体制改革,着力推进生态环保科技创新,强化对生态环境保护与修复重点工作的保障。

一、加强生态建设与保护

巩固生态安全屏障。依据经济社会发展水平、人口资源环境状况、生态系统特点,合理划分生态功能区,建设"一湖三山四水"生态安全屏障。发挥洞庭湖湿地和"四水"流域洪水调蓄、水源涵养、气候调节和生物多样性保护等生态功能。推进河湖清淤、退田还湖、平垸行洪、移民建镇、季节性休渔和血防等工作,恢复扩大水面和湿地。加快污染治理,控制重要点源和农业面源污染。加强东洞庭湖、西洞庭湖、南洞庭湖三大国际重要湿地保护和"四水"流域植被恢复。发挥武陵—雪峰山区生物多样性及水土保持生态功能。保护亚热带森林植被、濒危珍稀物种及丰富的生物多样性。加强退化土地修复和重要水源地保护。抓好自然保护区建设和野生动植物保护。发挥南岭、罗霄—幕阜山区森林及生物多样性生态功能。加大对重要水源涵养区、饮用水源区和水土流失重点预防保护区、重点监督区、重点治理区的森林植被保护力度,恢复天然植被,提高水源涵养功能。禁止滥捕滥采野生动植物资源,保护自然生态走廊和野生动物栖息地,减轻滑坡、山洪等自然灾害损失。

提升生态系统整体功能。加强森林生态系统建设与保护。开展植树造林，推进退耕还林、封山育林等生态工程，不断扩大森林面积，稳定高水平森林覆盖率。消除石漠化生态隐患。加强生态脆弱地区草地草甸保护。强化森林经营，推广良种壮苗、林地测土配方、森林抚育技术，培育无节良材，开展优材更替，大幅增加森林蓄积量。抓好生态公益林管护。加强湿地生态系统建设与保护。以环洞庭湖区及湘、资、沅、澧"四水"流域为重点，实施退田还湖（湿）、退养还湖、疏浚清淤、防崩、拦洪、拦沙、血防、防护林等湿地保护与恢复工程，强化水质提升，控制流域污染排放，保护和开发湿地生态系统的动植物资源、水资源、旅游资源。加强农田生态系统建设与保护。建立健全重金属污染和农业面源污染监测预警体系，开展农田污染综合防治。推进农田水利基础设施建设，实施土壤肥力监测与改善计划，优化农产品种植结构，推广少耕、免耕等保护性耕作方式。加强农田林网建设与改造，提高平原绿化水平。加强城市生态系统建设。按生态功能规划城市建设，减少工业化和城镇化对生态环境的影响。大力推进城市绿化，引导森林进城，构筑复合式、立体式城市绿地系统。推动公共绿地建设和单位绿化，倡导庭院绿化、垂直绿化和屋顶绿化，提高养护水平和绿化效果。构建绿色廊道，高标准建设重要道路、河流两岸绿化带，连接城乡绿地系统。加强特定生态系统保护。禁止对世界自然遗产、国际重要湿地、文化遗址、自然保护区、风景名胜区、森林公园、地质公园、植物园以及长株潭"绿心"进行城镇化、工业化开发。旅游活动必须根据资源状况和环境容量进行。控制人为因素对自然生态和文化自然遗产原真性、完整性的干扰，引导人口逐步有序转移，实现污染物零排放，保持原生植被和地质地貌，提高生态环境质量。

保护生物多样性。保护生态系统、物种和遗传基因多样性。积极开展基础调查和科学研究，建立生物多样性基础数据库。加强南岭山区、武陵山区、洞庭湖区等生物多样性重点区域的保护和管理。规范野生物种和转基因种源管理，建立监测预警机制，预防和控制外来有害物种入侵。禁止非法采集和猎捕重点保护物种。对野生动物造成的人身财产伤害损失予以补偿。建设珍稀植物迁地保育基地，提升生物多样性保护能力。

完善防灾减灾体系。建立健全各种灾害及次生环境问题监测预警体系。

开展国有老矿山地质环境综合整治和地质塌陷区治理。完善防洪抗旱水利设施。实施血吸虫防治工程。加强森林火灾、有害生物灾害、危险废弃物、核辐射、地震、环境污染、水土流失等灾害处置能力建设。加强气象预测预报，提升气象防灾减灾服务水平。推进城乡综合减灾示范社区和应急避难场所建设。完善多部门联动的防灾减灾和政策性保险机制，提高灾害救助效率，重视灾后生态恢复与重建。

二、能源资源集约化管理

节约能源，推进结构性节能。严格控制高耗能、高排放行业低水平扩张和重复建设，依法淘汰落后产能，强化各行业用能管理，抑制能耗不合理增长。推进技术性节能，加强共性、关键和前沿节能降耗新技术、新工艺的引进、研发和应用。深入实施"万家企业节能行动"。突出抓好建筑、工业、交通、商业、公共机构等领域节能，积极实施可再生能源应用和绿色照明工程。推进制度性节能，实施强制性能耗物耗标准，强化节能降耗目标责任评价考核，积极推行合同能源管理、节能产品政府强制采购、建筑能耗定额制度，严格执行投资项目节能评估审查制度，提高准入门槛。对属于国家限制、淘汰的高能耗企业实行专项加价的差别电价或惩罚性电价制度。健全能源统计制度和节能计量统计体系，完善省、市、县三级节能执法监察和评估体系。积极开发新能源和清洁能源。加快风能、太阳能、生物质能、核能等替代能源技术研发和综合利用，降低碳基能源使用比例。加大研发推广低碳和碳捕捉技术的力度，提升低碳化能源比重和化石能源的清洁化利用水平。加快建设 7 大重点节能工程，加强桃江、临澧、澧县、沅陵、桑植、江永、花垣等 7 个国家绿色能源示范县建设。

三、强化城乡环境综合治理

减少主要污染物排放。坚持以环境承载力为依据，以总量控制为核心和硬约束，全面推进污染减排。加快推进大气污染物减排。以化工、冶金、造纸、水泥、电力、交通等重污染行业为重点，严格控制二氧化硫、氮氧化物、颗粒物和温室气体排放，实施产业环境准入制度和重污染产业退出计划，优化能源消费结构、合理控制新增量,加快现有污染源治理步伐,建立重点区域和重点企业的空气质量监测网络。加快推进水污染物减排。进一步推进城市污水处理厂、污泥处理厂、截污工程及配套管网工程建设,完善城市污水处理收费政策,提高污水处理标准,强化运营监管。加快长沙坪塘、株洲清水塘、湘潭竹埠港、衡阳水口山、冷水江锡矿山、郴州三十六湾等重工矿区综合整治,提高工业废水达标排放率,减少化学需氧量、氨氮和重金属排放总量。重视声污染、电磁污染、放射性污染等物理污染防治。建立健全交通噪声自动监测系统,做好敏感区的声环境保护工作,注重电磁污染的研究与防护工作,开展核设施放射性现状检测与评价,出台全面的放射性废物管理政策和核设施退役计划。加快推进固体废弃物综合利用和安全处置。清理化工、冶金渣场的重大污染隐患,提高工业固体废弃物处置和综合利用水平,拓宽生活垃圾、建筑固体废弃物回收利用渠道,加强生活垃圾、医疗废弃物和危险废弃物处理设施建设和运行管理。

四、推进绿色生产发展进程

优化产业结构和空间布局。推动产业生态化和生态产业化。重点改造提升传统产业,淘汰高污染、高能耗落后产能。发展生态优势产业、战略性新兴产业、现代服务业,建设高效益、集约化、生态型的产业园区,把产业园区建设成为生态产业的先行区和示范区。围绕绿色转型升级进一步优化产业空间布局。按照重点开发、限制开发和禁止开发的不同要求,规范空间开发秩序。长株潭城市群要大力发展先进制造业和高新技术产业等"两型"产业,加快长沙、株洲、湘潭等老工业基地振兴,打造成中部乃至全国重要的经济增长极和现代化生态城市群。湘南地区要大力发展加工贸易和现代农业等,加强生态建设和环境保护,加快优势产业的"两型化"改造,打造成全省对外开放的引领区、产业承接的示范区和新的经济增长极。大湘西扶贫开发区要进一步加强生态建设和环境保护,以"两型化"要求推进特色优势产业发展,重点发展生态旅游和民族文化旅游业,建设成全国重要的生态文化旅游经济带和面向西部的区域商贸物流中心。洞庭湖生态经济区要着力提升粮食综合生产能力,大力发展湖湘特色旅游,全力推动江湖产业集聚发展,不断完善现代综合交通体系，加快推进城乡一体化发展，着力强化生态安全保障功能。

五、构建生态补偿和共建共享机制

建立完善生态效益补偿机制。按照"谁保护谁受益、谁受益谁补偿"原则，实行区域补偿、流域补偿和要素补偿相结合，以点带面，循序渐进，逐步建立覆盖全省的生态效益补偿制度。构建以政府投入为主、全社会支持生态环境建设的投资融资体制，探索多形式、多渠道的生态效益补偿方式，努力拓宽生态效益补偿市场化、社会化运作的路子。

第二节 绿色发展动力发掘

《湖南省"十三五"环境保护规划》指出全面贯彻党的十八大和十八届三中、四中、五中全会精神，围绕"五位一体"总体布局和"四个全面"战略布局，牢固树立和贯彻落实创新、协调、绿色、开放、共享的新发展理念，在"一带一部""五化同步"新战略引领下，以改善环境质量为核心，以解决生态环境领域突出问题为重点，以生态文明体制改革为动力，实行最严格的环境保护制度，打好大气、水、土壤污染防治"三大战役"，推进主要污染物减排，严密防控环境风险，不断提高环境管理系统化、科学化、法治化、精细化和信息化水平，实现生态环境质量总体改善，为全面建成小康社会谱写好富饶美丽幸福的新湖南篇章。

总体目标：到 2020 年，全省生态环境质量明显改善，主要污染物排放总量大幅减少，环境风险得到有效控制，生态安全基本得到保障，绿色生产和绿色生活水平明显提升，生态环境治理体系与治理能力现代化取得重大进展，生态文明建设水平与全面建成小康社会相适应，生态文明体制改革和重大制度建设取得决定性成果。

具体指标：到 2020 年，重点污染物化学需氧量、氨氮、二氧化硫、氮氧化物排放总量与 2015 年相比，削减比例分别不低于 10.1%、10.1%、21%、15%，重点地区重点行业挥发性有机物削减 10%，常德、益阳、岳阳市三市总磷排放量分别下降 10% 以上，排入洞庭湖的总氮下降 10% 以上；

工业污染源、生活污水处理厂稳定达标排放；县级以上城市集中式饮用水水源地水质全面达标；全省长江水系（国控断面）水质优良率达到93.2%，长江经济带生态环境保护相关要求全面落实，珠江水系达到100%，消除Ⅴ类以下水质，洞庭湖水质除总磷达到Ⅳ类外，其他指标达到Ⅲ类；14个地级城市（含吉首）建成区黑臭水体控制在10%以内；14个地级城市（含吉首）环境空气质量优良天数比例达到82.9%，县级城市环境空气质量优良天数比例达到85%；14个地级城市（含吉首）细颗粒物（PM$_{2.5}$）年平均浓度比2015年下降18%；全省耕地土壤环境质量达标率提高10%，重点区域土壤治理取得明显成效。完成农村环境综合整治全省域覆盖任务。

为实现上述目标，《湖南省"十三五"环境保护规划》提出了十大重点任务及七大重点工程。

一、十大重点任务

（一）改善水环境质量

加强"一江、一湖"的水污染防治。持续推进省人民政府"一号重点工程"，按照"治与调并举""全面巩固"的要求，以问题为导向，继续推进实施湘江流域污染防治第二个、第三个"三年行动计划"。强化湘江流域航运水污染防治，促进船舶标准化，船舶、港口、码头生活垃圾上岸处置。强化近岸区域的畜禽污染治理，划定禁养区和限养区，2017年底禁养区畜禽养殖全部退出。全面推进洞庭湖区域水环境综合整治，实施国务院批准的洞庭湖生态经济区规划及《洞庭湖区水污染综合治理实施方案》，加强与湖北、贵州、重庆等相邻省份的沟通协调，建立洞庭湖水环境保护联防联控协作机制，综合推进洞庭湖外源性污染治理和区域生态环境综合整治，有效遏制水质富营养化趋势，确保达到国家控制要求。

（二）改善城市空气质量

强化工业气型污染源治理。继续实施大气重点污染物总量控制，从火电、钢铁、水泥等重点行业入手，推进二氧化硫、氮氧化物、烟粉尘处理设施的升级改造，重点推进火电机组超低排放改造。完成钢铁、水泥、化工、石化、有色等重点行业落后产能淘汰。从能源（煤炭）消费总量控制、能源结构优化调整、清洁能源使用、工业污染源控制等领域着手，根据污染程度和减排潜力的不同，对城市环境空气质量实行分类管理，接近达标的城市提出达标时间表，超标严重近期难以达标的，提出浓度下降比例要求。到 2017 年底，钢铁、水泥、化工、石化、有色等行业完成清洁生产审核，重点推进企业清洁生产技术改造。

（三）改善土壤及农村环境质量

推进基础调查和监测网建设。科学布设土壤环境质量监测点位，按照国家要求完成土壤环境质量监测网络建设，从 2017 年开始启动土壤环境质量常规监测，2018 年底前，以农用地和重点行业企业用地为重点，完成全省土壤污染状况详查。对于风险较大的监测点位，在必测项目的基础上，结合重金属污染防治、"菜篮子"保障工程等，根据区域污染特点增加特征污染物监测。对土壤环境问题集中的区域进行风险排查，建立风险管控名录。

（四）保护和修复自然生态系统

加强生态功能区保护和管理。对重点生态功能区实行产业准入负面清单管理，结合资源环境承载能力综合评价，制定区域限制和禁止发展的产业目录。严格落实《关于贯彻实施国家主体功能区环境政策的若干意见》，创新长株潭绿心地区保护发展模式，打造生态功能区保护和管理的标杆；进一步扩大武陵山重点生态功能区天然林保护范围，巩固退耕还林成果，恢复植被和生物多样性；保持南岭山地森林重点生态功能区水源涵养功能，禁止区域内非保护性采伐，保护和恢复植被，保护珍稀动物。统筹推进山水林田湖生态环境保护与修复工程，构建以洞庭湖为中心，以武陵—雪峰、南岭、罗霄—幕阜山脉为构架，以湘、资、沅、澧水系为脉络的"一湖三山四水"生态安全屏障。

（五）加大环境风险防控力度

推进固体废物综合利用和安全监管。按照资源化、减量化、再利用的原则，加快建立循环型工业、农业等固体废物的处置体系。完善再生资源回收体系，加大资源综合利用，鼓励生活垃圾分类回收，鼓励秸秆等农林废弃物以及建筑垃圾、餐厨废弃物、纺织品、汽车轮胎等废旧物品回收利用，推进煤矸石、矿渣等大宗固体废弃物综合利用。大力推广循环经济典型模式，积极推广水泥窑协同处置工业固体废弃物示范工程或一般固体废弃物综合利用规模化示范工程。加强危险废物、危险化学品、医疗废物、持久性有机污染物等的规范化管理，建立收集、贮存、运输、利用和处置等全过程环境管理体系。加强对危险废物产生单位和经营单位的监管，明确产生单位主体责任，建立健全危险废物产生单位清单并动态更新，鼓励产生单位自行综合利用。新建、扩建以危险废物为原料的企业，应立足于收集、利用和处置本辖区内的危险废物，合理确定产能规模，严格控制危险废物跨省转移，推动危险废物利用处置设施升级改造。

（六）持续实施治污减排

改善和优化总量控制制度。实施基于环境质量目标的总量控制措施，对重点污染物排放总量控制，强化精细化管理和指标刚性约束。建立覆盖所有固定污染源的企业排放许可制度，禁止无证排污和超标准、超总量排污，进一步完善排污权有偿使用和交易制度，大力培育、规范交易市场，促进企业减排。提高工业源治污水平，完善城镇环境基础设施，消减城镇化过程带来的新增污染物，完善总量控制制度，推行区域性、行业性总量控制，重点区域实施特征性污染物总量控制，改进减排核查核算方式方法，使总量控制服务于环境质量改善。

（七）全面加强环境保护监管执法

实施环保综合督察制度。加强对各级政府及其相关部门落实国家环保法律法规和政策措施等情况的监督，2017年前完成对所有市州的综合督察，全面掌握当地环境保护管理现状，调查地方政府及有关部门履行环保相关责任情况。推动地方环境管理体制机制转型，提高地方政府"环保施政"的自觉性，形成"政府负责、环保部门统一监督管理、相关部门齐抓共管"的大环保工作机制，完善环境保护工作责任体系和政绩考核机制，进一步改善生态环境质量，保障群众健康。

（八）优化生态文明建设空间格局

积极实施主体功能区战略。全面落实湖南省主体功能区划，完成全省生态保护红线划定，优化发展的空间布局。编制环境功能区划，明确生产、生活、生态空间的环境功能定位与环境政策。通过把禁止开发、限制开发与划定生态保护红线结合起来，把重点开发与控制行业污染物排放总量结合起来，把优化开发与提升行业生产效率标准结合起来，建立更优化的国土空间格局。强化战略和规划环评刚性约束，区域规划编制、重大项目布局必须符合主体功能定位及生态红线管制范围。严格按照《关于贯彻实施国家主体功能区环境政策的若干意见》要求，对不同主体功能区的产业项目实行差别化市场准入政策和环境政策，明确禁止开发区域、限制开发区域准入事项，明确优化开发区域、重点开发区域禁止和限制发展的产业。构建平衡适宜的城乡建设空间体系，适当增加生活空间、生态用地，保护和扩大绿地、水域、湿地等生态空间，扩大生态产品供给。

（九）构建绿色发展的内生机制

完善生态环境监测网络体系。全面落实《生态环境监测网络建设方案》，稳步推进环境质量监测事权上收工作，加快建设生态环境监测网络，到2020年，全省形成较为完善的生态环境监测网络，实现环境质量、重点污染源、生态状况监测全覆盖，各级各类监测数据系统互联共享，监测预报预警、信息化能力和保障水平明显提升，监测与监管协同联动，初步建成各环境要素统筹、标准规范统一、天地一体、上下协同、信息共享的生态环境监测网络。

（十）大力发展环保产业

培育、促进环保产业。整合资源、提高标准，大力提升环保装备产品性能，研发一批拥有自主知识产权、达到国内先进水平的环保技术，采取激励措施发展环境服务业，促进产业结构趋于合理。省内环境公用设施、区域性环境整治项目和工业企业环保设施基本实现专业化、市场化建设运营，再生资源回收和废旧资源循环利用基本形成规范化、制度化体系，龙头企业和产业集群确立在全国的特色优势地位。在环保产业发展驱动下，不断提高全省资源产出率，逐步缓解突出环境问题，持续改善生态人居环境。

二、七大重点工程

（一）长株潭绿心国家生态公园工程

开展"绿心复绿、补绿、插绿五年行动计划"，推进绿心沿边绿化，完善绿色景观带，打造3~5处特色景点；推进廊道连接，把绿心地区湘江、浏阳河、主塘河段打造成集防洪、生态保护、自然景观功能于一体的自然生态廊道；结合绿心植被、山势、水体等生态元素，构建功能配套、循环连通的绿道系统，根据不同资源禀赋特点，设置特别保护区、自然景观区、文化保存区、生态农业区、生态工业区、生活休憩区等功能区域，打造国家生态公园建设"湖南样本"。

（二）近零碳排放区示范工程

抓住长沙县成为全国首个"零碳"试点县的机遇，完成长沙县碳源碳汇盘查工作，加快长沙县自主研发的速生草碳转化刈割封存降碳除霾技术转化，培育碳交易市场，开发碳质押贷款、碳债券、碳基金、碳众筹等产品，通过运用低碳技术、实施碳交易，大幅降低碳排放量，在全国形成可推广、可复制的低碳发展模式。

（三）全城生态旅游示范工程

以张家界市、湘西州、望城区等13个地区获批"国家全域旅游示范区"为契机，开展全域生态旅游示范工程。重点围绕"一带四圈"（一带：湘江；四圈：长株潭、环洞庭、大湘西、大湘南）开发全域生态旅游线路，形成精品工程。将生态旅游与新型城镇化、特色产业发展、精准扶贫有机结合，争取创建大湘西国家生态旅游扶贫试验区，打造湘江生态旅游经济带和环洞庭湖生态旅游经济圈，建设一批特色旅游名镇名村。

（四）互联网＋绿色发展工程

充分运用物联网、云计算等新一代信息技术、创新手段提升城市绿色发展、绿色管理能力和服务水平，加快智慧城市绿色城市建设，探索运用大数据编织制约权力的"数据铁笼"，推进管理型政府向透明、高效、廉洁的服务型、责任型政府转变，进一步提高政府行政效能。

（五）海绵城市建设工程

依据《海绵城市建设技术指南》等相关规定，结合湖南省城市生态条件，编制海绵城市专项规划，率先开展重点城市试点，从海绵型生态水系、绿地系统等多方面推动海绵城市建设，提升城市"自然积存、自然渗透、自然净化"的能力，最大限度减少城市建设对生态环境的影响。

（六）"四水一湖"绿色生态廊道工程

推进湘资沅澧"四水"及洞庭湖绿色生态廊道工程，重点推进"四水湖"重金属污染治理，大幅减少流域重金属排放量；以建设绿色通道和风光带为重点，以增加森林植被、构建森林景观为核心，串联破碎化的森林斑块和绿化带，形成覆盖广泛的景观生态交通廊道，注入湖湘文化元素，营建多层次、多树种、多色彩、多功能、多效益的沿江沿湖森林绿化带。

（七）削减污染存量"5控"工程

在全省开展控煤、控尘、控车、控工业污染和控新建项目污染的"5控"工程，减少存量污染。严格控煤，利用清洁技术和先进设备，实现煤炭清洁化生产，积极以新能源替代煤炭；严格控尘，对中心城区和重污染地区实施扬尘控制标准，把不达标企业纳入"企业不良信息"黑名单；严格控车，全面淘汰黄标车，全面落实机动车排放标准，大力发展新能源车；严格控制工业污染，实现从末端控制向源头和全过程控制转变，从浓度控制向总量和浓度控制相结合转变，从点源控制向流域和区域综合控制转变；严格控制新建项目污染，对新、改、扩建项目所需的污染物排放总量实行"倍量替代"。

第三节　绿色发展实施途径

新五年规划时期，要全面贯彻党的十八大和十八届三中、四中、五中全会精神，围绕富饶美丽幸福新湖南建设目标，把绿色发展放在突出位置，坚持问题导向、"大生态"格局、保护优先、政府主导、五化同步原则，实施"三轮驱动，工程支撑"战略，即以绿色发展制度、绿色产业、生态治理为三大驱动力，以绿色工程为重大支撑。其中，绿色发展制度是保障，为绿色发展"保驾护航"；绿色产业是关键，是绿色发展的"内生动力"；生态治理是重点，是实现绿色发展的"必然要求"；绿色工程是抓手，是实施绿色发展的"承载平台"。通过创新绿色发展体制机制，培育壮大绿色产业，推进生态综合治理，实施一批绿色重大战略工程，共同推进湖南省绿色发展。

一、建立健全绿色发展制度与体系

绿色发展需要制度"保驾护航"，通过制度的激励和约束作用，引导各主体走绿色发展道路。关键是要从政府和市场两个方面确定绿色发展制度改革的重点领域，建立健全制度体系。

（一）健全自然资源产权制度

全面开展地理省情普查，摸清湖南省自然资源的家底，建立自然资源数据库，积极开展自然生态空间确权登记试点。运用"生态足迹"等理论，准确核算自然资源资产价值，加强对生态系统生产总值GEP的核算，编制出湖南省自然资源资产负债表，逐步量化自然资源产权。

（二）开展管理体制机制探索

建立省、市间合理分权机制。在需要先行先试的改革领域，给予市一级地方政府必要权限，化解"试就违法、一试就碰线、一试就无依据"的尴尬局面。抓住水治理这个突破口和"牛鼻子"，建立流域间环境协同共治机制，探索建立"河长制"，明确流域党政领导的河流保护工作责任，减少"九龙治水"现象。以"河长制"为基础，探索土、气等其他绿色发展领域跨区域、跨部门管理制度。

（三）建立健全绿色发展市场机制

探索生态补偿市场机制，明确生态补偿受益主体与责任主体、拓宽生态补偿范围；大力推行合同能源管理和合同环境服务，全面推广环境治理PPP模式；健全排污权交易制度，完善主要污染物排污权有偿使用和交易管理办法，全面推行主要污染物排污指标交易制度。

二、大力推进绿色产业与生产模式

绿色发展需要绿色产业提供"内生动力"。绿色发展的核心是正确处理经济发展与环境保护的关系，要克服把两者对立起来的传统思维，大力发展绿色产业，打造一支具有较高市场知名度的"绿色湘军"。

（一）培育一批具有全国竞争力的绿色产业

一是加快节能环保产业发展。提升大气治理、水处理、土壤修复、农业面源污染治理、环境监测等环保装备和产品制造水平；创新环境污染第三方治理和研发、设计、制造、治理综合环境服务等服务模式，丰富环境工程咨询、清洁生产审核、排污权交易、水权交易等服务内容，突出发展环保服务业；积极推进废弃物等无害化处置和资源循环利用技术研发、装备和产品制造，推动建立废旧资源回收利用和再制造体系。二是推进传统优势产业绿色化升级。以推进供给侧结构性改革为契机，将绿色技术、绿色工艺渗透到钢铁、有色、化工、建材、电力等传统行业各环节，开展能效、水效、环保领跑者行动，实现传统行业的清洁低碳生产。三是积极培育绿色新产业、新业态、新模式。发展壮大高端制造、新一代信息技术、新材料、生物医药、新能源、住宅产业化和绿色化等新兴产业，积极发展移动互联网、3D 打印、工业机器人、集成电路、现代物流等新业态。推广"环保医院""环境全科医生"等新型模式，促进技术创新、研发、诊断和转化运用。

（二）拓展绿色产业发展空间

依托湘江保护和治理"一号工程"等，推出一批环保重点工程包，带动和发展一批企业。以政府示范拓展空间，定期更新发布"两型"采购目录，省内各级机关事业单位和社会团体对列入目录的产品优先采购。支持创新性环保技术在省内示范应用。在政府采购等方面给予优先支持。鼓励环保企业走出去，对参与省外大型项目或政府采购项目招投标中标、符合条件的按照一定标准给予奖励。

三、完善加强生态环境综合治理

良好生态环境是最公平的公共产品，也是最普惠的民生福祉，绿色发展的重中之重就是生态环境治理，它是绿色发展的"必然要求"。

（一）加快推进重点领域生态环境治理

深入推进水土气等重点领域的污染治理。以贯彻"水十条""土十条""大气十条"为契机，结合湖南实际，研究制定出台落实了水、土、气污染防治行动计划实施细则，完善了环境污染防治分级监管办法，提高了治污水平。加强湘江污染防治、洞庭湖区域环境保护和污染防治、全省域农村环境综合整治等重点领域治理，落实湘江污染防治第二个"三年行动计划"、

《洞庭湖生态经济区规划》《湖南省开展农村环境综合整治全省域覆盖工作方案》，深入推进湘江流域保护和治理、洞庭湖湖区面源污染治理和农村环境污染整治。

（二）全面提升城市生态品质

借常德获批国家级海绵城市建设试点的机遇，逐步建成 2 ~ 3 个省级海绵城市试点，并适时在全省推广。以湖南获批国家公园体制试点为契机，探索长株潭"绿心"区域等生态公园建设，打造国家生态公园建设"湖南样本"，拓展绿色宜人的生态空间；全面完成长沙市等 5 个国家级水生态文明城市试点建设，并在条件适宜的市州开展水生态文明示范县城或乡镇、村建设，启动市、县、乡、村四级联动的省级水生态文明创建工作。

参考文献

[1]黎敏，刘俊月，焦小楠.长株潭城市群生态一体化治理模式探究 [J].中南林业科技大学学报：社会科学版，2017.

[2]蒋作斌.保护绿心 刻不容缓 关于长株潭绿心保护的调研报告 [J].新湘评论，2011（18）：28–29.

[3]习近平.决胜全面建成小康社会夺取新时代中国特色社会主义伟大胜利 [M].人民出版社，2017：19，41.

[4]习近平.习近平总书记系列重要讲话读本 [M].人民出版社，2016：230.

[5]习近平在深入推动长江经济带发展座谈会上的讲话 [N].人民日报，2018–4–26.

[6]习近平在全国生态环境保护大会上强调坚决打好污染防治攻坚战推动生态文明建设迈上新台阶.央视网，2018–5–19.

[7]中共湖南省委关于坚持生态优先绿色发展深入实施长江经济带发展战略大力推动湖南高质量发展的决议 [N].湖南日报，2018–5–13.

[8]湖南省人民政府发展研究中心.2018 年湖南"两型"社会与生态文明建设报告 [M].社会科学文献出版社，2018：13.

[9]张宇，朱立志.关于"乡村振兴"战略中绿色发展问题的思考 [J].新疆师范大学学报，2018（06）.

[10]韩海军.绿色发展促进脱贫攻坚 [J].中国党政干部论坛，2018（02）.

[11]关成华，韩晶著.2017/2018 中国绿色发展指数报告——区域比较 [M].经济日报出版社，2019（3）：7–8.

[12]刘源源."四化两型"进程中湖南国土资源生态红线管制 [J].求索，

2015（12）：111–115.

[13] 周旋 . 湖南绿色发展面临的契机、挑战及对策建议 [J]. 战略与决策，2019（1）：42–45.

[14] 廖建祥，周庄 . 湖南省国土资源生态保护红线的划定与实施 [J]. 中南林业科技大学学报：社会科学版，2015（9）：16.

[15] 陈娇，张之浩 . 湖南长江经济带生态环境修复保护困境与对策研究 [J]. 环境与可持续发展，2019（4）.46–49.

[16] 坚持生态优先实现绿色崛起——四论学习贯彻习近平总书记在推动中部地区崛起工作座谈会上的重要讲话精神 [N]. 湖南日报，2019–5–27.

[17] 加快长江经济带建设抢抓湖南发展新机遇 [N]. 湖南日报，2015–7–15.

[18] 邓宏兵 . 以绿色发展理念推进长江经济带高质量发展 [J]. 区域经济评论，2018，36（6）：10–13.

[19] 唐浚中 . 联治"一湖四水"呵护"长江之肾"——"共舞长江经济带"湖南答卷 [J]. 当代党员，2019，480（01）：36–38.

[20] 彭升，王云华 . 以生态循环农业助推绿色发展——以湖南为例 [J]. 湖南大学学报（社会科学版），2019，33（03）：7–13.

[21] 匡跃辉 . 构建绿色低碳循环的经济体系建设美丽新湖南 [J]. 湖南行政学院学报，2018（4）：82–86.

[22] 胡可，潘永红 . 创新、协调、绿色、开放、共享发展理念引领湖南水生态文明建设的启示 [J]. 湖南水利水电，2019，219（01）：51–53.

[23] 长沙晚报 .2020 年湖南中心城市新建民用建筑实施绿色标准全覆盖 [J]. 住宅与房地产，2018，521（35）：6–7.

[24] 罗娇霞，陈晓亮，陈国生 . 湖南"生态红线"实施的制约性因素分析及制度完善 [J]. 湖南工业职业技术学院学报，2018.

[25] 杨灿，朱玉林 . 论供给侧结构性改革背景下的湖南农业绿色发展对策 [J]. 中南林业科技大学学报：社会科学版，2016，10（5）：1–5.

[26] 张孝岳 . 大力实施生态循环农业加快推进农业绿色发展 [J]. 湖南农业科学，2018，No.393（6）：135.

[27] 丁于思 . 湖南主体功能区建设研究 [D]. 中南大学，2010.

[28] 马双，王振 . 长江经济带城市绿色发展指数研究 [J]. 上海经济，2018，284（5）：42–53.

[29] 梁志峰，唐宇文 .2015 年湖南"两型"社会与生态文明发展报告 [M]. 社会科学文献出版社，2015.

[30] 胡舜，余华 . 推进湖南农业绿色发展的财政政策优化研究 [J]. 湖南财政经济学院学报，2019，35（01）：35–42.

[31] 刘平，黄渊基 . 关于湖南绿色发展的思考 [J]. 湖南省社会主义学院学报，2017（1）：85–86.

[32] 张哲强 . 绿色经济与绿色发展 [M]. 中国金融出版社，2012.

[33] 尹少华，王金龙，张闻 . 基于主体功能区的湖南生态文明建设评价与路径选择研究 [J]. 中南林业科技大学学报（社会科学版），2017，11（5）：1–7.

[34] 邓三龙 . 抓好"十大"绿色行动推进湖南生态文明建设 [J]. 林业与生态，2013（2）：7–8.

[35] 雷鸣，秦普丰，铁柏清 . 湖南湘江流域重金属污染的现状与分析 [J]. 农业资源与环境学报，2010（2）：62–65.

[36] 杜林远，高红贵 . 我国流域水资源生态补偿标准量化研究——以湖南湘江流域为例 [J]. 中南财经政法大学学报，2018（2）：43–50.

[37] 王晴，方小毛，沈鸿 ."绿"渗园区看转型——湖南绿色化工产业园发展走笔 [J]. 中国石油和化工经济分析，2014（10）：43–45.

[38] 陈行灿 . 湖南岳阳绿色化工产业园生态绿地规划构想 [J]. 科技资讯，2014，12（10）：191–194.

[39] 李琳，祁学津，王搏 . 洞庭湖生态经济区产业绿色发展水平评价及比较分析 [C]. 洞庭湖发展论坛文集，2013.

[40] 廖小平 . 绿色发展：湖南实现可持续发展的战略抉择——加快建设"绿色湖南"的思路与对策研究 [J]. 湖南社会科学，2012（1）：119–122.

[41] 韩义 . 抢抓机遇振兴水运加速湖南融入长江经济带进程——关于"十三五"湖南水运交通发展的思考 [J]. 湖南交通科技，2015（1）：155–

158.

[42] 陈娇，张之浩. 湖南长江经济带生态环境修复保护困境与对策研究 [J]. 环境与可持续发展，2019（4）：46–49.

[43] 高国力，李爱民. 长江经济带重点城市群发展研究 [J]. 广东社会科学，2015（4）：12–19.

[44] 陈芳辉，李丽纯. 以"长–岳"经济协同为突破口加快湖南融入长江经济带发展进程 [J]. 农村经济与科技，2019，30（6）：160–163.

[45] 邓子纲. "十三五"湖南融入长江经济带大有可为 [J]. 新湘评论，2016（3）：51–53.

[46] 刘茂松. 基于长江经济带建设的湖南战略研究 [J]. 湖南社会科学，2017（6）.

[47] 肖方育. 岳麓区环境保护中长期规划（2015—2030）研究报告 [D]. 湖南大学，2016.

[48] 宋姣姣，彭鹏. 汨罗融入长株潭城市群发展战略研究 [J]. 城市，2017（10）：16–21.

[49] 洞庭湖区启动 10 大环境治理工程 [N]. 湖南日报，2017–4.

[50] 周正柱，王俊龙. 长江经济带区域生态环境质量综合评价与预测研究 [J]. 山东师范大学学报（自然科学版），2018，33（04）：465–473.

[51] 杨顺顺. 长江经济带绿色发展指数测度及比较研究 [J]. 求索，2018（05）：88–95.

[52] 肖琳子. 长江经济带绿色发展：战略意义、概念框架与目标要求 [J]. 经济研究导刊，2018（33）：57–61.

[53] 黄娟，程丙. 长江经济带"生态优先"绿色发展的思考 [J]. 环境保护，2017，45（7）：59–64.

[54] 李晖. 以新理念引领湖南长江经济带高质量发展 [N]. 湖南日报，2018–2–13.

[55] 陈礼平，刘贻石. 长江经济带建设中湖南的战略定位与发展思路研究 [J]. 财经界，2016（33）.

[56] 钟茂初. 长江经济带生态优先绿色发展的若干问题分析 [J]. 中国地质

大学学报（社会科学版），2018，18（06）：13-27.

[57] 段学军，邹辉，陈维肖等 . 长江经济带形成演变的地理基础 [J]. 地理科学进展，2019，38（8）.

[58] 肖海翔 . 着力"五个融入"，加快湖南融入长江经济带建设 [N]. 湖南日报，2018-2-13.

[59] 李浩，刘陶 . 深入研究长江经济带产业经济发展问题的力作——评《长江经济带产业发展报告（2017）》[J]. 长江大学学报（社科版），2018.

[60] 郭丁文 . 推动长沙积极融入长江经济带建设 [J]. 中国经贸导刊，2018，899（16）：76-77.

[61] 金巍，龙文国，田洋等 . 湖南"金腰带"[J]. 华南地质与矿产，2018，34（3）：261-264.

[62] 万军，秦昌波，于雷等 . 关于加快建立"三线一单"的构想与建议 [J]. 环境保护，2017（20）：11-13.

[63] 吕红迪，万军，秦昌波等 . "三线一单"划定的基本思路与建议 [J]. 环境影响评价，2018（3）.

[64] 李雯香，巫炜宁，范秀娟等 . 论"三线一单"的重要性 [J]. 资源节约与环保，2018，202（09）：158-161.

[65] 湖南绿色发展研究院 . 湖南绿色发展研究院组织专家共商"十三五"绿色发展 [J]. 中南林业科技大学学报（社会科学版），2016，10（2）.

说明：文中涉及的政府规划及意见等均从国家相关部门及湖南省各政务网站整理而得。

附　录

附表1　　　　　　　　　　　岳麓区环境保护长期规划指标体系

类别	序号	指标	单位	指标类型	现状值	目标值			标准值
						2020	2025	2030	
生态环境质量指标	1	森林覆盖率	%	参考性指标	52	55	56	58	≥ 50
	2	受保护区占国土比例	%	参考性指标	66.75	66.85	66.9	67	≥ 25
	3	生态用地比例	%	参考性指标	45.63	46	47	48	≥ 45
	4	集中式饮用水水源地水质达标率	%	参考性指标	100	100	100	100	—
污染物控制指标	5	城镇生活污水集中处理率	%	约束性指标	100	100	100	100	—
	6	工业废水排放达标率	%	约束性指标	100	100	100	100	—
	7	国控、声控、市控断面水质达标比例	%	约束性指标	100	100	100	100	—
	8	城市生活垃圾无害化处理率	%	约束性指标	100	100	100	100	—
	9	工业固体废物处置利用率	%	参考性指标	100	100	100	100	—
	10	全年 AQI 优良率	%	约束性指标	60.5	75	80	85	—
	11	污染土壤修复率	%	参考性指标	—	≥ 75	≥ 80	≥ 80	≥ 80
	12	主要污染物排放强度 二氧化硫（SO_2）	吨/千米^2	约束性指标	1.59	1.5	1.5	1.5	≤ 3.5
		化学需氧量（COD）			8.19	≤ 6.5	≤ 5.0	≤ 4.5	≤ 4.5
		氨氮（NH_3–N）			2.33	≤ 1.5	≤ 1.0	≤ 0.5	≤ 0.5
		氮氧化物（NO_x）			4.21	≤ 4.0	≤ 4.0	≤ 4.0	≤ 4.0
管理指标	13	生态环保投资占财政收入比例	%	参考性指标	5.57	8	12	15	≥ 15
	14	生态环保工作占党政实绩考核的比例	%	参考性指标	8	10	15	22	≥ 22
	15	环境信息公开率	%	参考性指标	100	100	100	100	100
	16	环保项目公众参与率	%	参考性指标	95	98	100	100	100

续表

类别	序号	指标	单位	指标类型	现状值	目标值 2020	目标值 2025	目标值 2030	标准值
社会经济指标	17	生态环境教育进学校、机关比例	%	参考性指标	70	80	90	100	—
	18	公众对环境质量的满意率	%	参考性指标	97	97	97	97	≥ 85
	19	单位工业增加值新鲜水耗	米³/万元	参考性指标	15.1	14	13	12	≤ 12
	20	单位 GDP 能耗	吨标煤/万元	约束性指标	0.67	0.6	0.55	0.50	≤ 0.55
	21	碳排放强度	千克/万元	约束性指标	—	700	650	600	≤ 600
	22	第三产业占比	%	参考性指标	43.61	50	55	60	60

附表 2　　　　　　　　　　　岳麓区地表水环境功能分区

功能区类型	水体水域	长度（千米）	面积（千米²）	水质现状	水质目标
饮用水水源保护区	湘江：长潭交界处（湘潭市昭山）—市二水厂（新址）取水口上游 1000 米及其沿河两岸汇水区陆域	12.1		Ⅲ	Ⅲ
	湘江：二水厂（新址）取水口上游 1000 米—傅家洲尾（其中：橘子洲以西湘江小河水域除外）及其沿河两岸汇水区陆域	16.7		Ⅲ	Ⅱ
	湘江：橘子洲以西（橘子洲头—橘子洲尾）湘江小河水域及其沿河两岸汇水区陆域	4.7		Ⅲ	Ⅲ
	泉水冲水库		1.25	Ⅲ	Ⅲ
	茅栗冲水库		1.68	Ⅳ	Ⅲ
	玉华水库		1.27	Ⅲ	Ⅲ
	石枧冲水库		1.31	Ⅲ	Ⅲ
	新华水库		1.84	Ⅲ	Ⅲ
景观、农业用水区	靳江河：含浦街道蔡家山（靳江河湘潭、含浦交界）—长沙市柏家洲尾（入江口）	20.0		Ⅳ	Ⅲ
	龙王港：望城区南角岭（河源头）—岳麓区溁银桥（入江口）	31.0		Ⅴ	Ⅲ
	莲花河		——	Ⅴ	Ⅲ

续表

功能区类型	水体水域	长度（千米）	面积（千米²）	水质现状	水质目标
景观、娱乐用水区	玉赤河		——	V	IV
	八曲河岳麓区全段		——	V	IV
	白泉河		——	V	IV
	观音港		——	V	IV
	桐溪港		——	V	IV
	梅溪湖		1.96	III	III
	桃子湖		0.08	IV	IV
	后湖		0.40	IV	IV
	西湖		0.67	IV	IV
	洋湖		0.85	IV	III
工业用水区	湘江：傅家洲尾—龙洲头	5.4		IV	IV

附表3　　　　　　　　　　　　　岳麓区声环境功能区划

声环境功能区	范围	执行标准
1类	居民住宅、文教机关集中区域	昼间55分贝，夜间45分贝
2类	商业金融、集市贸易区，居住、商业、工业混合区	昼间60分贝，夜间50分贝
3类	规划的工业区和已形成的工业集中地带（高新区）	昼间65分贝，夜间55分贝
4类	城市中道路交通干线两侧区域，穿越城区的内河航道两侧区域（潇湘大道、湘江路等）	昼间70分贝，夜间55分贝

附表4　　　　　　　　　　　　岳麓区生态保护红线管控区域

红线保护区	面积（千米²）	长度（千米）	功能类型	红线级别
坡度大于25%的山地，相对高差大于30米的自然山地、林地	19.95		自然山体	一级
长潭交界处（湘潭市昭山）—市二水厂（新址）取水口上游1000米及其沿河两岸汇水区陆域		12.1	饮用水水源保护区	一级
二水厂（新址）取水口上游1000米—傅家洲尾（其中：橘子洲以西湘江小河水域除外）及其沿河两岸汇水区陆域		16.7	饮用水水源保护区	一级

红线保护区	面积（千米²）	长度（千米）	功能类型	红线级别
橘子洲以西（橘子洲头—橘子洲尾）湘江小河水域及其沿河两岸汇水区陆域		4.7	饮用水水源保护区	一级
茅栗冲水库水域	1.68		饮用水水源保护区	一级
泉水冲水库水域	1.25		饮用水水源保护区	一级
玉华水库水域	1.27		饮用水水源保护区	一级
石枧冲水库水域	1.31		饮用水水源保护区	一级
新华水库水域	1.84		饮用水水源保护区	一级
八曲河上游源头区域			源头水域	一级
岳麓区风景名胜区	36		风景名胜区	二级
桃花岭自然保护区	16.74		自然保护区	二级
象鼻窝森林公园	12.21		森林公园	二级
狮峰山森林公园	8.10		森林公园	二级
谷山森林公园	10.15		森林公园	二级
泉水冲森林公园	6.05		森林公园	二级
莲花山森林公园	7.53		森林公园	二级
嵇珈山森林公园	30.00		森林公园	二级
茅栗冲森林公园	20.06		森林公园	二级
大石坝森林公园	3.51		森林公园	二级
白泉森林公园	4.61		森林公园	二级
洋湖垸湿地	3.47		水库湿地	二级
后湖	0.47		水库湿地	二级
咸嘉湖	1.04		水库湿地	二级
西湖水库	0.04		水库湿地	二级
湘江岳麓区段及其生态廊道			河流水体	二级
靳江河及其生态廊道			河流水体	二级
龙王港及其生态廊道			河流水体	二级
八曲河及其生态廊道			河流水体	二级
莲花河			河流水体	二级
基本农田保护区			耕地	二级
城镇绿地			绿地	二级

附表5　　　　　　　　岳麓区环境保护近中期规划主要重点工程一览表

项目类别	序号	项目名称	责任主体	建设内容	起止年限
水污染防治	1	岳麓区受湘江枢纽影响的排水管网改建工程	区工务局、区水务局、区城管局、区市政公司	岳麓区相关路段高排管涵改造工程	2016—2017
	2	岳麓污水处理厂提标改造工程	市水务局	岳麓污水处理厂二期建设及提质改造工程	2016—2018
大气污染防控	3	落后产能淘汰项目	市工信委、市环保局	按照国家相关政策，逐步淘汰落后产能，限期退出湖南经阁集团望城坡厂区和湖南坪塘南方水泥有限公司	2015—2017
	4	城区天然气进老社区工程	区住建局	每年完成2个老社区天然气改造工程	2015—2016
	5	系统能源建设项目、燃气管网工程	区工信局、区发改局、岳麓科技产业园管委会	岳麓科技产业园内集中供热，天然气分布式能源系统建设	2020—2025
噪声污染治理	6	交通噪声控制工程	市公安局、市交通局	改进机动车设备性能，完善城镇道路系统、推广低噪声路面，出台城区交通干线全线禁鸣规定	2016—2020
	7	城区主要高架路段隔声屏建设工程	市交通局	城区主要高架路段、隧道出入口两端、桥梁两端进行隔声降噪	2016—2020
	8	建筑施工噪声控制工程	区住建局	严格限制建筑机械的施工作业时间，使用低噪声施工机械和采用低噪声作业方式等实现建筑噪声控制	2016—2018
	9	噪声环境治理控制区建设	区环保局	每年建设1个噪声控制示范区，各项指标达到国家噪声污染防治规定标准	2016—2020
土壤污染治理	10	原长沙铬盐厂铬污染土壤修复工程	市环保局	解毒铬渣处理处置，土壤修复（局部），建设环境污染警示基地	2016—2020
	11	坪塘老工业基地遗留重金属污染土壤修复工程	湘江新区管委会	坪塘老工业基地遗留重金属污染土壤综合治理生态修复	2016—2020
生态安全体系建设	12	绿地系统建设工程	区政府	加强城区绿地系统建设，加强防护绿地、道路、居住区及单位附属绿地建设等	2016—2020
	13	湿地保护工作	区政府	配合湘江新区加强梅溪湖、洋湖湿地公园建设	2016—2020

续表

项目类别	序号	项目名称	责任主体	建设内容	起止年限
农村环境污染整治	14	绿心保护地区环境综合整治	坪塘街道、区环保局	开展坪塘街道"绿心地区"农村环境综合整治，大力推进乡镇污水处理厂及其配套管网的新建、续建和维护，实施联户或分散式农户污水处理等措施，严格执行禁养区养殖规定，严禁新增畜禽养殖项目	2016
	15	特色农业区建设项目	区农林畜牧局、相关街镇	根据各镇的农业生态资源和生态环境特征，建设以莲花精品农业发展区、雨敞坪有机农业种植区、坪塘现代农庄、含浦农趣体验区为代表的特色农业区	2016—2020
	16	农村面源污染治理项目	区农林畜牧局	推广科学施肥技术和合理使用农药技术，减少化肥、农药、农膜用量	2016—2020
	17	生态补偿项目	区环保局	开展以区域和流域生态补偿为重点的岳麓区生态补偿试点工作	2016—2020
环境管理与环保能力建设	18	环境应急标准化达标建设	区环保局	按照湖南省环境监管能力建设要求，完成环境应急能力标准化建设	2015—2016
	19	环保队伍建设	区环保局	每个街道（镇）、工业园成立环保机构，配备具有执法资格的环保专职人员	2015—2016

附表6 **2018 年湖南省部分开发区名单**

级别	开发区名称	批准时间	核准面积（公顷）	主导产业
国家级	望城经济技术开发区	2014.02	633.3	有色金属加工、食品、电子信息
	长沙经济技术开发区	2000.02	1200	工程机械、汽车及零部件、电子信息
	宁乡经济技术开发区	2010.11	580.32	食品饮料、装备制造、新材料
	浏阳经济技术开发区	2012.03	710	电子信息、生物医药、食品
	湘潭经济技术开发区	2011.09	1246	汽车及零部件、装备制造、电子信息
	岳阳经济技术开发区	2010.03	800	装备制造、食品、生物医药
	常德经济技术开发区	2010.06	1121	机械、新材料
	娄底经济技术开发区	2012.01	1050	黑色金属冶炼压延加工、通用设备

续表

级别	开发区名称	批准时间	核准面积（公顷）	主导产业
国家级	长沙高新技术产业开发区	1991.03	1733.5	装备制造、电子信息、新材料
	株洲高新技术产业开发区	1992.11	858	轨道交通装备、汽车、生物医药
	湘潭高新技术产业开发区	2009.03	1170.28	新能源装备、钢材加工、智能装备
	衡阳高新技术产业开发区	2012.08	600	电子信息、电气机械器材、通用设备
	常德高新技术产业开发区	2017.02	378	设备制造、非金属矿制品
	益阳高新技术产业开发区	2011.06	1978	电子信息、装备制造、新材料
	郴州高新技术产业开发区	2015.02	479	有色金属精深加工、电子信息、装备制造
	长沙黄花综合保税区	2016.05	199	保税加工、国际贸易、物流
	湘潭综合保税区	2013.09	312	保税加工、国际贸易、物流
	衡阳综合保税区	2012.01	257	电子信息
	岳阳城陵矶综合保税区	2014.07	298	进口产品加工、电子主板
	郴州综合保税区	2016.12	106.61	有色金属加工、电子信息、装备制造
省级	长沙天心经济开发区	2002.01	443.98	电气机械、商贸服务、新能源
	湖南长沙暮云经济开发区	2006.04	315.78	汽车零部件、农副食品、建材
	长沙岳麓工业集中区	2012.11	573.51	检验检测、生物医药、电子信息
	长沙金霞经济开发区	1994.03	2545.53	医药
	长沙雨花经济开发区	2002.07	997.21	新能源汽车及零部件、机器人、智能装备
	长沙临空产业集聚区	2012.11	535.91	工程机械、汽车零部件、印刷
	宁乡高新技术产业园区	2012.11	1530.44	新材料、装备制造、节能环保
	浏阳高新技术产业开发区	2012.11	778.28	通用设备、汽车零部件
	荷塘工业集中区	2012.12	324.82	轨道交通装备、生物医药、复合新材料
	株洲经济开发区	1994.03	475.92	轨道交通设备、电子信息、服装
	湖南株洲渌口经济开发区	1994.03	263.95	有色金属冶炼加工、通用设备、电气机械
	攸县工业集中区	2012.11	575.64	生物医药、食品、轻工机械
	湖南茶陵经济开发区	1994.03	638.51	建筑建材、电子电器、纺织
	炎陵工业集中区	2012.11	386.97	有色金属冶炼加工、纺织、农林产品加工
	湖南醴陵经济开发区	2003.06	445.32	陶瓷、交通装备、新材料
	湖南湘潭岳塘经济开发区	2006.04	389.05	商贸物流、仓储、电商
	湖南湘潭天易经济开发区	1994.03	957.05	食品、装备制造
	湖南湘乡经济开发区	2002.01	728.3	机械装备、电子电器、皮革

续表

级别	开发区名称	批准时间	核准面积（公顷）	主导产业
省级	韶山高新技术产业开发区	2012.04	450	装备制造、节能环保、医药
	衡山工业集中区	2014.07	182.79	专用设备、医药
	湖南衡阳松木经济开发区	2006.04	777.34	盐卤化工及精细化工、新材料、新能源
	湖南衡阳西渡高新技术产业园区	1994.03	743.28	医药、智能机器、非金属矿物制品
	衡南工业集中区	2012.11	454.22	电子、装备制造、文化、家居
	湖南衡山经济开发区	1992.11	315.41	机械零部件、非金属矿物制品
	湖南衡东经济开发区	1994.03	416.73	有色金属冶炼加工、电气机械、化工
	湖南祁东经济开发区	2000.01	240	农副食品、新材料、机械
	湖南耒阳经济开发区	1992.12	731.68	机械、电子、新材料
	湖南常宁水口山经济开发区	1994.03	405.19	有色金属冶炼加工、化工、废弃资源利用
	湖南邵阳经济开发区	1996.08	1611.29	装备制造、农产品加工、商贸物流
	大祥工业集中区	2012.12	88.14	汽车配件、非金属矿物制品

数据来源：湖南省人民政府驻上海办事处网站（本表中仅整理了50个工业开发区名单）。

附表7 　　　　　　　　　　　**湖南生态文明建设考核目标体系**

目标类别	目标类分值	序号	子目标名称	子目标分值	数据来源
一、资源利用	30	1	单位GDP能源消耗降低★	4	省统计局、省发改委
		2	单位GDP二氧化碳排放降低★	4	省发改委、省统计局
		3	非化石能源占一次能源消费比重★	4	省能源局、省统计局、省电力公司
		4	能源消费总量	3	省统计局、省发改委
		5	万元GDP用水量下降★	4	省水利厅、省统计局
		6	用水总量	3	省水利厅
		7	耕地保有量★	4	省国土资源厅
		8	新增建设用地规模★	4	省国土资源厅
二、生态环境保护	40	9	地级及以上城市空气质量优良天数比率★	4	省环保厅
		10	细颗粒物（PM$_{2.5}$）未达标地级及以上城市浓度下降★	4	省环保厅
		11	地表水达到或好于Ⅲ类水体比例★	4	省环保厅
		12	地表水劣Ⅴ类水体比例★	4	省环保厅

续表

目标类别	目标类分值	序号	子目标名称	子目标分值	数据来源
二、生态环境保护		13	受污染耕地安全利用率	4	省农委
		14	污染地块安全利用率	4	省环保厅
		15	化学需氧量排放总量减少★	2	省环保厅
		16	氨氮排放总量减少★	2	省环保厅
		17	二氧化硫排放总量减少★	2	省环保厅
		18	氮氧化物排放总量减少★	2	省环保厅
		19	森林覆盖率★	4	省林业厅
		20	森林蓄积量★	4	省林业厅
三、年度评价结果	20	21	各市州生态文明建设年度评价的综合情况	20	省统计局、省发改委、省环保厅、省委组织部、省长株潭"两型"试验区管委会等有关部门
四、公众满意程度	10	22	居民对本地区生态文明建设、生态环境改善的满意程度	10	省统计局等有关部门
五、生态环境事件	扣分项	23	地区重特大突发环境事件、造成恶劣社会影响的其他环境污染责任事件、严重生态破坏责任事件的发生情况	扣分项	省环保厅、省林业厅等有关部门

注:

1. 标★的为《湖南省国民经济和社会发展第十三个五年规划纲要》确定的资源环境约束性目标。

2. "资源利用""生态环境保护"类目标采用有关部门组织开展专项考核认定的数据,完成的市州有关目标得满分,未完成的市州有关目标不得分,超额完成的市州按照超额比例与目标得分的乘积进行加分。

3. "非化石能源占一次能源消费比重"子目标主要考核各市州可再生能源占能源消费总量比重;"能源消费总量"子目标主要考核各市州能源消费增量控制目标的完成情况。

4. "年度评价结果"采用"十三五"期间各市州年度绿色发展指数,按照市州分类计算得分。同一类中,每年绿色发展指数最高的市州得4分,其他市州的得分按照指数排名顺序依次减少0.5分。

5. "公众满意程度"指标采用省统计局组织的居民对本市州生态文明建设、生态环境改善满意程度抽样调查,通过每年调查居民对本市州生态环境质量表示满意和比较满意的人数占调查人数的比例,并将五年的年度调查结果算术平均值乘以该目标分值,得到各市州"公众满意程度"分值。

6. "生态环境事件"为扣分项,每发生一起重特大突发环境事件、造成恶劣社会影响的其他环境污染责任事件、严重生态破坏责任事件的市州扣5分,该项总扣分不超过20分。具体由省环保厅、省林业厅等部门根据《湖南省突发环境事件应急预案》等有关文件规定进行认定。

7. 根据各市州约束性目标完成情况,生态文明建设目标考核对有关市州进行扣分或降档处理:仅1项约束性目标未完成的市州该项考核目标不得分,考核总分不再扣分;2项约束性目标未完成的市州在相关考核目标不得分的基础上,在考核总分中再扣除2项未完成约束性目标得分值;3项(含)以上约束性目标未完成的市州考核等级直接确定为不合格。其他非约束性目标未完成的市州有关目标不得分,考核总分中不再扣分。